中文版

UG NX 12.0 机械设计
从入门到精通

麓山文化 编著

机械工业出版社
CHINA MACHINE PRESS

本书从机械设计的角度出发，通过7大机械设计专题+33个精讲实例+66个扩展实例+16小时高清视频教学，详细介绍了使用UG NX 12.0中文版进行机械设计的流程、方法与技巧。

全书包括8章，涵盖UG机械设计的主要功能模块，具体内容包括：UG NX 12.0基础知识、零件设计、钣金设计、曲面设计、装配设计、运动仿真、结构分析和工程制图。全书语言通俗易懂、层次清晰，将软件操作与机械设计相结合，边讲边练。全书案例全部来自工程实践，具有很强的实用性、指导性和良好的可操作性，有利于读者学习后举一反三，快速上手与应用。

本书配套资源内容丰富，除提供了范例的素材源文件外，还免费赠送33个精讲实例共16小时的高清语音视频教学，老师手把手地讲解，将成倍提高学习兴趣和效率。

本书适合广大UG初、中级读者使用，同时也可作为大中专院校相关专业学生及社会相关培训班学员的教材。

图书在版编目（CIP）数据

中文版UG NX 12.0机械设计从入门到精通/麓山文化编著.—5版.—北京：机械工业出版社，2018.12

ISBN 978-7-111-61665-8

Ⅰ.①中… Ⅱ.①麓… Ⅲ.①机械设计－计算机辅助设计－应用软件－教材 Ⅳ.①TH122

中国版本图书馆 CIP 数据核字(2018)第 303084 号

机械工业出版社（北京市百万庄大街 22 号　邮政编码 100037）
策划编辑：曲彩云　　责任编辑：曲彩云　李含阳
责任校对：刘秀华　　责任印制：郜　敏
北京中兴印刷有限公司印刷
2020 年 1 月第 5 版第 1 次印刷
184mm×260mm · 23 印张 · 571 千字
标准书号：ISBN 978-7-111-61665-8
定价：79.00 元

电话服务　　　　　　　　网络服务
客服电话：010-88361066　　机 工 官 网：www.cmpbook.com
　　　　　010-88379833　　机 工 官 博：weibo.com/cmp1952
　　　　　010-68326294　　金 书 网：www.golden-book.com
封底无防伪标均为盗版　　机工教育服务网：www.cmpedu.com

关于 UG

随着信息技术在各领域的迅速渗透发展，CAD/CAM/CAE 技术已经得到了广泛的应用，从根本上改变了传统的设计、生产、组织模式，对推动现有企业的技术改造、带动整个产业结构的变革、发展新兴技术、促进经济增长都具有十分重要的意义。

UG 是当今应用广泛、极具竞争力的 CAE/CAD/CAM 大型集成软件之一，囊括了产品设计、零件装配、模具设计、NC 加工、工程图设计、模流分析、自动测量和机构仿真等多种功能。该软件完全能够改善整体流程以及提高该流程中每个步骤的效率，广泛应用于航空、航天、汽车、通用机械和造船等工业领域。

本书内容

为了让读者更好地学习本书的知识，在编写时特地对本书采取了分章渐进的写法，将本书的内容划分为了8 个章节，具体编排如下表所示。

章名	内容安排
第 1 章 UG NX 12.0 基础知识	从工程实用的角度出发，介绍了 UG NX 12.0 的功能模块、首选项设置、零件显示和隐藏、截面观察操作、零件图层操作、常用工具和对象分析工具等
第 2 章 零件设计	通过惰轮轴、扇形摆轮、三孔连杆、轴承盖、球阀座体、插线板壳体、螺孔旋钮、车轮零件实例，精讲了零件设计的建模方法和技巧。并以扩展实例的形式介绍了双键套、顶杆轴套、偏心摆盘、车床拔叉、轴承座等建模方法和思路
第 3 章 钣金设计	精讲了自行车小链轮、电源盒底盖、电表盒、钣金支架和卡环钣金实例的创建方法和技巧，并举一反三地通过流程图的方式介绍了自行车轮盘、电源盒侧盖、安装盒、开关盒、钣金固定架等大量扩展实例的建模方法
第 4 章 曲面设计	本章通过电话机手柄上盖、冷冻箱灯罩、按摩器外壳和水龙头的实例，介绍了曲面设计的方法和技巧，并举一反三地介绍了充电器外壳、链环、飞镖、手柄外壳等大量扩展实例的建模方法
第 5 章 装配设计	通过油泵、球阀和万向节的实例，精讲了装配设计的方法和技巧，并以流程图的方式介绍了齿轮泵、柱塞泵、联轴器、铣刀头、减压阀、减速器等大量扩展实例的装配方法
第 6 章 运动仿真	精讲了椭圆仪、夹板装置、轨道专用车辆和磨床虎钳的运动仿真方法和技巧，并举一反三地通过流程图的方式介绍了立式快速夹、玻璃切割机、多米诺骨牌和挖掘机等大量扩展实例的仿真方法

章名	内容安排
第7章 **结构分析**	通过转动支架、电动机吊座和活塞的实例分别介绍了静态分析、模态分析和疲劳度分析的方法，并以流程图的方式介绍了连杆、轴架、拔叉、斜支架、盖板等扩展实例的结构分析方法
第8章 **工程制图**	通过夹具体、缸套、夹紧座、弧形连杆、调节盘和导向支架的实例，精讲了工程制图的方法和技巧，并举一反三地介绍了盖板、管接头、旋钮、固定杆、调整架、脚踏杆、轴架、法兰盘、密封件定位套和导轨座等大量扩展实例的制图方法

本书配套资源

本书物超所值，除了书本之外，还附赠以下资源，扫描"资源下载"二维码即可获得下载方式。

配套教学视频：配套 33 个高清语音教学视频，总时长近 980 分钟。读者可以先像看电影一样轻松地通过教学视频学习本书内容，然后对照书本加以实践和练习，以提高学习效率。

本书实例的文件和完成素材：书中所有实例均提供了源文件和素材，读者可以使用 UG NX 12.0 打开或访问。

资源下载

本书编者

本书由麓山文化编著，参加编写的有：陈志民、江凡、张洁、马梅桂、戴京京、骆天、胡丹、陈运炳、申玉秀、李红萍、李红艺、李红术、陈云香、陈文香、陈军云、彭斌全、林小群、刘清平、钟睦、刘里锋、朱海涛、廖博、喻文明、易盛、陈晶、张绍华、黄柯、何凯、黄华、陈文轶、杨少波、杨芳、刘有良、刘珊、赵祖欣、毛琼健等。

由于编者水平有限，书中错误、疏漏之处在所难免。在感谢您选择本书的同时，也希望您能够把对本书的意见和建议告诉我们。

读者服务邮箱：*lushanbook@qq.com*

读者 QQ 群：327209040

读者交流

麓山文化

目录
Contents

第 3 章 钣金设计

第7章 结构分析

第8章 工程制图

第1章

UG NX 12.0
基础知识

学习目标：

UG NX 12.0功能模块

首选项设置

零件显示和隐藏

截面观察操作

零件图层操作

常用工具

UG NX 12.0是当今世界最先进的计算机辅助设计、分析和制造软件，在机械设计中占据重要地位。与以往使用较多的AutoCAD等通用绘图软件比较，UG直接采用统一的数据库、矢量化和关联性处理、三维建模与二维工程图相关联等技术，大大节省了零件设计时间，从而提高了工作效率。

本章介绍UG NX 12.0的一些基本设置、操作方法和常用工具，主要包括功能模块的介绍、首选项的设置、零件的选择、显示方法、图层的设置方法、截面观察工具、点捕捉工具、基准构造器、信息查询工具对象分析工具等。

1.1 UG NX 12.0 功能模块

UG NX将CAD/CAM/CAE三大系统紧密集成，用户在使用UG强大的实体造型、虚拟装配及创建工程图等功能时，可以使用CAE模块进行有限元分析、运动分析和仿真模拟，以提高设计的可靠性。根据建立的三维模型，还可由CAM模块直接生成数控代码，用于机械零件的加工。

UG NX的整个系统由大量的模块构成，可以分为以下4大模块。

1.1.1 基本环境模块

基本环境模块即基础模块，它是其他应用模块的基础。其操作如新建文件、打开文件、输入/输入不同格式的文件、层的控制、视图定义和对象操作等。

1.1.2 CAD模块

UG NX的CAD模块具有很强的3D建模能力，其显著特点是"混合建模"技术，这早已被许多知名汽车厂家及航天工业界各高科技企业所肯定。CAD模块又由具有以下许多独立功能的子模块构成，下面分别介绍。

1. 建模模块

建模模块作为新一代机械造型模块，提供实体建模、特征建模、自由曲面建模等先进的造型和辅助功能。草图工具适合于全参数化设计；曲线工具虽然参数化功能不如草图工具，但用来构建线框图更为方便；实体工具完全整合基于约束的特征建模和显示几何建模的特性，因此可以自由使用各种特征实体、线框架构等功能；自由曲面工具是架构在融合了实体建模及曲面建模技术基础之上的超级设计工具，能设计出如工业造型设计产品的复杂曲面外形。图1-1所示的万向节实体模型就是使用建模工具获得的。

2. 钣金模块

钣金模块提供了基于参数、特征方式的钣金零件建模功能，从而生成复杂的钣金零件，并且可进行参数化编辑。使用钣金模块还能定义和仿真钣金零件的制造过程，对钣金模型进行展开和重新成型的模拟操作，而且可以根据三维钣金模型生成精确的二维展开图样。

3. 工程制图模块

UG NX工程制图模块由实体模块自动生成平面工程图，也可以利用曲线功能绘制平面工程图。该模块提供自动视图布局（包括基本视图、剖视图、向视图和细节视图等），并且可以进行自动、手动尺寸标注，自动绘制剖面线，形位公差和表面粗糙度等。3D模型的改变会同步更新工程图，从而使二维工程图与3D模型完全一致，同时也缩短了因3D模型改变而更新二维工程图的时间。此外，视图包括消隐线和相关的界面视图，当模型修改时也会自动更新，并且可以利用自动的视图布局功能提供快速的图纸布局，从而缩短工程图更新所需的时间。图1-2所示为使用该模块创建的壳体零件工程图。

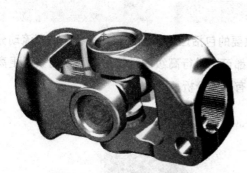

图1-1 万向节实体模型

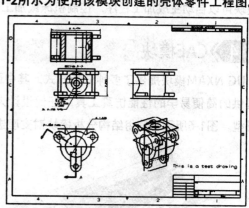

图1-2 壳体零件工程图

4. 装配建模模块

UG NX装配建模模块适用于产品的模拟装配，支持"自底向上"和"自顶向下"的装配方法。装配建模的主模型可以在总装配中设计和编辑，组件以逻辑对齐、贴合和偏移等方式被灵活地配对或定位，改善了性能，实现了减少存储的需求，图1-3所示为在该模块中创建的飞机引擎装配体。

5. 模具设计模块

模具设计模块是UGS公司提供的运行在UG NX基础上的一个智能化、参数化的注塑模具设计模块。该模块为产品的分型、型腔、型芯、滑块、嵌件、推杆、镶块、复杂型芯或型腔轮廓，以及创建电火花加工的电机、模具的模架、浇注系统和冷却系统等提供了方便的设计途径，最终的目的是创建与产品参数相关的、可数控加工的三维模具模型。此外，3D模型的每一改变均会自动地关联到型腔和型芯。图1-4所示为使用该模块功能进行电子模具设计的效果。

图1-3 飞机引擎装配体

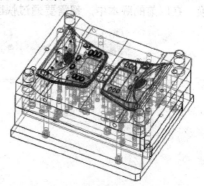

图1-4 电子设备外壳模具机构

1.1.3 CAM模块

UG NX CAM模块提供了加工各种复杂零件的粗、精加工类型，用户可以根据零件结构、加工表面形状和加工精度选择合适的加工类型。在这个工业领域中，对加工多样性的需求较高，包括对零件的大批量加工以及对铸造和焊接件的高效精加工。如此广泛的应用要求CAM软件必须灵活，并且具备对重复过程进行捕捉和自动重用的功能。UG NX CAM子系统拥有非常广泛的加工能力，从自动粗加工到用户定义的精加工，十分适合这些应用。图1-5所示为使用型腔铣削功能创建的刀具轨迹。该模块可以自动生成加工程序，控制机床或加工中心加工零件。

1.1.4 CAE模块

UG NXAM模块提供了多种分析方式，其中最重要的包括运动分析、结构分析和注塑流动分析。其提供的简便易学的性能仿真工具，任何设计人员都可以进行高级的性能分析，从而获得更高质量的模型。图1-6所示为使用结构分析模块对支座进行有限元分析。

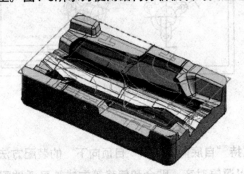

图1-5 型腔铣削刀具路径　　　　　　　　图1-6 支座有限元分析

1.1.5 UG NX 12.0新增功能

UG NX 12.0在功能方面有多项革新，现将UG NX 12.0的主要新增功能简单介绍如下，之后的章节中会分别进行讲解。

1. 从窗口界面就可以自由切换模型

在日常的工作中经常会出现在使用UG同时打开多个模型文件的情况，也需要在不同的模型之间进行切换。在以前的版本中，都需要通过快速访问工具栏中的"窗口"来进行切换，如图1-7所示。

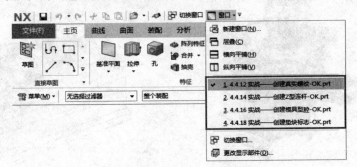

图1-7 通过"窗口"切换文件

在UG NX 12.0的窗口界面中新增了文件标签，需要切换哪个文件只需单击其标签即可，非常方便，如图1-8所示。

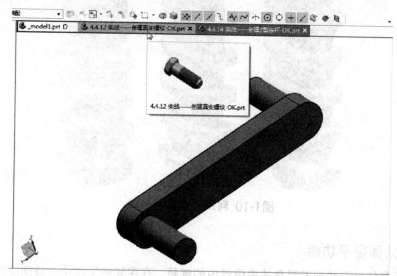

图1-8 单击窗口中的标签进行文件切换

2. 新增"扫掠体"命令

扫掠是一个很常用的功能，但以前都是线、面扫掠，而UG NX 12.0新增的"扫掠体"命令可以直接用来扫掠实体。这样在创建一些螺旋、管道类的特征时，特别是一些非圆槽特征的模型，将可以节省非常多的时间。

选择"曲面"→"曲面"→"更多"→"扫掠体"选项 ，或在"菜单"选项中选择"插入"→"扫掠"→"扫掠"选项，弹出"扫掠体"对话框，按系统提示选择工具体和刀轨便可以创建扫掠体，如图1-9所示。

图1-9 利用球体创建扫掠体

任何具有旋转特征的实体对象（表面不得有凹陷）都可以进行扫掠体操作，因此将图1-9中的工具体换成非球体的其他形状后，则可以得到如图1-10所示的带有各种开槽特征的模型。

图1-10 利用非球体扫掠体

3. 新增曲面展平功能

曲面展平后是什么形状一直都是曲面设计中的难题，在实际的工作中也只能通过测量曲面面积来进行推算，而其具体的展平形状却很难确定。在UG NX的钣金模块中，虽然提供了"伸直"和"展平图样"等工具，但仅限于同样使用钣金工具创建的模型，而对于曲面模块下创建的各种自由曲面却无能为力。

UG NX 12.0新增了"展平和成形"命令，可以将各种曲面沿用户所指定的方向进行展开、拉平，从而得到准确的平面。图1-11所示的虾米弯管，是一种用铁皮折弯、拼接在一起的外管，在管道作业中非常常见。

图1-11 虾米弯管

在实际工作中，要计算制作虾米弯管所需的材料，只能通过较复杂的经验公式来进行轮廓面积的计算，然后在板料上进行裁剪，但这样仍然不能避免材料损失。而在UG NX 12.0中，用户可以直接根据需要创建出虾米弯管的模型，然后使用"展平和成形"命令将其展平，这样便能极为准确地得到平面形状，按此形状在板料上进行裁剪，则可以极大地减少浪费。

选择"曲面"→"编辑曲面"→"更多"→"展平和成形"选项，弹出"展平和成形"对话框。按系统提示选择"源面"和"展平方位"，便可以展平曲面，如图1-12所示。

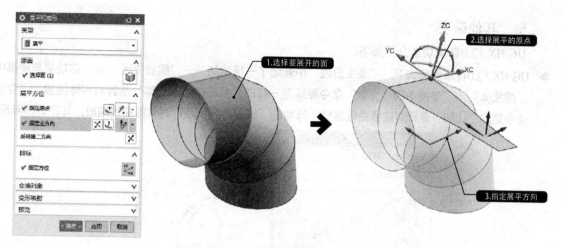

图 1-12 展平与成形操作示意

最终再配合移动对象等命令，即可得到完整的虾米弯管展开平面，如图 1-13所示。

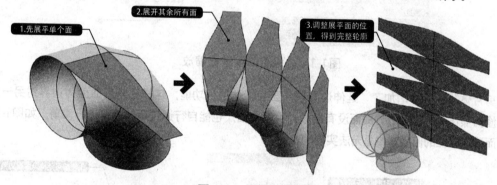

图 1-13 展平虾米弯管

4. 增加从体生成小平面功能

在UG NX 12.0版本的"小平面建模"中，新增加了一个"从体生成小平面体"的功能，可以把现有的曲面片体、实体等一键转换成小平面体。

在"菜单"选项中选择"插入"→"小平面建模"→"从体生成小平面体"选项，弹出"从体生成小平面体"对话框。按系统提示选择要转换的体。再单击"确定"按钮选项即可，如图1-14所示。

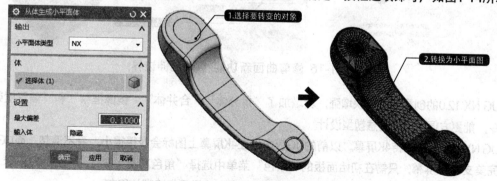

图1-14 从体生成小平面体操作示意

5．其他杂项

UG NX 12.0新增功能介绍如下。

◆ UG NX 12.0在草图模式下，"派生曲线"中新增了一项功能——"缩放曲线" ⚡。该功能与建模中的"缩放体"、"变换中的"比例"命令原理是一样的，只不过"缩放体"是针对实体缩放，"变换"命令里的"比例"是针对建模曲线缩放，新增的"缩放曲线"是针对草图曲线缩放，如图1-15所示。

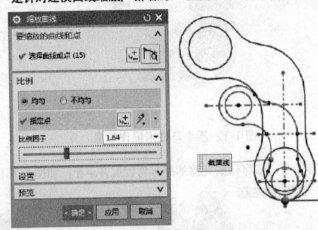

图1-15 对草图曲线进行缩放

◆ "修剪片体"命令中增加了"延伸边界对象至目标体边"功能，这样在使用曲面为边界对另一曲面执行修剪操作时，即使边界曲面没有接触到目标曲面，也能自行通过延伸计算进行修剪，如图1-16所示，而这在以往的旧版本中是无法实现的。

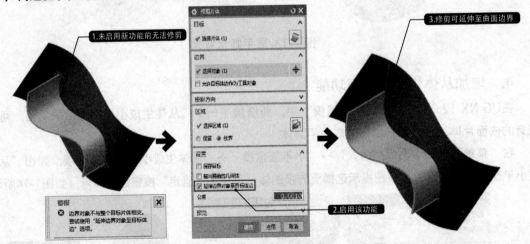

图1-16 修剪曲面新功能-自动延伸边界

◆ UG NX 12.0的创意塑型模块增强，新增加了"拆分体""合并体""镜像框架"和"偏置框架"等命令，能更方便地进行创意塑型设计。

◆ UG NX 12.0完美支持4K屏幕。以前的UG版本用在4K屏幕上图标会变得很小，看不清楚，而UG NX 12.0完美支持4K屏幕，只需在初始面板的"角色"菜单中选择"角色高清"即可，如图1-17所示。选择该选项后，图标会瞬间变大好几倍，即使在4K屏幕中也能显示超清晰的细节。

图1-17 "角色高清"可以满足4K屏幕的需要

1.2 首选项设置

首选项设置用来对一些模块的默认控制参数进行设置，如定义新对象、用户界面、资源板、选择、可视化、调色板、背景等。在不同的应用模块下，首选项菜单会相应地发生改变。

首选项下所做的设置只对当前文件有效，保存当前文件即会保存当前的环境设置到文件中。在退出NX后再打开其他文件时，将恢复到系统或用户默认设置的状态。如果需要永久保存，可以在"用户默认设置"中设置，其设置方法与首选项设置基本一样。下面对首选项的一些常用设置进行介绍。

1.2.1 对象参数设置

选择"菜单"→"首选项"→"对象"选项，弹出"对象首选项"对话框。该对话框中包含"常规""分析"和"线宽"三个选项卡，用于预设置对象的属性及分析的显示颜色等相关参数，本小节只对"常规"选项卡进行介绍，如图1-18所示。其各选项的含义见表1-1。

表1-1 "常规"选项卡中各选项的含义

选项	含义
工作层	指新对象的工作图层，即用于设置新对象的存储图层。系统默认的工作图层是1，当输入新的图层序号时，系统会自动将新创建的对象存储在新图层中
类型	指对象的类型。单击按钮 会打开"类型"下拉列表，其中包含了默认、直线、圆弧、二次曲线、样条、实体、片体等，用户可以根据需要选择不同的类型
颜色	指对对象的颜色进行设置。单击"颜色"右侧的图标 ，系统会弹出如图1-19所示"颜色"对话框。在其中选择需要的颜色再单击"确定"按钮即可

(续)

选项	含义
线型	指对对象线型进行设置，单击"线型"右侧的按钮 会弹出"线型"下拉列表，其中包含了实体、虚线、双点画线、中心线、点线、长画线和点画线，用户可根据需要选取不同的线型
宽度	指对对象线宽进行设置，单击"宽度"右侧的按钮 会弹出"宽度"下拉列表，其中包含了细线宽度、正常宽度和粗线宽度等，用户可根据需要选择不同的线宽

图1-18 "常规"选项卡

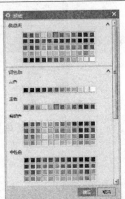

图1-19 "颜色"对话框

1.2.2 UG NX 12.0用户界面设置

UG NX 12.0的工作界面是用户对文件进行操作的基础，图1-20所示为选择了新建"模型"文件后UG NX 12.0的初始工作界面。工作界面主要由菜单栏、功能区、上边框条、菜单、导航区、工作区（绘图区）及状态栏等部分组成。在绘图区中已经预设了三个基准面和位于三个基准面交点的原点，这是建立零件最基本的参考。

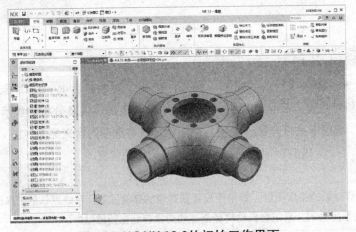

图1-20 UG NX 12.0的初始工作界面

如果读者使用过以前版本的UG，就可以发现UG NX 12.0的界面风格与之前版本的不一样，是类似于Windows的浅绿色轻量级风格。如果要转换为以前的经典黑色工作界面，可以在"菜单"选项中选择"首选项"→"用户界面"选项，弹出"用户界面首选项"对话框（也可通过快捷键Ctrl+2来打开），在其中的"NX主题"下拉列表中选择"经典"选项，即可将UG NX的界面转换为以前的风格，如图1-21所示。

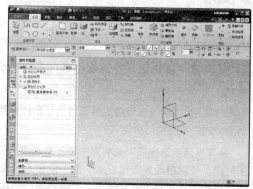

图1-21 转换界面

选择"菜单"→"首选项"→"用户界面"选项，弹出"用户界面首选项"对话框，如图1-22所示。该对话框中共有7个选项组，即布局、主题、资源条、接触、角色、选项和工具，其具体的含义可参考表1-2。

表1-2 "用户界面首选项"对话框中各选项组的含义

选项组	含义
布局	对在工作窗口中进行设置后的布局进行保存。可以在此将功能区界面转换到以前的经典模式：选择"经典工具条"
主题	选择工作界面风格，可将浅绿色的Windows风格转换为以前的经典黑色风格
资源条	对资源条的显示位置进行调整，可以设置对话框在工作状态下的显示效果
接触	UG NX 12.0开始支持触摸屏操作，通过该选项卡可是设置触摸板类型
角色	替代之前版本中资源条里的"角色"选项卡
选项	在此选项组中可以对显示的小数位数进行设置，包括对话框内容显示范围、跟踪条、信息窗口、确认或取消重置切换开关等
工具	包括3个选项："操作记录"可以对操作记录语言、操作记录文件格式等进行设置；"宏"可以对录制和回放操作进行设置；"用户工具"用来设置加载用户工具的相关参数

图1-22 "用户界面首选项"对话框

图1-23 "选择首选项"对话框

1.2.3 选择设置

选择"菜单"→"首选项"→"选择"选项,弹出"选择首选项"对话框,如图1-23所示。其中各选项组的含义可参照表1-3所示。

表1-3 "首选项"对话框中各选项组的含义

选项卡	含义
多选	"鼠标手势"选项表示指定框选时用矩形还是用多边形;"选择规则"选项表示指定框选时哪部分的对象将被选中
高亮显示	"高亮显示滚动选择"选项用于设置是否高亮显示滚动选择;"滚动延迟"选项用于设定延迟时间;"用粗线条高亮显示"用于设置是否用粗线条高亮显示对象;"高亮显示隐藏边"用于设置是否高亮显示隐藏边;"着色视图"用于指定着色视图时是否高亮显示面还是高亮显示边;"面分析视图"用于指定分析显示时是高亮显示面还是高亮显示边
快速拾取	"延迟时快速拾取"用于决定鼠标选择延迟时是否进行快速选择;"延迟"文本框用于设定延迟多长时间时进行快速选择
光标	"选择半径"用于设置选择球的半径大小,分为大、中、小3个等级;选择"显示十字准线"选项,将显示十字光标
成链	用于成链选择的设置。"公差"用于设置链接曲线时,彼此相邻的曲线端点都允许的最大间隙;"方法"用于设定链的链接方式,共有简单、WCS、WCS左侧、WCS右侧4种方式

1.2.4 背景设置

背景设置经常要用到,使用合适的背景颜色能够使模型的显示效果更突出。选择"菜单"→"首选项"→"背景"选项,弹出"编辑背景"对话框,如图1-24所示。

该对话框分为两个视图色设置,分别是"着色视图"和"线框视图"设置。"着色视图"指对着色视图工作区背景的设置,背景有两种模式,分别为"纯色"和"渐变"。"纯色"指背景从单颜色显示,"渐变"指背景在两种颜色间渐变。当选择了"渐变"单选按钮后,"顶部"和"底部"选项会被激活,在其中单击"顶部"或"底部"右侧的图标,弹出如图1-25所示的"颜色"对话框,在其中选择颜色来设置顶部和底部的颜色,背景的颜色就在顶部和底部颜色之间逐渐变化。"线框视图"指对线框视图工作区背景的设置,也有两种模式,分别为"普通"和"渐变"。它的设置与"着色视图"相同。

此外,在"普通颜色"选项中,单击右侧的图标▭,也可弹出"颜色"对话框,可以设置不是渐变的普通背景颜色。在对话框中单击"默认渐变颜色"按钮,可以将当前的着色视图和线框视图设置为默认的渐变颜色,即是在浅蓝色和白色间渐变的颜色。

图1-24 "编辑背景"对话框

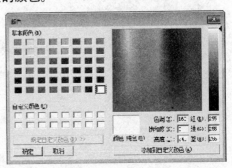

图1-25 "颜色"对话框

1.3 零件显示和隐藏

在创建复杂的机械模型时，一个文件中往往存在多个实体部件，造成各实体之间的位置关系互相错叠，这样在大多数观察角度上将无法看到被遮挡的实体，或是各个部件不容易分辨。这时，将当前不操作的对象隐藏起来，或是将每个部分用不同的颜色、线型等表示，即可对其覆盖的对象进行方便的操作。

1.3.1 编辑对象显示

通过对象显示方式的编辑，可以修改对象的颜色、线型、透明度等属性，特别适用于创建复杂的实体模型时对各部分的观察、选择以及分析修改等操作。选择"视图"→"可视化"→"编辑对象显示"选项，弹出"类选择"对话框，从工作区中选择所需对象并单击"确定"按钮，弹出如图1-26所示的"编辑对象显示"对话框。

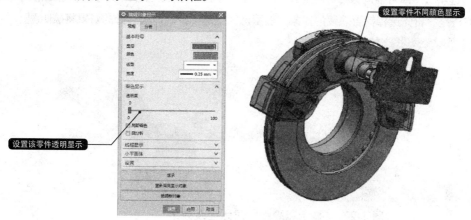

图1-26 "编辑对象显示"对话框

该对话框包括2个选项卡，在"分析"选项卡中可以设置所选对象各类特征的颜色和线型，通常情况下不必修改，"常规"选项卡中的各主要选项的含义参照表1-4所示。

表1-4 "常规"选项卡中主要选项的含义

选项	含义
图层	该文本框用于指定对象所属的图层。一般情况下为了便于管理，常将同一类对象放置在同一个图层中
颜色	该选项用于设置对象的颜色。对不同的对象设置不同的颜色，将有助于图形的观察及对各部分的选择及操作
线型和宽度	通过这两个选项可以根据需要设置实体模型边框、曲线、曲面边缘的线型和宽度
透明度	通过拖动透明度滑块可以调整实体模型的透明度。默认情况下，透明度为0，即不透明；向右拖动滑块，透明度将随之增加
局部着色	该复选框可以用来控制模型是否进行局部着色。选择时可以进行局部着色，这是为了增加模型的层次感，可以为模型实体的各个表面设置不同的颜色

（续）

选项	含义
面分析	该复选框可以用来控制是否进行面分析，选择该复选框表示进行面分析
线框显示	该选项组用于曲面的网格化显示。当所选择的对象为曲面时，该选项将被激活，此时可以选择"显示点"和"显示结点"复选框，控制曲面极点和终点的显示状态
继承	将所选对象的属性赋予正在编辑的对象。选择该选项，将弹出"继承"对话框，然后在工作区中选择一个对象，并单击"确定"按钮，系统将把所选对象的属性赋予正在编辑的对象

1.3.2 显示和隐藏

"显示和隐藏"命令用于控制工作区中所有图形元素的显示或隐藏状态。在上边框条中打开"显示/隐藏"下拉菜单，选择"显示和隐藏"选项，将弹出如图 1-27所示的"显示和隐藏"对话框。在该对话框的"类型"中列出了当前图形中所包含的各类型名称，通过单击类型名称右侧"显示"列中的选项➕或"隐藏"列中的选项➖，即可控制该名称类型所对应图形的显示和隐藏状态，也可以使选定的对象在绘图区中隐藏。方法是：首先选择需要隐藏的对象，然后选择该选项，此时被选择的对象将被隐藏。

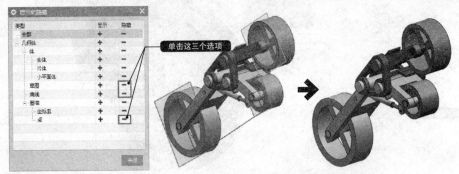

图 1-27 "显示和隐藏"对话框及效果

1.3.3 反转显示和隐藏

该命令可以互换显示和隐藏对象，选择"菜单"→"编辑"→"显示和隐藏"→"反转显示和隐藏"选项，即可将当前显示的对象隐藏，将隐藏的对象显示，效果如图1-28所示。

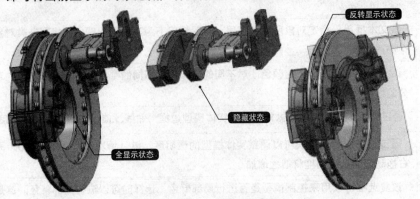

图1-28 反转显示和隐藏效果

1.4 截面观察操作

当观察或创建比较复杂的腔体类或轴孔类零件时，要将实体模型进行剖切操作，去除实体的多余部分，以方便对内部结构的观察或进一步操作。在UG NX12.0中，可以利用"新建截面"工具在工作视图中通过假想的平面剖切实体，从而达到观察实体内部结构的目的。要进行视图截面的剖切，可单击上边框条中的"编辑截面"选项，弹出如图1-29所示的"视图截面"对话框。

1.4.1 定义截面的类型

在"类型"下拉列表中包含3种截面类型，它们的操作步骤基本相同：先确定截面的方位，然后确定其具体剖切的位置，最后单击"确定"按钮，即可完成截面定义操作，如图1-29所示。

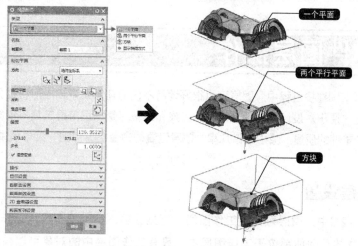

图1-29 "视图截面"对话框

> **提示**
>
> 使用截面可检查或归档复杂部件的内部，或查看装配部件之间是如何交互的。除了单击上边框条中的"编辑截面"选项，还可以按组合键Ctrl+H来执行命令。

1.4.2 设置剖切平面

在"剖切平面"选项组中，可将任意一个剖切类型设置为沿指定平面执行剖切操作，分别单击该选项组中的选项、、，设置不同剖切平面的剖切效果如图1-30所示。

图1-30 设置不同剖切平面的剖切效果

1.4.3 设置偏置距离

在"偏置"选项组中，根据设计需要允许使用偏置距离对实体对象进行剖切。图1-31所示为设置剖切平面至X的不同偏置距离所获得的不同效果。

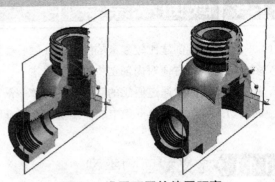

图1-31 设置不同的偏置距离

1.5 零件图层操作

在UG NX 12.0建模过程中，图层可以很好地将不同的几何元素和成形特征分类，不同的内容放置在不同的图层，便于对设计的产品进行分类查找和编辑。熟练运用层工具不仅能提高设计速度，而且还能提高模型零件的质量，减小出错几率。图层设置的命令在"视图"菜单项中的"可见性"组中。

1.5.1 图层设置

在UG NX 12.0中，图层可分为工作图层、可见图层、不可见图层。工作层即为当前正在操纵的层，即当前建立的几何体都位于工作图层中，只有工作图层中的对象可以被编辑和修改，其他的图层只能进行可见性、可选择性的操作。在一个部件的所有图层中，只有一个图层是当前工作图层。要对指定层进行设置和编辑操作，先要将其设置为工作图层，因而图层设置即对工作图层的设置。

"图层设置"命令用来设置工作图层、可见图层、不可见图层，并定义图层的类别名称。在图1-32所示的菜单中选择"图层设置"选项，便可弹出如图1-33所示的"图层设置"对话框。

图1-32 图层工具

图1-33 "图层设置"对话框

该对话框中包含多个选项，各选项的含义及设置方法见表1-5。

表1-5 "图层设置"对话框中各选项的含义及设置方法

选项	含义及设置方法
选择对象	用于从模型中选择需要设置成图层的对象。单击"选择对象"右侧的选项⊞，并从模型中选择要设置成图层的对象即可
工作图层	用于输入需要设置为当前工作层的层号。在该文本框中输入所需的工作层层号后，系统将会把该图层设置为当前工作层
按范围/类别选择图层	指"图层"选项组中的"按范围/类别选择图层"文本框，用来输入范围或图层种类名称以便进行筛选操作。当输入种类的名称并按Enter键后，系统会自动将所有属于该类的图层选中，并自动改变其状态
类别过滤器	指"图层"选项组中的"类别过滤器"下拉列表，该选项右侧的文本框中默认的符号"*"表示接受所有的图层种类；下部的列表框用于显示各种类的名称及相关描述
"图层"列表框	用来显示当前图层的状态、所属的图层种类和对象的数目。双击需要更改的图层，系统会自动切换其显示状态。在列表框中选择一个或多个图层，通过选择下方的选项可以设置当前图层的状态
图层显示	用于控制图层列表框中图层的显示类别。其下拉列表中包括3个选项："所有图层"指图层列表中显示所有图层；"含有对象的层"指图层列表中仅显示含有对象的图层；"所有可选图层"指仅显示可选择的图层；"所有可见图层"是指仅显示可见的图层
添加类别	指用于添加新的图层类别到图层列表中，建立新的图层类别
图层控制	用于控制图层列表框中图层的状态，选择图层列表框中的图层即可激活，可以控制图层的可选、工作图层、仅可见、不可见等状态
显示前全部适合	用于在更新显示前符合所有过滤类型的视图，选择该复选框，使对象充满显示区域

1.5.2 在图层中可见

若在视图中有很多图层显示，则有助于图层元素的定位等操作，但是若图层过多，尤其是不需要的非工作图层对象也显示的话，则会使整个界面显得非常乱，直接影响绘图的速度和效率。因此，有必要在视图中设置可见层，用于设置绘图区中图层的显示和隐藏参数。在创建比较复杂的实体模型时，可隐藏一部分在同一图层中与该模型创建暂时无关的几何元素，或者在打开的视图布局中隐藏某个方位的视图，以达到便于观察的目的。

要进行图层显示设置，可选择"菜单"→"格式"→"在视图中可见"选项，弹出如图1-34所示的"视图中的可见图层"对话框。在该对话框的"Trimetric"（图层）列表框中选择设置可见性图层，然后选择"可见"或"不可见"选项，从而实现可见或不可见的图层设置，如图1-35所示。

选择该组件设置不可见

组件隐藏效果

图1-34 "视图中的可见图层"对话框　　　　图1-35 设置图层的可见性

1.5.3 图层分组

图层分组有利于分类管理，提高操作效率，快速地进行图层管理、查找等。选择"菜单"→"格式"→"图层类别"选项，将弹出"图层类别"对话框，如图1-36所示。

在"类别"文本框内输入新类别的名称，单击"创建/编辑"按钮，在弹出的"图层类别"对话框中的"范围或类别"文本框内输入所包括的图层范围，或者在"图层"列表框内选择。例如，要创建Sketch层组，可在"图层"列表框内选择11~40（可以按住Shift键进行连续选择），单击"添加"按钮，则图层11~40就被划分到了Sketch层组下。此时若选择Sketch层组，则图层11~40被一起选中，利用"过滤"选项下方的层组列表可快速按类选择所需的层组，如图1-37所示。

图1-36 "图层类别"对话框　　　　图1-37 创建Sketch层组

1.5.4 移动至图层

移动至图层用于改变图素或特征所在图层的位置。利用该工具可将对象从一个图层移动至另一个图层。这个功能非常有用，可以及时地将创建的对象归类至相应的图层，方便了对象的管理。

要移动图层，可选择"菜单"→"格式"→"移动至图层"选项，或选择功能区"视图"→"可见性"→"移动至图层"选项，便可弹出如图1-38所示的"类选择"对话框。在工作区中选择需要移动至另一图层的对象，选择完单击"确定"按钮，弹出如图1-39所示的"图层移动"对话框。可以在"目标图层或类别"的文本框里输入想要移动至的图层序号，也可以在"类别过滤"的列表框里选择一种图层类别，在选择了一种图层类别的同时，在"目标图层或类别"的文本框中会出现相应的图层序号，如图1-40所示。选择完毕后单击"确定"按钮或者"应用"按钮，便可完成图层的移动。

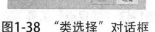

图1-38 "类选择"对话框

图1-39 "图层移动"对话框

图1-40 选择图层类别示意图

1.5.5 复制至图层

复制至图层用于将指定的对象复制到指定的图层中。这个功能在建模中非常有用，在不知是否需要对当前对象进行编辑时，可以先将其复制到另一个图层，然后再进行编辑；如果编辑失误还可以调用复制对象，不会对模型造成影响。

选择"菜单"→"格式"→"复制至图层"选项，或单击功能区"视图"→"可见性"→"更多"→"复制至图层"选项，便可弹出如图1-38所示的"类选择"对话框。接下来的操作和"移动至图层"类似，在此就不再详细说明了。两者的不同点在于，利用该工具复制的对象将同时存在于原图层和目标图层中。

1.6 常用工具

本节主要介绍UG NX 12.0一些比较常用的工具，如截面观察工具、点捕捉工具、基准构造器、信息查询工具、对象分析工具、表达式等。熟练掌握这些常用工具会使建模变得更方便、快捷，在后续章节中介绍的许多命令都离不开这些常用工具。可以说，不掌握这些常用工具，就不能掌握UG NX 12.0的建模功能。

1.6.1 点构造器

在UG NX 12.0建模过程中，经常需要指定一个点的位置（例如，指定直线的中点、指定圆心位置等），在这种情况下，使用"捕捉点"工具栏可以满足捕捉要求，如果需要的点不是上面的对象捕捉点，而是空间的点，可使用"点"对话框定义点。在"主页"功能区中，单击"特征"组中的"基准"下拉菜单，在下拉菜单中选择"点"选项，将弹出"点"对话框，这个"点"对话框又称之为"点构造器"，如图1-41所示。其"类型"下拉列表如图1-42所示。点构造器常与上边框条中的"捕捉点"工具配合使用，如图1-43所示。

图1-41　"点"对话框　　　图1-42　"类型"下拉列表

图1-43　"捕捉点"工具

1. 点构造类型

图1-42所示的下拉列表中列出了点的构造方法，这些方法是通过在模型中捕捉现有的特征，如圆心、端点、节点和中心点等来创建点。表1-6列出了主要点的类型和创建方法。

表1-6 点的类型和创建方法

点类型	创建点的方法
自动判断的点	根据光标所在的位置，系统自动捕捉对象上现有的关键点（如端点、交点和控制点等），它包含了所有点的选择方式
光标位置	该捕捉方式通过定位光标的当前位置来构造一个点，该点即为XY面上的点
现有点	在某个已存在的点上创建新的点，或通过某个已存在点来规定新点的位置
端点	在鼠标选择的特征上所选的端点处创建点。如果选择的特征为圆，那么端点为零象限点
控制点	以所有存在的直线的中点和端点、二次曲线的端点、圆弧的中点、端点和圆心或者样条曲线的端点极点为基点，创建新的点或指定新点的位置
交点	以曲线与曲线或者线与面的交点为基点，创建一个点或指定新点的位置
圆弧中心/椭圆中心/球心	该捕捉方式是在选择圆弧、椭圆或球的中心创建一个点或指定新点的位置
圆弧/椭圆上的角度	在与坐标轴XC正向成一定角度的圆弧或椭圆上构造一个点或指定新点的位置

（续）

点类型	创建点的方法
象限点 ⟳	在圆或椭圆的四分点处创建点或者指定新点的位置
点在曲线/边上 ╱	通过在特征曲线或边缘上设置U参数来创建点
点在面上 🖐	通过在特征面上设置U参数和V参数来创建点
两点之间 ╱	先确定两点，再通过位置百分比来确定新建点的位置
按表达式 =	通过表达式来确定点的位置

2. 构造方法举例

≫ 交点 ✛

"交点"指在模型中通过选择曲线的交点来创建新点。在类型下拉列表中选择"交点"选项，如图1-44所示。在其中选择"曲线、曲面或平面"选项组中的"选择对象"选项，然后在模型中选择曲线、曲面或平面；再选择"要相交的曲线"选项组中的"选择曲线"选项，然后在模型中选择与前一步选择的曲线、曲面或平面相交的曲线，这时工作区中交点以绿色方块高亮显示；最后单击"确定"或者"应用"按钮，创建新点，如图1-45所示。

图1-44 选择"交点"选项

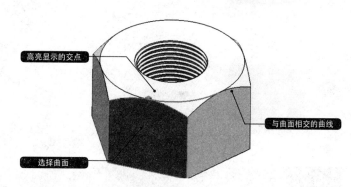

图1-45 利用"交点"创建点

≫ 点在曲线/边上 ╱

"点在曲线/边上"指根据在指定的曲线或者边上的点来创建点，新点的坐标和指定的点一样，在"类型"选项组中选择"点在曲线/边上"选项，如图1-46所示。在其中"曲线"选项组中选择"选择曲线"选项，在模型中选择曲线或边缘；然后在"曲线上的位置"下拉列表中设置"U向参数"。"U向参数"指想要创建的点到选择边缘起始点长度a和被选中的曲线或边缘的长度b的比值，如图1-47所示；设置完后在图1-46所示的对话框中单击"确定"或者"应用"按钮，便可以完成点的创建。

≫ 点在面上 🖐

"点在面上"是通过在指定面上选择的点来创建点。在"类型"下拉列表中选择"点在面上"选项，如图1-48所示。在"面"选项组中选择"选择对象"选项，在模型中选择面；然后在"面上的位置"选项组中设置"U向参数"和"V向参数"。

在选择了面后，系统会在面上创建一个临时坐标系，"U向参数"就是指定点的U坐标值和平面长度的比值，U=a/c；"V向参数"是指定点的V坐标值和平面宽度的比值，V=b/d，如图1-49所示。

图1-46 选择"点在曲线/边上"选项

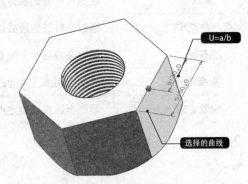

图1-47 利用"点在曲线/边上"创建点

图1-48 选择"点在面上"选项

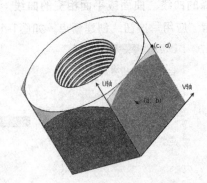

图1-49 "U向参数"和"V向参数"示意图

1.6.2 矢量构造器

在实际建模过程中，常需要通过指定基准轴来定义方向，这个基准轴在UG NX中被称作矢量。例如，在"拉伸"对话框的"方向"选项组中单击"指定矢量"中的按钮，如图1-50所示。系统弹出"矢量"对话框，如图1-51所示。这个"矢量"对话框又可称为"矢量构造器"。

图1-50 "拉伸"对话框

图1-51 "矢量"对话框

1. 矢量构造类型

在"矢量"对话框的"类型"下拉列表中有9种创建矢量的类型，为用户提供了全面、方便的矢量创建方法。具体创建方法可参照表1-7所示。

表1-7 "矢量"对话框中创建矢量的方法

矢量类型	指定矢量的方法
自动判断	系统根据选择对象的类型和选择的位置自动确定矢量的方向
交点	在两个平面、基准平面或平面的相交处创建基准轴
曲线/面轴	沿线性曲线或线性边、或者圆柱面、圆锥面或圆环的轴创建基准轴
曲线上矢量	用以确定曲线上任意指定点的切向矢量、法向矢量和面法向矢量的方向
正向矢量 XC YC ZC	分别指定X、Y、Z正方向矢量方向
点和方向	通过指定一个点和指向方向确定一个矢量
两点	通过两个点构成一个矢量。矢量的方向是从第一点指向第二点。这两个点可以通过被激活的"通过点"选项组中的"点构造器"或"自动判断点"工具确定

2. 创建方法举例

≫ 交点

"交点"是创建两平面相交处的矢量。两平面可以在外观上不相交，执行该命令时会自动为其延伸方向，并在相交处进行创建。在"类型"下拉列表中选择"交点"选项，如图1-52所示。在其中选择"要相交的对象"选项组中的"选择对象"选项，然后在模型中选择平面或基准面，系统会自动创建矢量，如图1-53所示。如果矢量的方向和预想的相反，则可以在图1-52所示对话框的"矢量方向"选项组中单击选项 ⊠ 来反向矢量。

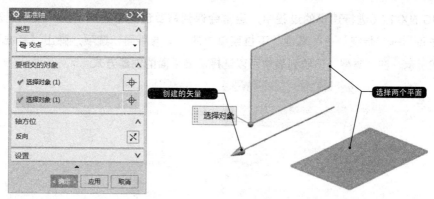

图1-52 选择"交点"选项　　　　图1-53 利用"交点"创建矢量

≫ 曲线上矢量

"曲线上矢量"指在指定曲线上以曲线上某一指定点为起始点，以切线方向/曲线法向/曲线所在平面法向为矢量方向创建矢量。在"类型"下拉列表中选择"曲线上矢量"选项，如图1-54所示。在其中选择"截面线"选项组中的"选择曲线"，然后在模型中选择曲线或边缘，在"位置"下拉列表中选择"弧长"或者"%弧长"并在下方的文本框中输入参数值，系统会自动创建矢量，如图1-55所示。

图1-54 选择"曲线上矢量"选项

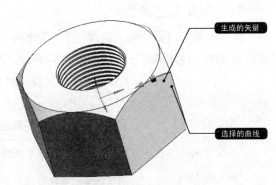

图1-55 创建矢量

如果创建的矢量和预想不同,可选择"矢量方位"中"备选解"右侧的选项 ⬚ 进行变换,如图1-56 所示。如果矢量的方向和预想的相反,可在图1-54所示的对话框的"矢量方位"选项组中选择"反向"选项 ⬚ 来反向矢量,如图1-57所示。确定矢量无误后在对话框中单击"确定"按钮完成矢量创建。

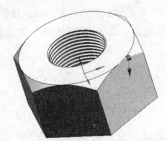

图1-56 利用"备选解"变换矢量

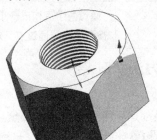

图1-57 利用"反向"创建矢量

1.6.3 平面构造器

在使用UG NX 12.0进行建模的过程中,经常会遇到需要创建平面的情况。要创建基准平面,可以选择"主页"→"特征"→"基准"下拉菜单中的"基准平面"选项,弹出"基准平面"对话框,如图1-58所示。在"类型"下拉列表中可以选择基准平面的创建方式。

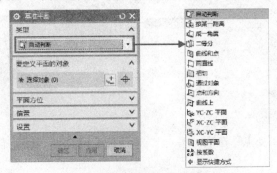

图1-58 创建基准平面

1. 平面构造类型

在"基准平面"对话框中,可以通过选择"类型"下拉表中的选项来选择构造新平面的方法,可参照表1-8。

表1-8 "基准平面"对话框中构造平面的方法

坐标系类型	构造方法
自动判断	根据选择对象的构造属性,系统智能地筛选可能的构造方法,当达到坐标系构造器的唯一性要求时,系统将自动产生一个新的平面
成一角度	用以确定参考平面绕通过轴某一角度形成的新平面,该角度可以通过激活的"角度"文本框设置
按某一距离	用以确定参考平面按某一距离形成新的平面,该距离可以通过激活的"偏置"文本框设置
二等分	创建的平面为到两个指定平行平面的距离相等的平面或者两个指定相交平面的角平分面
曲线和点	以一个点、两个点、三个点、点和曲线或者点和平面为参考来创建新的平面
两直线	以两条指定直线为参考创建新平面。如果两条指定的直线在同一平面内,则创建的平面与两条指定直线组成的面重合;如果两条指定直线不再同一平面内,则创建的平面过第一条指定直线且与第二条指定直线垂直
相切	指以点、线和平面为参考来创建新的平面
通过对象	指以指定的对象作为参考来创建平面。如果指定的对象是直线,则创建的平面与直线垂直;如果指定的对象是平面,则创建的平面与平面重合
按系数	指通过指定系数来创建平面,系数之间关系为:$aX+bY+cZ=d$
点和方向	以指定点和指定方向为参考来创建平面,创建的平面过指定点且法向为指定的方向
曲线上	指以某一指定曲线为参考来创建平面,这个平面通过曲线上的一个指定点,法向可以沿曲线切线方向或垂直于切线方向,也可以另外指定一个矢量方向。
YC-ZC平面	指创建的平面与YC-ZC平面平行且重合,或相隔一定的距离
XC-ZC平面	指创建的平面与XC-ZC平面平行且重合,或相隔一定的距离
XC-YC平面	指创建的平面与XC-YC平面平行且重合,或相隔一定的距离
视图平面	指创建的平面与视图平面平行且重合,或相隔一定的距离

2. 平面构造方法举例

》二等分

利用"二等分"创建基准平面是UG建模中应用极多的一种方法。此方法可以创建包括夹角平面在内的多种平面,而且创建方法非常简单,仅需指定两对象平面即可,两平面也可以是平行关系。

》两直线

"两直线"指以两条指定直线为参考创建平面。如果两条指定的直线在同一平面内,则创建的平面与两条指定直线组成重合面;如果两条指定直线不在同一平面内,则创建的平面过第一条指定直线且与第二条指点直线垂直。在"类型"下拉列表中选择"两直线"选项,如图1-59所示。在"第一条直线"选项组中选择"选择线性对象(1)",并在模型里选择第一条参考直线,在"第二条直线"选项组中选择"选择线性对象(1)",并在模型中选择第二条参考直线,此时系统会自动生成平面,如图1-60所示。如果平面矢量的方向和预想的相反,可在对话框"平面方位"选项组中选择"反向"选项来反向平面矢量。确定平面无误后,可在对话框中单击"确定"按钮来完成平面的创建。

上面介绍的是两条指定直线在同一平面的情况，图1-61所示给出了两条指定直线不在同一平面的情况下创建的平面。

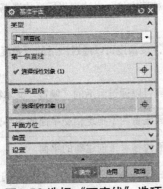
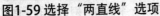

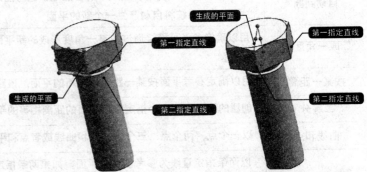

图1-59 选择"两直线"选项　　图1-60 生成平面示意图1　　图1-61 生成平面示意图2

》相切

"相切"指以点、线和平面为参考来创建新的平面。在"类型"下拉表中选择"相切"选项，如图1-62所示，单击"相切子类型"选项组中的"子类型"右侧的按钮，弹出如图1-63所示的"子类型"下拉列表。每一种不同的子类型代表一种不同的平面创建方式，下面以"一个面"相切子类型介绍此法的使用。

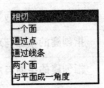

图1-62 选择"相切"选项　　　　　图1-63 "子类型"下拉列表

"一个面"是指以一指定曲面作为参考来创建平面，创建的平面与指定曲面相切。在"子类型"下拉列表选择"一个面"，如图1-64所示。在"参考几何体"选项组中选择"选择对象"选项，并在模型里选择参考面（不能为平面），系统会自动创建平面，如图1-65所示。

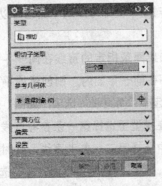

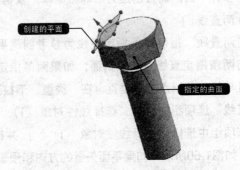

图1-64 选择"一个面"选项　　　　　图1-65 生成平面示意图

》通过对象

"通过对象"指以指定的对象作为参考来创建平面。如果指定的对象为直线,则创建的平面与直线垂直;如果指定的对象是平面,则创建的平面与平面重合。在"子类型"下拉列表中选择"通过对象"选项,如图1-66所示。在"通过对象"选项组中选择"选择对象(1)"选项,并在模型中选择参考平面或参考直线/边缘,系统会自动创建平面,如图1-67所示。

当选择的对象为直线时,创建的平面如图1-68所示。

图1-66 "通过平面"选项

图1-67 对象为平面时的平面　　　图1-68 对象为直线时的平面

》曲线上

"曲线上"指以某一指定曲线为参考来创建平面,这个平面通过曲线上的一个指定点,法向可以沿曲线切线方向或垂直于切线方向,也可以另外指定一个矢量方向。在"类型"下拉列表中选择"曲线上"选项,如图1-69所示。在"曲线"选项组中选择"选择曲线(1)",并在模型中选择曲线,然后在"曲线上的位置"选项组中单击"位置"右侧的按钮▽,在弹出的下拉列表中选择位置方式,在"弧长"文本框中输入弧长值;在"曲线上的方位"选项组中单击"方向"右侧的按钮▽,在弹出的下拉列表中选择方向确定方法,系统会自动创建平面,如图1-70所示。

图1-69 选择"曲线上"选项

图1-70 生成平面示意图

上面介绍的是"方向"为"垂直于路径"的情况,图1-71~图1-73分别给出了"方向"为"路径的切向""双向垂直于路径"和"相对于对象"情况下创建的平面。

图1-71 路径的切向

图1-72 双向垂直于路径

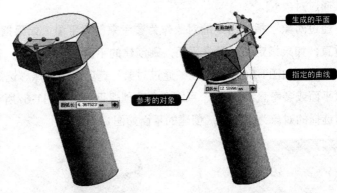

图1-73 相对于对象

3. 关联平面与非关联平面

在创建基准平面或者其他基准特征时，相关命令的对话框中最后一个选项组都是"设置"选项组，其中包含了一个"关联"复选框，如图1-74所示。若选择该复选框，则会创建关联的基准平面，反之则是非关联的基准平面，两者的区别介绍如下。

◆ 关联基准平面：关联基准平面可参考曲线、面、边、点和其他基准。可以创建跨多个体的关联基准平面。简而言之，关联基准平面可以随着模型的参数变化而变化，如图1-75所示。

◆ 非关联基准平面：非基准平面不会参考其他几何体。通过取消选择"基准平面"对话框中的"关联"复选框，可以使用任何基准平面方法来创建非关联基准平面。非关联基准平面的尺寸是固定的，不能随着参数的变化而变化，如图1-76所示。

图1-74 "关联"复选框

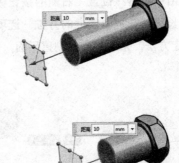

图1-75 关联基准平面始终与模型保持固定距离

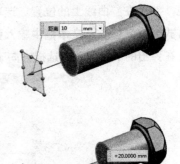

图1-76 非关联基准平面不会随模型的变化而变化

1.6.4 坐标系构造器

在UG NX 12.0中，常用的坐标系有三种，一是系统的绝对坐标系，该坐标系有固定的位置和方向，但是不可见，其他类型的坐标系都是以绝对坐标系为定位基准，在图形窗口左下方有该坐标系的示意图，如图1-77所示。第二种是工作坐标系（WCS），工作坐标系是显示在绘图区的临时坐标系，一个文件中只有一个工作坐标系，但可以不断地改变其位置。第三种是用户自定义的坐标系，即基准坐标系"CSYS"，这种坐标系一旦创建就固定在某一位置，并且一个文件中可以创建多个CSYS。工作坐标系和基准坐标系在绘图区显示的图标不同，如图1-78所示。本节接下来分别介绍基准坐标系"CSYS"和工作坐标系（WCS）的构造方法。

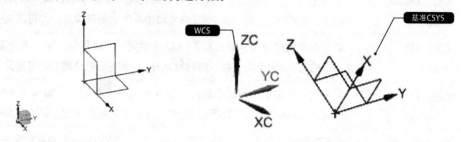

图1-77 绝对坐标系   图1-78 WCS和CSYS

坐标系与点和矢量一样，都是允许构造。利用坐标系构造工具，可以在创建图纸的过程中根据不同的需要创建或平移坐标系，并利用新建的坐标系在原有的实体模型上创建线的实体。

在"主页"→"特征"→"基准"下拉菜单中选择"基准坐标系"选项，弹出"基准坐标系"对话框，如图1-79所示。该对话框的"类型"下拉列表如图1-80所示。

图1-79 "基准坐标系"对话框

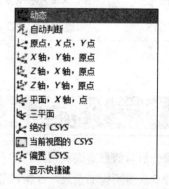

图1-80 "类型"下拉列表

在"基准坐标系"对话框中，可以通过选择"类型"下拉表中的选项来选择构造新坐标系的方法，见表1-9。

表1-9 基准坐标系的类型和构造方法

坐标系类型	构造方法
动态	用于对现有的坐标系进行任意的移动和旋转。选择该类型，坐标系将处于激活状态。此时推动方块形手柄可任意移动，拖动极轴圆锥手柄可沿轴移动，拖动球形手柄可旋转坐标系
自动判断	根据选择对象的构造属性，系统智能地筛选可能的构造方法。当达到坐标构造器的唯一性要求时，系统将自动创建一个新的坐标系
原点、X点、Y点	用于在绘图区中确定3个点来定义一个坐标系。第一点为原点，第一点指向第二点的方向为X轴的正向，从第二点到第三点按右手定则来确定Y轴正方向

(续)

坐标系类型	构造方法
X轴、Y轴、原点	用于在视图区中确定原点和X、Y轴来定义一个坐标系。第一点为原点,然后依次指定X轴与Y轴的正向,剩下的Z轴自动按右手定则来确定,即可定义一个坐标系
Z轴、X轴、原点	用于在视图区中确定原点和Z、X轴来定义一个坐标系。第一点为原点,然后依次指定Z轴与X轴的正向,剩下的Y轴自动按右手定则来确定,即可定义一个坐标系
Z轴、Y轴、原点	用于在视图区中确定原点和Z、Y轴来定义一个坐标系。第一点为原点,然后依次指定Z轴与Y轴的正向,剩下的X轴自动按右手定则来确定,即可定义一个坐标系
平面、X轴、点	用于在视图区中选定一个平面和该面上的一条X轴和一个点来定义一个坐标系
三平面	通过制定的3个平面来定义一个坐标系。第一个面的法向为X轴,第一个面与第二个面的交线为Z轴,三个平面的交点为坐标系的原点
绝对CSYS	可以在绝对坐标（0, 0, 0）处,定义一个新的工作坐标系
当前视图的 CSYS	利用当前视图的方位定义一个新的工作坐标系。其中XOY平面为当前视图所在的平面,X轴为水平方向向右,Y轴为垂直方向向上,Z轴为视图的法向方向向外
偏置CSYS	通过输入X、Y、Z坐标轴方向相对于原坐标系的偏置距离和旋转角度来定义坐标系

1.7 对象分析工具

对象分析与信息查询获得部件中已存在数据不同的是,对象分析是依赖于被分析的对象,通过临时计算获得所需的结果。在机械零件设计过程中,应用UG NX 12.0中的分析工具,可及时对三维模型进行几何计算或物理特性分析,及时发现设计过程中的问题,根据分析结果修改设计参数,以提高设计的可靠性和设计效率。UG NX 12.0中的分析工具集中在"分析"功能区中,如图1-81所示,下面将介绍常用的分析工具。

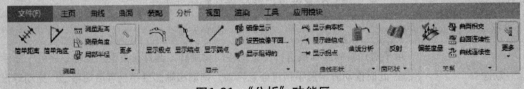

图1-81 "分析"功能区

1.7.1 距离分析

距离分析指对指定两点、两面之间的距离进行测量。选择"分析"→"测量"→"测量距离"选项,或单击上边框条中的"测量距离"选项,便可弹出如图1-82 所示的"测量距离"对话框。在"类型"选项组中单击按钮█,即可弹出如图1-83所示的"类型"下拉列表。距离的测量类型共有9种,下面介绍其中常用的几种。

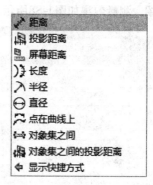

图1-82　"测量距离"对话框　　　　　　图1-83　"类型"下拉列表

1. 距离

该类型可以测量两指定点、两指定平面或者一指定点和一指定平面之间的距离。在"测量距离"对话框中的"起点"选项组中选择"选择点或对象（1）"选项，然后在绘图区选择起点或者起始平面；在"终点"选项组中选择"选择点或对象（1）"选项，然后在绘图区选择终点或终止平面；单击"结果显示"选项组中"注释"右边的按钮，在弹出的下拉列表中选择"创建直线"选项；最后单击"确定"按钮或者"应用"按钮，便可完成距离的测量，如图1-84所示。

2. 投影距离

该类型可以测量两指定点、两指定平面或者一指定点和一指定平面在指定矢量方向上的投影距离。在"类型"下拉列表中选择"投影距离"选项，如图1-85所示。在"矢量"选项组选择"指定矢量"选项，然后在模型中选择投影矢量；再依次选择"起点"和"终点"的测量对象；单击"结果显示"选项组"注释"右侧的按钮，在下拉列表中选择"创建直线"选项，测量距离如图1-86所示。

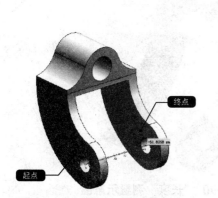

图1-84　"距离"测量示意图　　　图1-85　选择"投影距离"选项　　　图1-86　"投影距离"测量示意图

3. 屏幕距离

该类型用来测量两指定点、两指定平面或者一指定点和一指定平面之间的屏幕距离。在"类型"下拉列表中选择"屏幕距离"选项，如图1-87 所示。其操作方法与选择"距离"类型类似，在此不加以介绍，测量效果如图1-88所示。

图1-87 选择"屏幕距离"选项

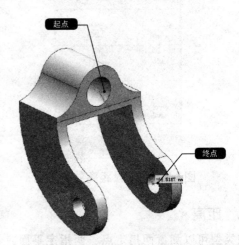

图1-88 "屏幕距离"测量示意图

4. 长度

该类型可以测量指定边缘或者曲线的长度，在"类型"下拉列表中选择"长度"选项，如图1-89 所示。在其中选择"选择曲线"选项，然后在模型中选择曲线或者边缘，单击"确定"按钮或者"应用"按钮，便可完成"长度"的测量，如图1-90所示。

5. 半径

该类型可以测量指定圆形边缘或者曲线的半径，在"类型"下拉列表中选择"半径"选项，如图1-91所示。在其中"径向对象"选项组中选择"选择对象（1）"选项，然后在模型中选择圆形曲线或者边缘，单击"确定"按钮或者"应用"按钮，便可完成"半径"的测量，如图1-92所示。

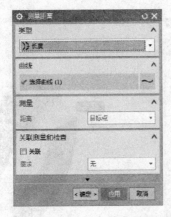

图1-89 选择"长度"选项

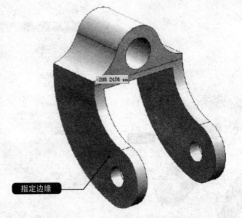

图1-90 "长度"测量示意图

图1-91 选择"半径"选项

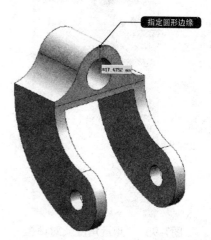

图1-92 "半径"测量示意图

指定圆形边缘

6. 点在曲线上

该类型可以测量曲线上指定的两点间的距离。在"类型"下拉列表中选择"点在曲线上"选项，如图1-93所示。在其中"起点"选项组中选择"指定点"选项，在模型的曲线中选择起点；然后在"终点"选项组中选择"指定点"选项，在模型的曲线中选择终止点，单击"确定"按钮，即可完成距离测量，如图1-94所示。

图1-93 选择"点在曲线上"选项

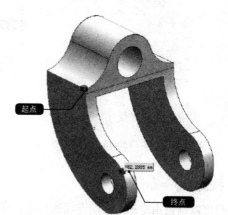

图1-94 "点在曲线上"测量示意图

起点

终点

1.7.2 角度分析

使用角度分析可精确计算两对象之间（两曲线间、两平面间、直线和平面间）的角度值。选择"分析"→"测量"→"测量角度"选项，便可弹出如图1-95所示的"测量角度"对话框。其"类型"下拉列表如图1-96所示。角度的测量类型共有3种，下面分别进行介绍。

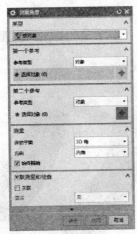

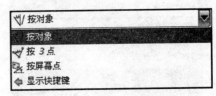

图1-95 "测量角度"对话框　　　　　图1-96 "类型"下拉列表框

1. 按对象

该类型可以测量两指定对象之间的角度，对象可以是两直线、两平面、两矢量或者它们的组合。在图1-97所示的对话框中"第一个参考"选项组中选择"选择对象"，然后选择第二个参考对象，即可完成测量，如图1-98所示。

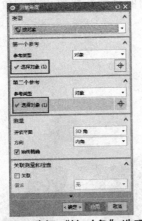

图1-97 选择"按对象"选项

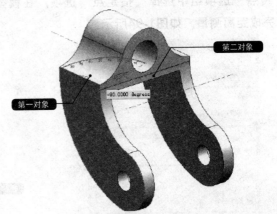

图1-98 利用"按对象"测量角度

2. 按3点

该类型可以测量指定三点之间连线的角度。在"类型"的下拉列表中选择"按3点"选项，如图1-99所示。在其中"基点"选项组中选择"指定点"，然后选择一个点作为基点（被测角的顶点）；在"基线的终点"选项组中选择"指定点"，然后选择一个点作为基线的终点；在"量角器的终点"选项组中选择"指定点"，然后再选择一个点作为量角器的终点，即可完成测量，如图1-100所示。

3. 按屏幕点

该类型可以测量指定三点之间连线的屏幕角度。在"类型"下拉列表中选择"按屏幕点"选项，如图1-101所示。在其中"基点"选项组中选择"指定点"，然后选择一个点作为基点（被测角的顶点）；在"基线的终点"选项组中选择"指定点"，然后选择一个点作为基线的终点；在"量角器的终点"选项组中选择"指定点",然后再选择一个点作为量角器的终点,即可完成测量,如图1-102所示。

图1-99 选择"按3点"选项

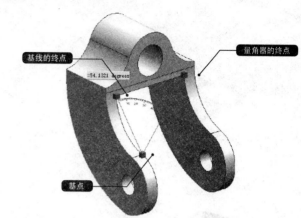

图1-100 利用"按3点"测量角度

图1-101 选择"按屏幕点"选项

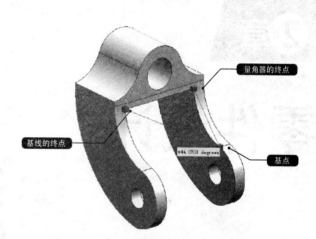

图1-102 利用"按屏幕点"测量角度

1.7.3 测量体

体的测量是对指定的对象测量其体积、质量、惯性矩等物理属性。选择"分析"→"测量"→"更多"→"测量体"选项,弹出如图1-103所示的"测量体"对话框。在"对象"选项组中选择"选择体",然后在模型中选择需要分析的体,如图1-104所示。如果想知道质量、重量等相关信息,可以单击其中的按钮,弹出如图1-105所示的下拉列表,然后根据需要选择不同的选项进行查看。

图1-103 "测量体"对话框

图1-104 体积测量效果图

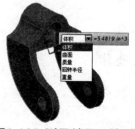

图1-105 测量结果下拉列表

第 2 章

零件设计

本章涉及常见的机械零件的设计。许多常用的零件上都有一些通用的特征，如孔、筋、槽、柱、环及壳等。这些特征具有大致相同的参数或创建方法，UG NX 12.0有对应的工具来创建这些特征。机械零件按照其功能可以分为以下几类：连接件、紧固件、密封件、弹簧类零件、轴类零件、轴承类零件、盘类零件、叉架零件和箱体类零件。这些零件不管多么复杂，不外乎都是由这些通用的特征组成。机械零件的设计很少涉及曲面。创建方法一般是先利用"拉伸""旋转"等工具创建零件的大体形状，然后在零件上添加"凸台""孔""筋""槽"等特征。

2.1 惰轮轴

最终文件：素材\第2章\2.1惰轮轴.prt

视频文件：视频\2.1 惰轮轴.mp4

本实例是创建一个惰轮轴，如图2-1所示。惰轮是两个不互相接触的传动齿轮中间起传递作用的齿轮，同时跟这两个齿轮啮合，用来改变被动齿轮的转动方向，使之与主动齿轮相同。它的作用只是改变转向并不能改变传动比，与之连接支撑的轴即称之为惰轮轴。

图2-1 惰轮轴

2.1.1 建模流程图

在创建本实例时，可以先利用"拉伸""旋转"工具创建惰轮轴的基本形状；然后利用"孔"工具创建出惰轮轴上的沉头孔，并利用"拉伸"工具创建出轴上的其他孔；最后利用"边倒圆""倒斜角"工具创建出惰轮轴上的圆角和倒角，即可完成本实例的创建。建模流程图如图2-2所示。

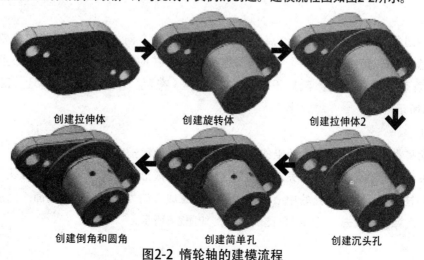

创建拉伸体　　　　　创建旋转体　　　　　创建拉伸体2

创建倒角和圆角　　　　创建简单孔　　　　　创建沉头孔

图2-2 惰轮轴的建模流程

2.1.2 相关知识点

1. "旋转"工具

旋转是将草图截面或曲线等二维对象绕指定的旋转轴线旋转一定的角度而形成的实体模型，如带轮、法兰盘和轴类等零件。选择"主页"→"特征"→"旋转"选项，弹出"旋转"对话框；然后绘制旋转的截面曲线或直接选取现有的截面曲线，并选择旋转中心轴和旋转基准点，设置旋转角度参数，即可完成旋转特征的创建，如图2-3所示。

2. "孔"工具

孔特征指在实体模型中去除圆柱、圆锥或同时存在的两种特征的实体而形成的实体特征。选择"主页"→"特征"→"孔"选项，在弹出的"孔"对话框中提供了5种孔的类型，如图2-4所示。其中"常规孔"最为常用，该孔特征包括以下4种成形方式。

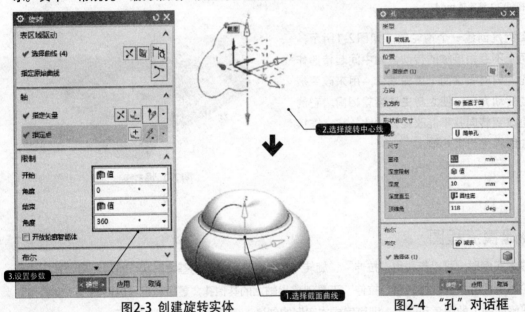

图2-3 创建旋转实体　　　　　　　图2-4 "孔"对话框

》简单孔

该方式通过指定孔圆柱面的中心点，并指定孔的生成方向，然后设置孔的参数。选择"成形"下拉列表中的"简单孔"选项，并选择连杆一端圆柱的端面中心为孔的中心点，指定孔的生成方向为垂直于圆柱端面，然后设置孔的参数，"布尔"运算为"减去"，即可创建简单孔，如图2-5所示。

》沉头孔

沉头孔指将紧固件的头部完全凹陷的阶梯孔。该方式通过指定孔表面的中心点，并指定孔的生成方向，然后设置孔的参数，即可完成孔的创建。选择"成形"下拉列表中的"沉头"选项，并选择连杆一端圆柱的端面中心为孔的中心点，指定孔的生成方向为垂直于圆柱端面，然后设置孔的参数，"布尔"运算为"减去"，即可创建沉头孔，如图2-6所示。

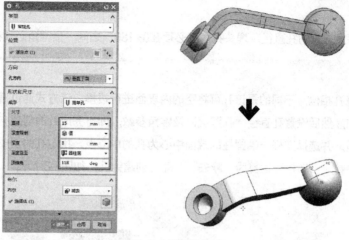

图2-5 创建简单孔

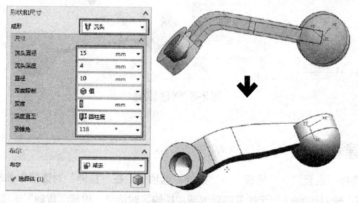

图2-6 创建沉头孔

» 埋头孔

埋头孔指将紧固件的头部沉入部分设为锥形的阶梯孔。该方式通过指定孔表面的中心点,并指定孔的生成方向,然后设置孔的参数,即可完成孔的创建。选择"成形"下拉列表中的"埋头"选项,并选择连杆一端圆柱的端面中心为孔的中心点,指定孔的生成方向为垂直于圆柱端面,然后设置孔的参数,"布尔"运算为"减去",即可创建埋头孔,如图2-7所示。

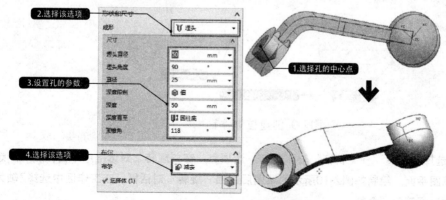

图2-7 创建埋头孔

》锥形

该孔类型与简单孔相似，不同的是该孔可将空的内表面进行拔模。该方式通过指定孔表面的中心点，并指定孔的生成方向，然后设置孔直径、孔深度以及锥角参数，即可完成孔的创建。选择"成形"下拉列表中的"锥孔"选项，并选择连杆一端圆柱的端面中心为孔的中心点，指定孔的生成方向为垂直于圆柱端面，然后设置孔的参数，"布尔"运算为"减去"，即可创建锥孔，如图2-8所示。

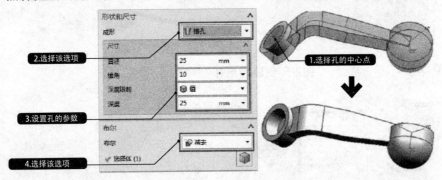

图2-8 创建锥孔

2.1.3 》具体建模步骤

01 创建拉伸体1。选择"主页"→"特征"→"拉伸"选项，在"拉伸"对话框中单击按钮，选择XC-YC基准平面为草图平面，绘制如图2-9所示的草图后返回"拉伸"对话框。设置"限制"选项组中的参数。

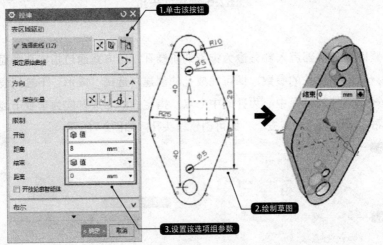

图2-9 创建拉伸体1

02 创建旋转体1。选择"主页"→"特征"→"旋转"选项，在"旋转"对话框中单击按钮，选择YC-ZC基准平面为草图平面，绘制如图2-10所示的草图后返回"旋转"对话框。在工作区中选择Z轴为旋转轴，并选择"布尔"运算为"合并"。

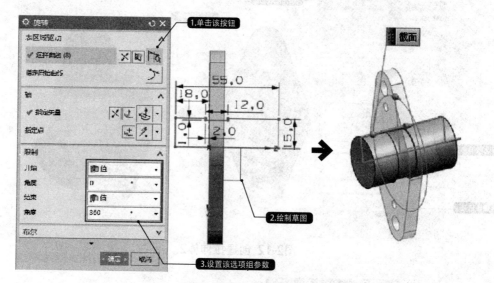

图2-10 创建旋转体1

03 创建旋转体2。选择"主页"→"特征"→"旋转" 选项，在"旋转"对话框中单击按钮 ，选择 XC-ZC基准平面为草图平面，绘制如图2-11所示的草图后返回"旋转"对话框。设置"限制"选项组中的 参数，并选择"布尔"运算为"减去"。

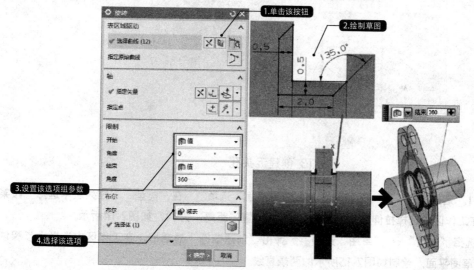

图2-11 创建旋转体2

04 创建拉伸体2。选择"主页"→"特征"→"拉伸"选项 ，在"拉伸"对话框中单击按钮 ，选择拉 伸体1的端面为草图平面，绘制如图2-12所示的草图后返回"拉伸"对话框。设置"限制"选项组中的参 数，并设置"布尔"运算为"减去"。

05 创建沉头孔。选择"主页"→"特征"→"孔"选项 ，弹出"孔"对话框。在工作区中选择旋转体 端面为草图平面，在草图中定位孔的中心。返回对话框后选择"成形"下拉列表框中的"沉头"选项，并 设置孔的"直径"和"深度"，如图2-13所示。

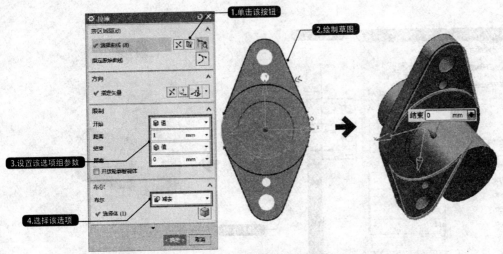

图2-12 创建拉伸体2

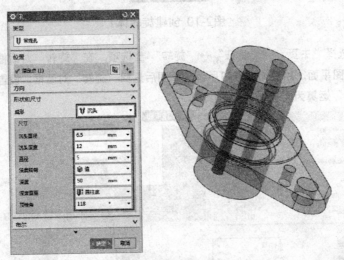

图2-13 创建沉头孔

06 创建基准平面1。选择"主页"→"特征"→"基准平面"选项□,在"类型"下拉列表中选择"按某一距离"选项,在工作区中选择拉伸体1的端面,并设置偏置"距离"为14,如图2-14所示。

07 绘制草图1。选择"主页"→"草图"选项▥,弹出"创建草图"对话框。在工作区中选择上步骤创建的基准平面1为草图平面,绘制如图2-15所示的两条直线。

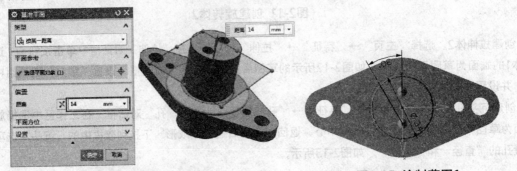

图2-14 创建基准平面1   图2-15 绘制草图1

08 创建基准平面2。选择"主页"→"特征"→"基准平面"选项□，在"类型"下拉列表中选择"曲线和点"选项，在工作区中选择上步骤创建直线的端点，如图2-16所示。按同样的方法创建基准平面3，如图2-17所示。

图2-16 创建基准平面2　　　　　　　　　　图2-17 创建基准平面3

09 创建拉伸体3。选择"主页"→"特征"→"拉伸"选项▥，在"拉伸"对话框中单击按钮▥，选择上步骤创建的基准平面3为草图平面，绘制如图2-18所示的草图后返回"拉伸"对话框。设置"限制"选项组中的参数，并设置"布尔"运算为"减去"。

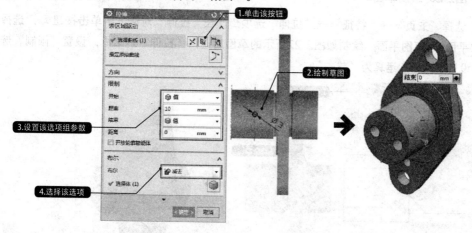

图2-18 创建拉伸体3

10 创建基准平面4。选择"主页"→"特征"→"基准平面"选项□，在"类型"下拉列表中选择"按某一距离"选项，在工作区中选择旋转体端面为平面参考，并设置偏置"距离"为10，如图2-19所示。

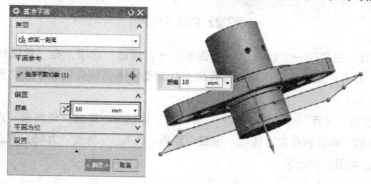

图2-19 创建基准平面4

⑪ 绘制草图2。选择"主页"→"草图"选项▥，弹出"创建草图"对话框。在工作区中选择上步骤创建的基准平面4为草图平面，绘制如图2-20所示的草图2。

⑫ 创建基准平面5。选择"主页"→"特征"→"基准平面"选项□，在"类型"下拉列表中选择"曲线和点"选项，在工作区中选择上步骤绘制直线的端点，如图2-21所示。

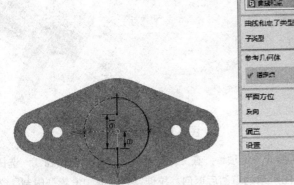

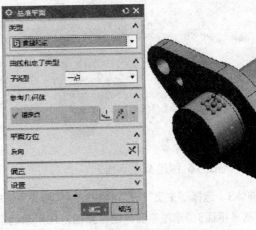

图2-20 绘制草图2   图2-21 创建基准平面5

⑬ 创建拉伸体4。选择"主页"→"特征"→"拉伸"选项▥，在"拉伸"对话框中单击按钮▥，选择上步骤创建的基准平面5为草图平面，绘制如图2-22所示的草图后返回"拉伸"对话框，设置"限制"选项组中的参数，并设置"布尔"运算为"减去"。

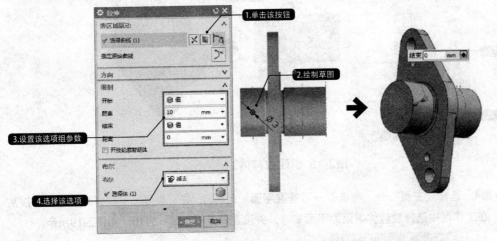

图2-22 创建拉伸体4

⑭ 创建螺纹。选择"主页"→"特征"→"更多"→"螺纹"选项，在"螺纹切削"对话框中选择"符号"按钮，然后在工作区中选择沉头孔的圆柱端面，查阅相关机械手册设置螺纹参数，如图2-23所示。

⑮ 创建倒角1。选择"主页"→"特征"→"倒斜角"选项▨，弹出"倒斜角"对话框，选择"横截面"下拉列表中的"偏置和角度"选项，设置"距离"为1，"角度"为45，在工作区中选择拉伸体1端面的边缘线，如图2-24所示。

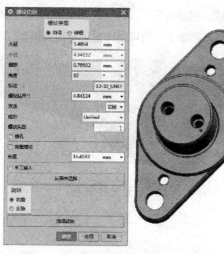

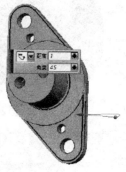

图2-23 创建螺纹 图2-24 创建倒角1

16 创建倒角2。选择"主页"→"特征"→"倒斜角"选项 🔧，弹出"倒斜角"对话框。选择"横截面"下拉列表中的"偏置和角度"选项，设置"距离"为1，"角度"为45，在工作区中选择旋转体和拉伸体端面的边缘线，如图2-25所示。

17 创建圆角。选择"主页"→"特征"→"边倒圆"选项 🔧，弹出"边倒圆"对话框。在对话框中设置边倒圆"半径"为0.5，在工作区中选择旋转体和拉伸体的相交线，如图2-26所示。

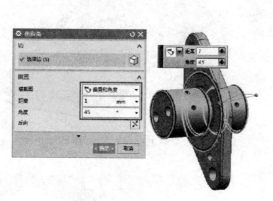

图2-25 创建倒角2 图2-26 创建圆角

2.1.4 ▶ 扩展实例：双键套

本实例将创建一个如图2-27所示的双键套。双键套由套筒、孔、键槽及倒角等特征组成。在创建本实例时，可以先利用"旋转"工具创建出双键套的基本形状；然后利用"孔"工具创建出双键套上的沉头孔，并利用"镜像特征"工具镜像另一侧沉头孔；最后利用"倒斜角"工具创建出双键套端面上的倒角，并利用"拉伸"工具创建出双键套表面的键槽，即可创建出该双键套模型。

2.1.5 ▶ 扩展实例：顶杆轴套

本实例将创建一个如图2-28所示的顶杆轴套。该轴套由圆筒、键槽、倒角及螺纹等特征组成。在创建本实例时，可以先利用"旋转"工具创建出轴套的基本形状；然后利用"拉伸"工具创建圆筒内部的键槽和孔；最后利用"倒斜角"和"螺纹"工具创建轴套上的倒角和螺纹，即可创建出顶杆轴套模型。

图2-27 双键套

图2-28 顶杆轴套

2.2 扇形摆轮

最终文件：素材\第2章\2.2\扇形摆轮.prt

视频文件：视频\2.2扇形摆轮.mp4

本实例是创建一个扇形摆轮，如图2-29所示。该摆轮由圆柱、孔、环形槽及倒角等特征组成。该摆轮外周上有中心对称布置的两个轴孔，可通过轴孔来连接其他的杆类零件，从而形成曲柄连杆机构。

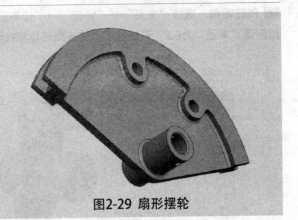

图2-29 扇形摆轮

2.2.1 相关知识点

1. "拉伸"工具

拉伸指将拉伸对象沿所指定的矢量方向拉伸到某一指定位置所形成的实体，该拉伸对象可以是草图、曲线等二维几何元素。选择"主页"→"特征"→"拉伸"选项，在弹出的"拉伸"对话框中可以进行"曲线"和"草图截面"两种拉伸方式的操作。

当选择"曲线"拉伸方式时，必须存在已经在草图中绘制出的拉伸对象，对其直接进行拉伸即可，并且所生成的实体不是参数化的数字模型，在对其进行修改时只可以修改拉伸参数，而无法修改截面参数。如图2-30所示，选择工作区现有的曲线为拉伸对象并指定拉伸方向，然后设置拉伸参数，即可创建拉伸实体。

当使用"草图截面"方式进行实体拉伸时，系统将进入草图工作环境，根据需要创建完成草图后切换至拉伸操作，此时即可进行相应的拉伸参数设置，并且利用该拉伸方法创建的实体模型是具有参数化的数字模型，不仅可以修改其拉伸参数，还可以对其截面参数进行修改。

图2-30 创建拉伸实体

》定义拉伸限制方式

在"拉伸"对话框的"限制"选项组中，可以选择"开始"下拉列表中的选项设置拉伸方式。其各选项的含义说明如下。

◆ 值：特征将从草绘平面开始单侧拉伸，并通过所输入的距离定义拉伸时的高度。

◆ 对称值：特征将从草绘平面往两侧均匀拉伸。

◆ 直至下一个：特征将从草绘平面拉伸至参照曲面。

◆ 直至选定对象：特征将从草绘平面拉伸至所选的参照对象。

◆ 直到被延伸：特征将从参照对象拉伸到延伸一段距离。

◆ 贯通：特征将从草绘平面并参照拉伸时的矢量方向穿过所有参照曲面。

》定义拉伸拔模方式

"拉伸"对话框的"拔模"面板中可以设置拉伸特征的拔模方式，该面板只有在创建实体特征时才会被激活，其各选项的含义说明如下。

◆ 从起始限制：特征以起始平面作为拔模时的固定平面参照，向模型内侧或外侧进行偏置。

◆ 从截面：特征以草绘平面作为固定平面参照，向模型内侧或外侧进行偏置。

◆ 从截面-不对称角：特征以草绘平面作为固定平面参照，向模型内侧或外侧进行偏置。

◆ 从截面-对称角：特征以草绘截面作为固定平面参照，并可以分别定义拉伸时两侧的偏置量。

◆ 从截面匹配的终止处：特征以草绘平面作为固定平面参照，且偏置特征的终止处与截面相匹配。

2. "倒斜角"工具

倒斜角又称为倒角或去角，是处理模型周围棱角的方法。当零件的边缘过于尖锐时，为避免擦伤，需要对其边缘进行倒斜角操作。倒斜角的操作方法与倒圆极其相似，都是选择实体边缘并按照指定的尺寸进行倒角操作。选择"主页"→"特征"→"倒斜角"选项，在弹出的"倒斜角"对话框中提供了创建倒斜角的3种方式，具体介绍如下。

》对称

该方式是设置倒角在相邻的两个截面上成对偏置一定距离，它的斜角值是固定的45°，并且是系统默认的倒角方式。选择实体要倒斜角的边，然后选择"横截面"下拉列表中的"对称"选项，并设置倒角距离参数，即可创建对称截面倒斜角特征，如图2-31所示。

》非对称

　　该方式与对称倒斜角方式最大的不同是：与倒角相邻的两个截面，通过分别设置不同的偏置距离来创建倒角特征。选择实体中要倒斜角的边，然后选择"横截面"下拉列表中的"非对称"选项，并在两个"距离"文本框中输入不同的"距离"参数，创建非对称倒斜角如图2-32所示。

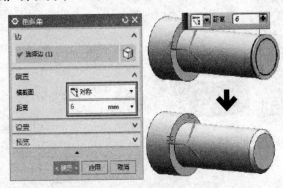

图2-31 利用"对称"倒斜角

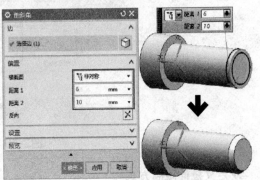

图2-32 利用"非对称"倒斜角

》偏置和角度

　　该方式是将倒角相邻的两个截面，分别设置偏置距离和角度来创建倒斜角特征。其中偏置距离是沿偏置面偏置的距离，角度指与偏置面成的角度。在工作区中选择实体中要倒斜角的边，然后选择"横截面"下拉列表中的"偏置和角度"选项，并分别输入"距离"和"角度"参数，即可创建倒斜角，如图2-33所示。

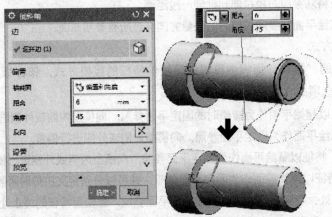

图2-33 利用"偏置和角度"倒斜角

2.2.2 》建模流程图

　　在创建本实例时，可以先利用"旋转"工具创建出摆轮的基本形状，并利用"拉伸"工具剪切出扇形结构；然后，利用"拉伸"工具创建出摆轮上的凸台，并利用"孔"工具创建出凸台上的轴孔；最后利用"倒圆"和"倒斜角"工具创建出摆轮上的圆角和倒斜角，即可完成本实例的创建。扇形摆轮的建模流程如图2-34所示。

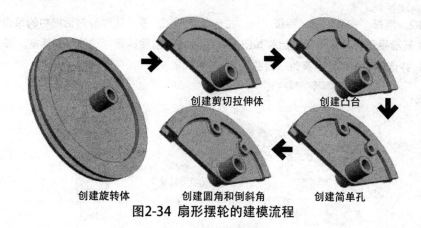

创建旋转体　　　　　创建剪切拉伸体　　　创建凸台

　　　　　　　　　创建圆角和倒斜角　　　创建简单孔

图2-34 扇形摆轮的建模流程

2.2.3 具体建模步骤

01 创建旋转体。选择"主页"→"特征"→"旋转"选项🔧，单击"旋转"对话框中"草图"按钮🔲，在工作区中选择XC-YC基准平面为草图平面，绘制如图2-35所示的草图后返回"旋转"对话框，在工作区中选择旋转中心和旋转角度。

02 创建拉伸体1。选择"主页"→"特征"→"拉伸"选项🔲，在"拉伸"对话框中的单击"草图"按钮🔲，选择XC-YC基准平面为草图平面，绘制如图2-36所示的草图后返回"拉伸"对话框，设置"限制"选项组中的参数，并选择"布尔"运算为"减去"。

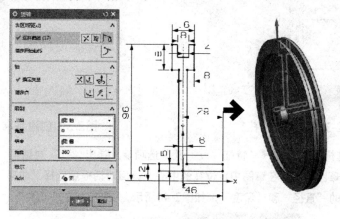

图2-35 创建旋转体

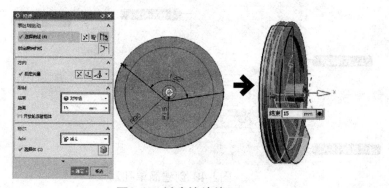

图2-36 创建拉伸体1

03 创建拉伸体2。选择"主页"→"特征"→"拉伸"选项 ⬛，在"拉伸"对话框中的单击"草图"按钮 ⬛，选择XC-YC基准平面为草图平面，绘制如图2-37所示的草图后返回"拉伸"对话框。设置"限制"选项卡中的参数，并选择"布尔"运算为"合并"。

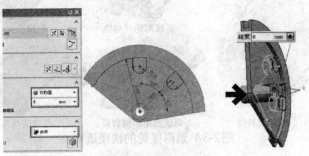

图2-37 创建拉伸体2

04 创建简单孔1。选择"主页"→"特征"→"孔"选项 ⬛，弹出"孔"对话框。在工作区中选择上步骤创建拉伸体 R10圆弧的中心，选择"成形"下拉列表中的"简单孔"选项，并设置孔的"直径"和"深度限制"，如图2-38所示。

05 创建基准平面。选择"主页"→"特征"→"基准平面"选项 ⬛，弹出"基准平面"对话框。在"类型"下拉列表中选择"相切"选项，在工作区中选择圆柱体的侧面，系统自动生成与侧面相切的平面，如图2-39所示。

图2-38 创建简单孔1   图2-39 创建基准平面

06 创建简单孔2。选择"主页"→"特征"→"孔"选项 ⬛，弹出"孔"对话框。在工作区中选择上步骤创建的基准平面为草图平面，在草图中定位孔的中心。返回对话框后选择"成形"下拉列表中的"简单孔"选项，并设置孔的"直径"和"深度"，如图2-40所示。

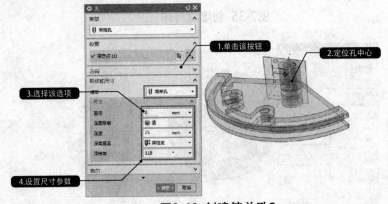

图2-40 创建简单孔2

07 创建圆角1。选择"主页"→"特征"→"边倒圆"选项█，弹出"边倒圆"对话框。在对话框中设置边倒圆"半径"为4，在工作区中选择拉伸体2和旋转体的相交线，如图2-41所示。按同样方法创建圆角2，如图2-42所示。

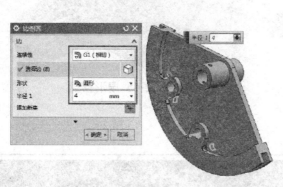 

图2-41 创建圆角1   图2-42 创建圆角2

08 创建倒斜角。选择"主页"→"特征"→"倒斜角"选项█，打开"倒斜角"对话框。选择"横截面"下拉列表中的"偏置和角度"选项，设置"距离"为1，"角度"为45，在工作区中选择旋转体圆管内侧边缘线，如图2-43所示。扇形摆轮创建完成。

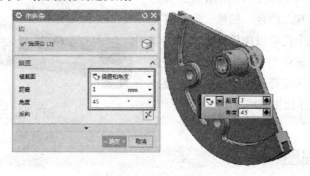

图2-43 创建倒斜角

2.2.4 扩展实例：偏心摆盘

本实例将创建一个如图2-44所示的偏心摆盘。该摆盘由圆柱、腔体、凸台、孔及槽等特征组成。在创建本实例时，可以先利用"拉伸""边倒圆"工具创建出摆盘的基本形状，并利用"抽壳"创建出空腔结构；然后利用"凸台""圆柱""圆形阵列"工具创建出摆盘上的凸台；最后利用"孔"工具创建出摆盘上的一系列孔，并利用"倒斜角"工具创建出摆盘上的倒斜角，即可创建出该实例模型。

2.2.5 扩展实例：扇形摆盘

本实例将创建一个如图2-45所示的扇形摆盘。该摆盘外周上有中心对称布置的阵列螺钉，可通过在中心对称的螺钉上增减"重量长方体"来调节惯量。在创建本实例时，可以先利用"旋转"工具创建出摆盘的基本形状。然后，利用"孔"工具创建出摆盘上一系列的孔。最后，利用"倒圆角"和"倒斜角"工具创建出摆盘上的圆角和倒角，即可完成本实例的创建。

图2-44 偏心摆盘

图2-45 扇形摆盘

2.3 三孔连杆

最终文件：素材\第2章\2.3\三孔连杆.prt
视频文件：视频\2.3三孔连杆.mp4

本实例将创建一个如图2-46所示的三孔连杆。该连杆由连杆、孔、凸台、凹槽、圆角等特征组成。该零件的三个孔可以连接固定其他的零件，从而定位这三孔连杆的一个自由度。连杆的侧面成弧面状，可知该连杆零件是由模锻毛坯，通过铣、钻、镗等工序加工而成。

图2-46 三孔连杆

2.3.1 建模流程图

在创建本实例时，可以先利用"旋转"工具创建连杆两端的鼓形圆筒，并利用"拉伸"工具创建中间的连杆；然后利用"拉伸"工具创建出大圆筒侧面的小连杆，并利用"扫掠""偏置面""修剪体"等工具创建出连杆侧面的圆角；最后利用"倒斜角"和"边倒圆"工具创建三孔连杆上的倒斜角和圆角，即可创建出该连杆模型。三孔连杆的建模流程如图2-47所示。

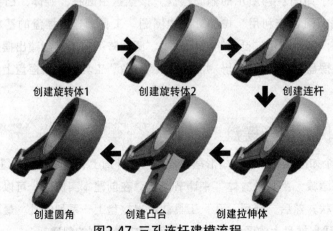

创建旋转体1　　　创建旋转体2　　　创建连杆

创建圆角　　　创建凸台　　　创建拉伸体

图2-47 三孔连杆建模流程

2.3.2 相关知识点

1. "边倒圆"工具

"边倒圆"为常用的倒圆工具，它是用指定的边倒圆半径将实体的边缘变成圆柱面或圆锥面。既可以对实体边缘进行恒定半径的边倒圆，也可以对实体边缘进行可变半径的边倒圆。选择"主页"→"特征"→"边倒圆"选项，在弹出的"边倒圆"对话框中提供了以下4种创建边倒圆的方式。

》固定半径

该方式指沿选择实体或片体进行边倒圆，使圆角相切于选择边的邻接面。直接选择要边倒圆的边，并设置边倒圆的半径，即可创建指定半径的边倒圆，如图2-48所示。

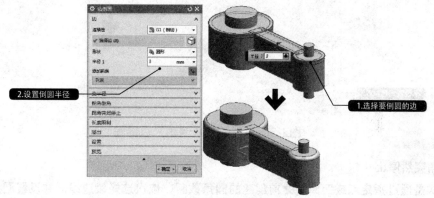

图2-48 固定半径倒圆

值得注意的是，在用固定半径进行边倒圆时，对同一边倒圆半径的边尽量同时进行边倒圆操作，而且尽量不要同时选择一个顶点的凸边或凹边进行边倒圆操作。对多个片体进行边倒圆时，必须先把多个片体利用缝合操作使之成为一个片体。

》变半径

该方式可以通过修改控制点处的半径，从而实现沿选择边指定多个点，设置不同的半径参数。选择要进行边倒圆的边后，在激活的"变半径"选项组中利用"点构造器"工具指定该边上不同点的位置，并设置不同的参数值。图2-49所示为指定实体棱边上的多个点，并设置不同的边倒圆半径所创建的"变半径"边倒圆。

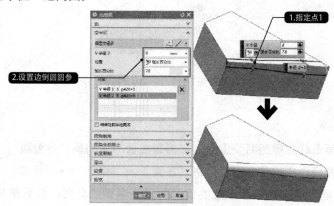

图2-49 利用"变半径"边倒圆

》拐角倒角

该方式是在相邻3个面上的3条邻边线的交点处创建边倒圆，边倒圆是从零件的拐角处去除材料创建而成的。创建该边倒圆时，需要选择具有交汇顶点的3条棱边，并设置边倒圆的半径值，然后利用"点"工具选择交汇处的顶点，并设置倒圆的位置参数，如图2-50所示。

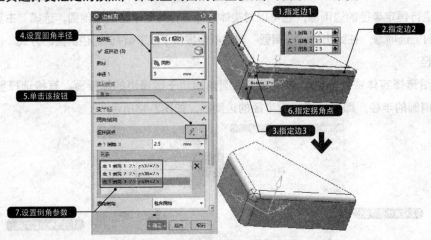

图2-50 利用"拐角倒角"边倒圆

》拐角突然停止

该方式是通过指定点或距离将之前创建的圆角截断。依次选择棱边线，并设置圆角半径值，然后选择"拐角突然停止"选项组中的"选择端点"选项，并选择拐角的端点位置，设置停止位置参数，即可完成创建，如图2-51所示。

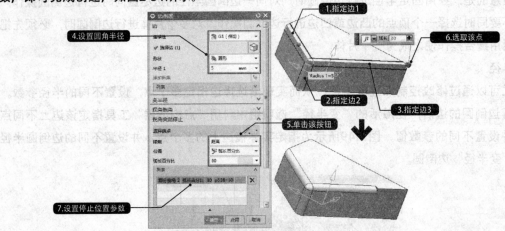

图2-51 利用"拐角突然停止"边倒圆

2. "偏置面"工具

偏置面用于在实体的表面上建立等距离偏置面。与偏置曲面不同的是：偏置面可以移动实体的表面，形成新的实体，偏置曲面形成的是曲面。选择"主页"→"特征"→"更多"→"偏置面"选项，弹出"偏置面"对话框。首先选择欲偏置的面，并设置偏置的参数，最后单击"确定"按钮，即可创建偏置面，如图2-52所示。

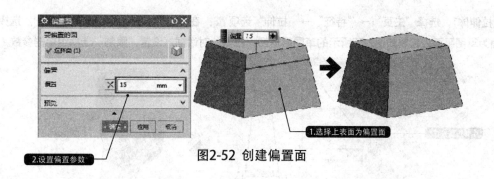

图2-52 创建偏置面

2.3.3 ▶ 具体建模步骤

01 创建旋转体1。选择"主页"→"特征"→"旋转"选项 ⚙，单击"旋转"对话框中的"草图"按钮 ▦，在工作区中选择XC-YC基准平面为草图平面，绘制如图2-53所示的草图后返回"旋转"对话框，在工作区中选择旋转中心。

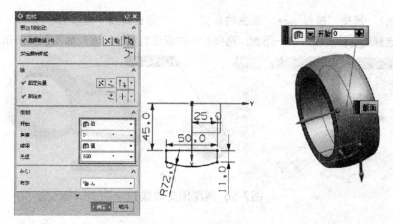

图2-53 创建旋转体1

02 创建旋转体2。选择"主页"→"特征"→"旋转"选项 ⚙，单击"旋转"对话框中"草图"按钮 ▦，在工作区中选择XC-YC基准平面为草图平面，绘制如图2-54所示的草图后返回"旋转"对话框后，在工作区中选择旋转中心。

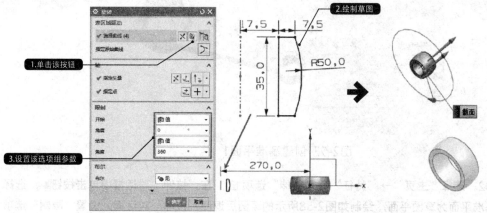

图2-54 创建旋转体2

03 创建拉伸体1。选择"主页"→"特征"→"拉伸"选项▥，在"拉伸"对话框中单击按钮▧，选择XC-ZC基准平面为草图平面，绘制如图2-55所示的草图后返回"拉伸"对话框，设置"限制"选项组中的参数。

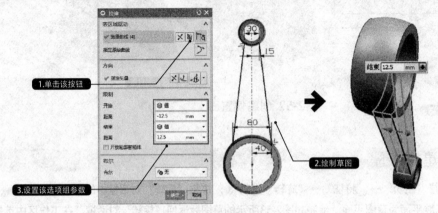

图2-55 创建拉伸体1

04 创建相交曲线1。选择"曲线"→"派生的曲线"→"相交曲线"选项▧，弹出"相交曲线"对话框，在工作区中选择旋转体侧面为第一组面，选择拉伸体端面为第二组，如图2-56所示。

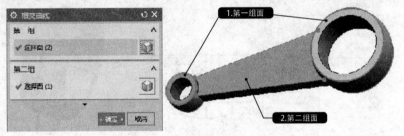

图2-56 创建相交曲线1

05 创建基准平面1。选择"主页"→"特征"→"基准平面"选项▢，在"类型"下拉列表中选择"点和方向"选项，在工作区中选择拉伸体中间棱线的中点，如图2-57所示。

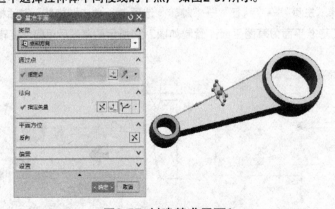

图2-57 创建基准平面1

06 创建拉伸体2。选择"主页"→"特征"→"拉伸"选项▥，在"拉伸"对话框中单击按钮▧，选择上步骤创建的基准平面为草图平面，绘制如图2-58所示的草图后返回"拉伸"对话框，设置"限制"选项组中"开始"和"结束"的"距离"为110和-110。

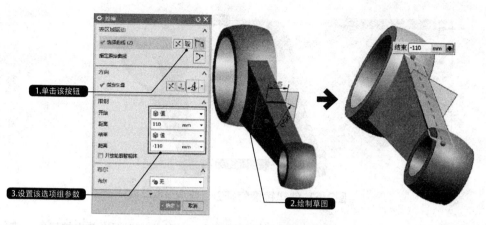

图2-58 创建拉伸体2

07 创建镜像特征1。选择"主页"→"特征"→"更多"→"镜像特征"选项 ，在工作区中选中上步骤创建的拉伸体，选择XC-YC基准平面为镜像平面，如图2-59所示。

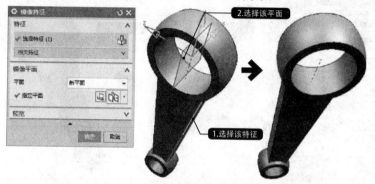

图2-59 创建镜像特征1

08 创建拉伸体3。选择"主页"→"特征"→"拉伸"选项 ，在"拉伸"对话框中单击按钮 ，选择拉伸体1端面为草图平面，绘制如图2-60所示的草图后返回"拉伸"对话框。设置"限制"选项组中"开始"和"结束"的"距离"为5和0。

09 创建镜像特征2。选择"主页"→"特征"→"更多"→"镜像特征"选项 ，在工作区中选择上步骤创建的拉伸体3，选择XC-ZC基准平面为镜像平面，如图2-61所示。

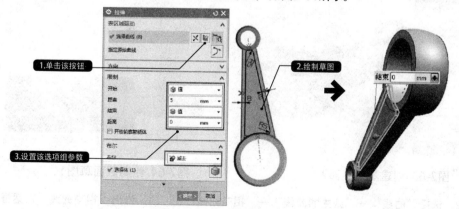

图2-60 创建拉伸体3

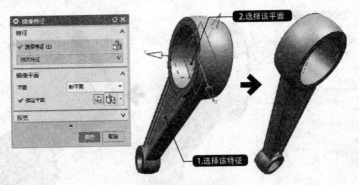

图2-61 创建镜像特征2

10 创建拉伸体4。选择"主页"→"特征"→"拉伸"选项🗅，在"拉伸"对话框中单击按钮🔳，选择 XC-ZC基准平面为草图平面，绘制如图2-62所示的草图后返回"拉伸"对话框，设置"限制"选项组中 "开始"和"结束"的"距离"为10和-10。

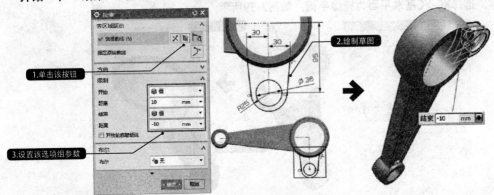

图2-62 创建拉伸体4

11 创建基准平面2。选择"主页"→"特征"→"基准平面"选项□，在"类型"下拉列表中选择"通过 对象"选项，在工作区中选择拉伸体4的圆柱面，如图2-63所示。

12 绘制截面草图1。单击选项卡"主页"→"草图"选项🗂，弹出"创建草图"对话框。在工作区中选 择YC-ZC基准平面为草图平面，绘制如图2-64所示的截面草图1。

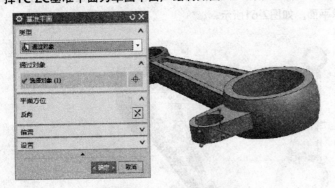

图2-63 创建基准平面2

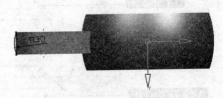

图2-64 绘制截面草图1

13 创建相交曲线2。选择"曲线"→"派生的曲线"→"相交曲线"🗅选项，弹出"相交曲线"对话框。 在工作区中选择拉伸体4侧面为第一组面，选择XC-ZC基准平面为第二组面，如图2-65所示。

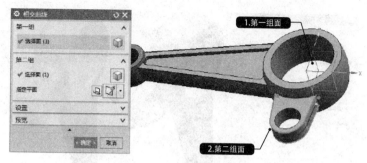

图2-65 创建相交曲线2

14 创建扫掠体1。选择"主页"→"特征"→"更多"→"扫掠"选项，弹出"扫掠"对话框。在工作区中选择截面曲线和引导线，如图2-66所示。

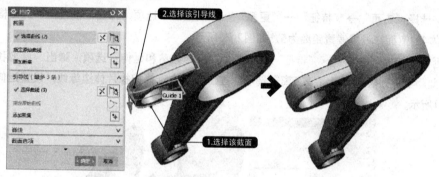

图2-66 创建扫掠体1

15 创建拉伸体5。选择"主页"→"特征"→"拉伸"选项 🔲，在"拉伸"对话框中单击按钮 📷，选择拉伸体4端面为草图平面，绘制如图2-67所示的草图后返回"拉伸"对话框，设置"限制"选项组中"开始"和"结束"的"距离"为5和0，并选择"布尔"运算为"合并"。

16 绘制截面草图2。选择"主页"→"草图"选项 📷，弹出"创建草图"对话框。在工作区中选择YC-ZC基准平面为草图平面，绘制如图2-68所示的截面草图2。

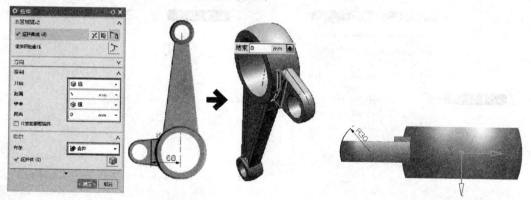

图2-67 创建拉伸体5   图2-68 绘制截面草图2

17 创建扫掠体2。选择"主页"→"特征"→"更多"→"扫掠"选项，弹出"扫掠"对话框，在工作区中选择扫掠截面线，并选择相交曲线2为引导线，如图2-69所示。

图2-69 创建扫掠体2

18 偏置面。选择"主页"→"特征"→"更多"→"偏置面"选项，弹出"偏置面"对话框，在工作区中选择拉伸体4的侧面，设置偏置距离为5，如图2-70所示。

19 修剪和延伸。选择"主页"→"特征"→"更多"→"修剪和延伸"选项，弹出"修剪和延伸"对话框。在"类型"下拉列表中选择"按距离"选项，在工作区中选择扫掠片体边缘线，设置延伸"距离"为2，如图2-71所示。

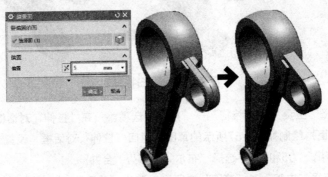

图2-70 偏置面

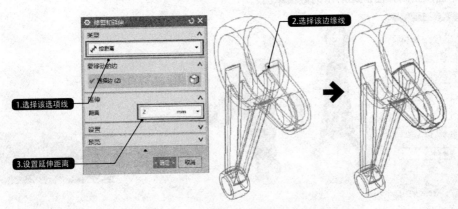

图2-71 修剪和延伸

20 创建修剪体。选择"主页"→"特征"→"修剪体"选项，弹出"修剪体"对话框，在工作区中选择拉伸体4和拉伸体5为目标，选择扫掠片体为工具，如图2-72所示。

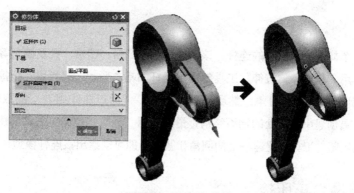

图2-72 创建修剪体

21 合并实体。选择"主页"→"特征"→"合并"选项 🔩，在工作区中选择旋转体2为目标，选择其他实体为工具，单击"确定"按钮即可完成合并运算，如图2-73所示。

22 创建边倒圆1。选择"主页"→"特征"→"边倒圆"选项 🔩，弹出"边倒圆"对话框。在对话框中设置边倒圆"半径1"为6，在工作区中选择旋转体和连杆的相交线，如图2-74所示。按同样方法创建边倒圆2，如图2-75所示。

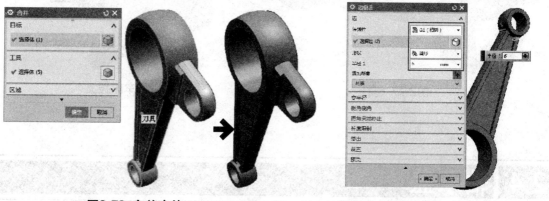

图2-73 合并实体　　　　　　　　　　　图2-74 创建边倒圆1

23 创建倒斜角。选择"主页"→"特征"→"倒斜角" 🔩 选项，弹出"倒斜角"对话框。选择"横截面"下拉列表中的"偏置和角度"选项，设置"距离"为2，设置"角度"为45，在工作区中选择旋转体1端面内侧的边缘线，如图2-76所示。三孔连杆的创建完成。

图2-75 创建边倒圆2

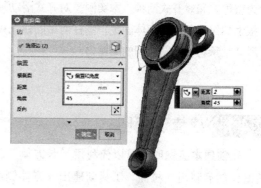

图2-76 创建倒斜角

2.3.4 ▶ 扩展实例：连杆

本实例将创建一个如图2-77所示的连杆。该连杆由板、凸台、凹槽、孔及圆角等特征组成。在创建本实例时，可以先利用"旋转""拉伸"工具创建出连杆的基本形状，并利用"扫掠""偏置面""修剪体"等工具修剪出连杆侧面的圆角；然后利用"拉伸""通过曲线组""抽取的面""修剪的片体""修剪体"等工具创建小圆筒处的端面结构；最后利用"孔""拉伸"工具创建连杆上的孔，并利用"倒斜角"和"边倒圆"工具创建连杆上的倒角和圆角，即可创建出该连杆模型。

2.3.5 ▶ 扩展实例：车床拔叉

本实例将创建一个如图2-78所示的车床拔叉。在创建本实例时，可以先利用"拉伸""基本平面""合并"等工具创建出拔叉的基本结构，并创建拔叉上的肋板结构；然后利用"倒斜角"和"边倒圆"工具创建拔叉上的倒角和圆角，即可完成本实例的创建。

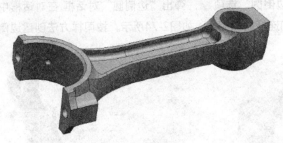

图2-77 连杆

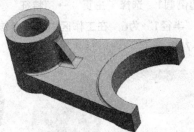

图2-78 车床拔叉

2.4 | 轴承盖

最终文件：素材\第2章\2.4\轴承盖.prt

视频文件：视频\2.4轴承盖.mp4

本实例是创建一个轴承盖，如图2-79所示。该轴承盖由长方体、圆柱、凸台、孔等特征组成。轴承座一般用于滑动轴承，分为整体式和对开式两种。本实例是对开式滑动轴承座的上盖，盖板上螺纹孔用于与座体固定。圆柱面上的螺孔可以通过螺钉调节滑动轴承与轴承座之间的摩擦力。

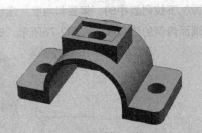

图2-79 轴承盖

2.4.1 ▶ 建模流程图

在创建本实例时，可以先利用"长方体"工具创建长方体，并利用"拉伸"工具剪切出中间的凹槽；然后利用"拉伸"工具创建出长方体侧面的圆柱体；最后利用"边倒圆"创建出轴承盖上的圆角，即可完成本实例的创建。轴承盖的建模流程如图2-80所示。

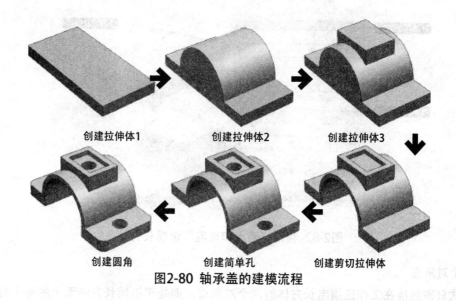

创建拉伸体1   创建拉伸体2   创建拉伸体3

创建圆角   创建简单孔   创建剪切拉伸体

图2-80 轴承盖的建模流程

2.4.2 相关知识点

1. "长方体"工具

利用该工具可直接在绘图区创建长方体或正方体，并且其各边的边长通过具体参数来确定。选择"主页"→"特征"→"更多"→"设计特征"→"长方体"选项，在弹出的"长方体"对话框中提供了以下3种创建长方体的方式。

» 原点和边长

该方式先指定一作为长方体的原点，并输入长方体的长、宽、高的数值，即可完成长方体的创建。选择"类型"下拉列表中的"原点和边长"选项，并选择现有基准坐标系的基准点为长方体的原点，然后输入长、宽、高的数值，即可完成创建，如图2-81所示。

» 两点和高度

该方式先指定长方体一个面上的两个对角点，并指定长方体的高度参数。选择"类型"下拉列表中的"两点和高度"选项，并选择现有长方体一个顶点为长方体的角点，然后选择上表面一条棱边中心为另一对角点，并输入长方体的高度数值，即可完成该类长方体的创建，如图2-82所示。

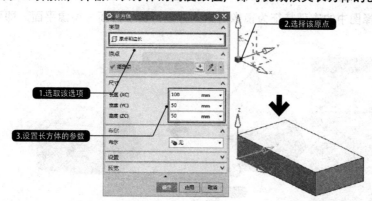

图2-81 利用"原点和边长"创建长方体

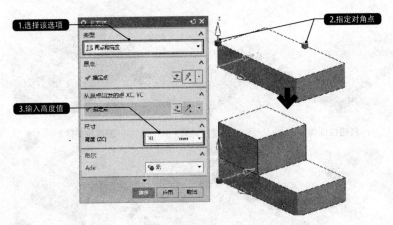

图2-82 利用"两点和高度"创建长方体

》两个对角点

该方式只需直接在工作区指定长方体的两个对角点，即处于不同长方体面上的两个对角点。选择"类型"下拉列表中的"两个对角点"选项，并选择长方体的顶点为一个对角点，然后选取另一个长方体边线的中点为另一对角点，创建方法如图2-83所示。

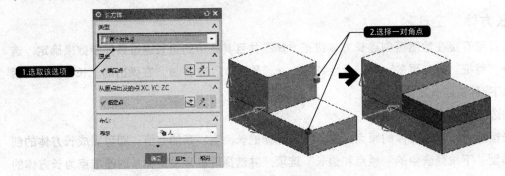

图2-83 利用"两个对角点"创建长方体

2. "镜像特征"工具

镜像特征就是将指定的一个或多个特征，根据平面（基准平面或实体表面）将其镜像到该平面的另一侧。选择"主页"→"特征"→"更多"→"关联复制"→"镜像特征"选项，弹出"镜像特征"对话框，然后选择图中的支架特征为镜像对象，并选择基准平面为镜像平面，即可创建镜像特征，如图2-84所示。

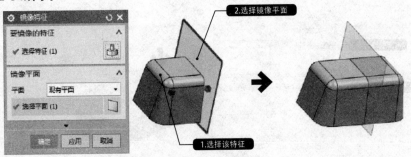

图2-84 创建镜像特征

2.4.3 具体建模步骤

01 创建长方体。选择"主页"→"特征"→"更多"→"设计特征"→"长方体" 选项，弹出"长方体"对话框。在"类型"下拉列表中选择"原点和边长"选项，在工作区中创建长、宽、高分别为88、44、8的长方体，如图2-85所示。

02 创建拉伸体1。选择"主页"→"特征"→"拉伸"选项 ，在"拉伸"对话框中单击"草图"按钮 ，选择 XC-ZC 基准平面为草图平面，绘制如图 2-86 所示的草图后返回"拉伸"对话框。设置"限制"选项组中的参数，并设置"布尔"运算为"合并"。

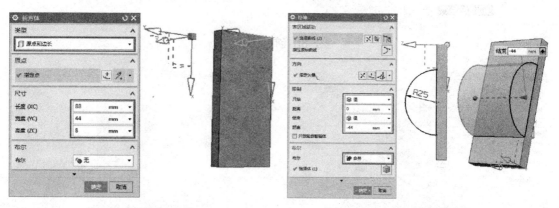

图2-85 创建长方体　　　　　　　　　　图2-86 创建拉伸体1

03 创建基准平面。选择"主页"→"特征"→"基准平面" 选项，弹出"基准平面"对话框。在工作区中选择圆柱体表面，系统自动生成与圆柱表面相切的基准平面，如图2-87所示。

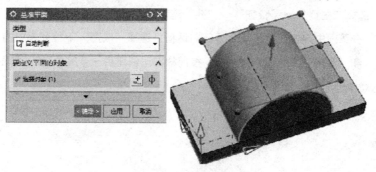

图2-87 创建基准平面

04 创建拉伸体2。选择"主页"→"特征"→"拉伸"选项 ，在"拉伸"对话框中单击"草图"按钮 ，选择上步骤创建的基准平面为草图平面，绘制如图2-88所示的草图后返回"拉伸"对话框。设置"限制"选项组中的参数，并设置"布尔"运算为"合并"。

05 创建拉伸体3。选择"主页"→"特征"→"拉伸"选项 ，在"拉伸"对话框中单击"草图"按钮 ，选择拉伸体1的端面为草图平面，绘制如图2-89所示的草图后返回"拉伸"对话框。设置"限制"选项组中的参数，并设置"布尔"运算为"减去"。

06 创建拉伸体4。选择"主页"→"特征"→"拉伸"选项 ，在"拉伸"对话框中单击"草图"按钮 ，选择拉伸体2的端面为草图平面，绘制如图2-90所示的草图后返回"拉伸"对话框。设置"限制"选项组中的参数，并设置"布尔"运算为"减去"。

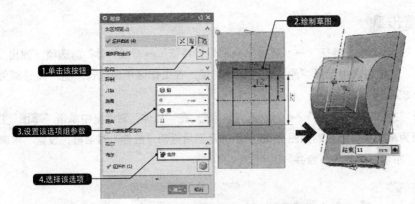

图2-88 创建拉伸体2

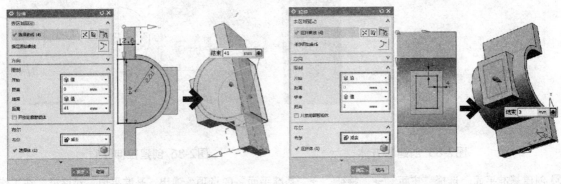

图2-89 创建拉伸体3   图2-90 创建拉伸体4

07 创建简单孔1。选择"主页"→"特征"→"孔"选项，弹出"孔"对话框，在"孔"对话框中单击"草图"按钮。在草图中定位孔的位置后返回对话框，选择"成形"下拉列表中的"简单孔"选项，并设置孔的"直径"和"深度"，如图2-91所示。按同样方法创建另一个简单孔2，如图2-92所示。

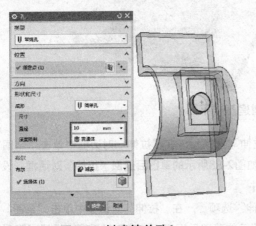

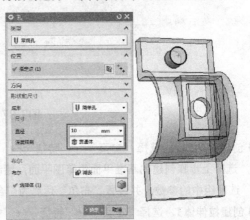

图2-91 创建简单孔1   图2-92 创建简单孔2

08 镜像简单孔。选择"主页"→"特征"→"更多"→"关联复制"→"镜像特征"选项，在工作区中选择上步骤创建的简单孔2，选择拉伸体2的两个侧面创建二等分面为镜像平面，如图2-93所示。

09 创建圆角。选择"主页"→"特征"→"边倒圆"选项，提出"边倒圆"对话框。在对话框中设置边倒圆"半径"为5，在工作区中选择长方体的4条棱边，如图2-94所示。

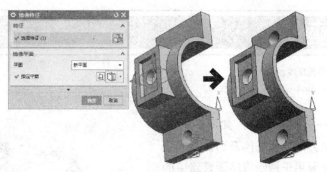

图2-93 镜像简单孔

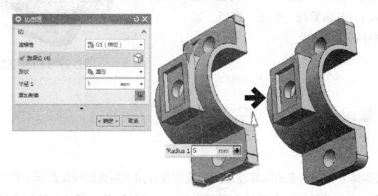

图2-94 创建圆角

2.4.4 扩展实例：轴承座

本实例将创建一个如图2-95所示的轴承座。该轴承座由长方体、圆柱、凹槽、肋板、孔及圆角等特征组成。创建本实例时，可以先利用"拉伸""垫长方体""凸台"等工具创建出轴承座的基本形状；然后利用"孔"工具创建座体上的简单孔和沉头孔，并利用"矩形槽"工具创建座体内的槽；最后利用"倒圆角"创建出轴承座上的圆角，即可完成该实例的创建。

2.4.5 扩展实例：机械定位块

本实例将创建一个如图2-96所示的机械定位块。在创建本实例时，可以先利用"拉伸""旋转"等工具创建出机械定位块的基本形状；然后利用"通过曲线网格""有界平面"工具创建出长方体内的凹槽曲面，并利用"修剪体"工具修剪出中间的凹槽，即可完成本实例的创建。

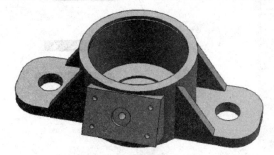

图2-95 轴承座

图2-96 机械定位块

2.5 球阀座体

最终文件：素材\第2章\2.5\球阀座体.prt

视频文件：视频\2.5球阀座体.mp4

本实例是创建一个球阀座体，如图2-97所示。该球阀座体由长方体、圆柱体及凸台及螺孔等特征组成。球阀主要用于截断或接通管路中的介质，也可用于流体的调节与控制，球阀被广泛的应用在石油炼制、长输管线、化工、造纸、制药、水利、电力及钢铁等行业。

图2-97 球阀座体

2.5.1 相关知识点

1. "螺纹"工具 ▤

螺纹指在旋转实体表面上创建的沿螺旋线所形成的具有相同剖面的连续凸起或凹槽特征。在圆柱体外表面上形成的螺纹称为外螺纹；在圆柱内表面上形成的螺纹称为内螺纹。要创建螺纹特征，可选择"主页"→"特征"→"更多"→"设计特征"→"螺纹"选项 ▤，在弹出的"螺纹切削"对话框中提供了以下两种创建螺纹的方式。

》符号

该方式指在实体上以虚线来显示创建的螺纹，而不是显示真实的螺纹实体，用于在工程图中表示螺纹和标注螺纹。这种螺纹生成速度快，计算量小。

要创建该类螺纹特征，选择"螺纹类型"选项组中的"符号"单选按钮，并选择要创建螺纹的表面，"螺纹"对话框被激活；然后设置螺纹的参数和螺纹的旋转方向。接着单击"选择起始"按钮，并选择生成螺纹的起始平面；最后指定螺纹生成的方向，创建方法如图2-98所示。

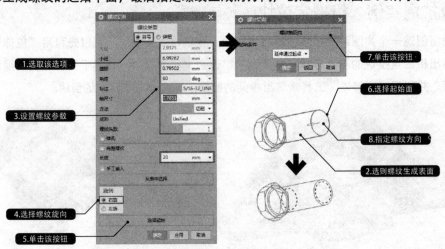

图2-98 创建"符号"螺纹特征

在"螺纹"对话框中包含多个文本框、复选框和单选选项，这些选项的含义见表2-1。

表2-1 "螺纹切削"对话框各选项的含义

选项	含义
大径	用于设置螺纹的最大直径。默认值根据所选圆柱面直径和内外螺纹的形式查找螺纹参数表获得
小径	用于设置螺纹的最小直径。默认值根据所选圆柱面直径和内外螺纹的形式查找螺纹参数表获得
螺距	用于设置螺距，其默认值根据选择的圆柱面查找螺纹参数表获得。对于"符号"螺纹，当不选择"手工输入"选项时，螺距的值不能修改
角度	用于设置螺纹牙型角，其默认值为螺纹的标准角度60°。对于"符号"螺纹，当不选择"手工输入"选项时，角度的值不能修改
标注	用于螺纹标记，其默认值根据选择的圆柱面查找螺纹参数表取得，如M10_X_0.75。当选择"手工输入"选项时，该文本框不能修改
轴尺寸	用于设置外螺纹轴的尺寸或内螺纹的钻孔尺寸
方法	用于指定螺纹的加工方法。其中包含切削、滚螺纹、磨螺纹和铣螺纹4个选项
成形	用于指定螺纹的标准。其中包含同一螺纹、公制螺纹、梯形螺纹和英制螺纹等11种标准。当选择"手工输入"选项时，该选项不能更改
螺纹线数	用于设置螺纹的线数，即创建单线螺纹还是多线螺纹
锥孔	用于设置螺纹是否为拔模螺纹
完整螺纹	选择该复选框，则在整个圆柱表面上创建螺纹，螺纹伴随圆柱面的改变而改变
长度	用于设置螺纹的长度
手工输入	用于设置是"手工输入"螺纹的基本参数还是"从表中"选择螺纹
从表格中选择	单击该按钮，弹出新的"螺纹切削"对话框，提示用户通过从螺纹列表中选择适合的螺纹规格
旋转	用于设置螺纹的旋转方向，其中包含"右旋"和"左旋"两个单选按钮
选择起始	用于指定一个实体平面或基准平面作为创建螺纹的起始位置

》详细

该方式用于创建真实的螺纹，可以将螺纹的所有细节特征都表现出来。由于螺纹几何形状的复杂性，使该操作计算量大，创建和更新的速度较慢，这种螺纹一般不用于工程图。选择"螺纹类型"选项组中的"详细"单选按钮，并选择要创建螺纹的表面，"螺纹"对话框被激活；然后设置螺纹的参数和螺纹的旋转方向，接着单击"选择起始"选项，并选择生成螺纹的起始平面；最后指定螺纹生成的方向，创建方法如图2-99所示。

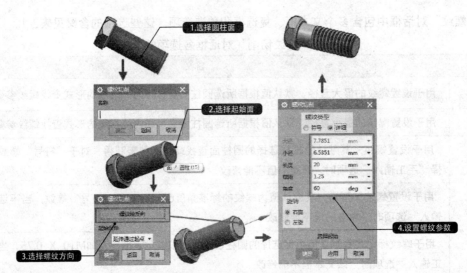

图2-99 创建"详细"螺纹特征

2. "圆柱体"工具 🛢

圆柱体可以看作是圆面沿着垂直该圆面拉伸一端距离的实体。此类实体特征非常常见，如机械传动中最常用的轴类、销钉类等零件。选择"主页"→"特征"→"更多"→"设计特征"→"圆柱体"选项🛢，在弹出的"圆柱"对话框中提供了两种创建圆柱体的方式，具体介绍如下。

》 轴、直径和高度

该方式通过指定圆柱体的矢量方向和底面中心点的位置，并设置其直径和高度。选择"类型"下拉列表中的"轴、直径和高度"选项，并选择现有的基准点为圆柱底面的中心，指定ZC轴方向为圆柱的生成方向，然后设置圆柱的参数，创建方法如图2-100所示。

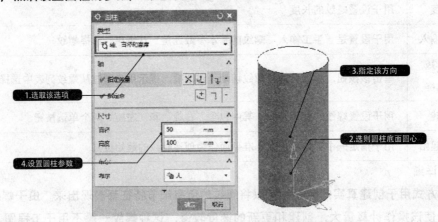

图2-100 利用"轴、直径和高度"创建圆柱体

》 圆弧和高度

该方式需要首先在绘图区创建一条圆弧曲线，然后以该圆弧曲线为所创建圆柱体的参照曲线，并设置圆柱体的高度。选择"类型"下拉列表中的"圆弧和高度"选项，并选择图中的圆弧曲线，该圆弧的半径将作为创建圆柱体的底面圆半径，然后输入高度数值，创建方法如图2-101所示。

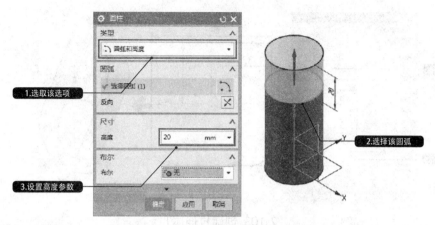

图2-101 利用"圆弧和高度"创建圆柱体

2.5.2 建模流程图

在创建本实例时，可以先利用"拉伸"工具创建长方体底座，并利用"旋转"工具创建阀体和空腔；然后利用"螺纹""孔"等工具创建阀体上的孔和螺纹；最后利用"边倒圆"创建出座体上的圆角，即可完成本实例的创建。建模流程如图2-102所示。

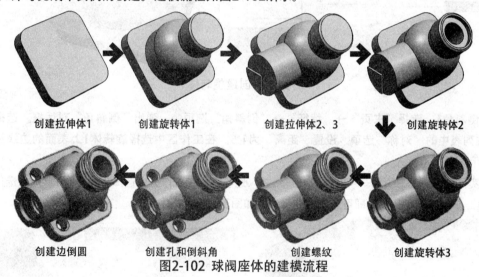

创建拉伸体1　　创建旋转体1　　　创建拉伸体2、3　　　创建旋转体2

创建边倒圆　　　创建孔和倒斜角　　　创建螺纹　　　创建旋转体3

图2-102 球阀座体的建模流程

2.5.3 具体建模步骤

01 创建拉伸体1。选择"主页"→"特征"→"拉伸"选项 █，在"拉伸"对话框中单击"草图"按钮 █，选择XC-YC基准平面为草图平面，绘制如图2-103所示的草图后返回"拉伸"对话框。设置"限制"选项组中的参数。

02 创建旋转体1。选择"主页"→"特征"→"旋转"选项 █，单击"旋转"对话框中的"草图"按钮 █，在工作区中选择YC-ZC基准平面为草图平面，绘制如图2-104所示的草图后返回"旋转"对话框。在工作区中选择旋转中心和旋转角度。

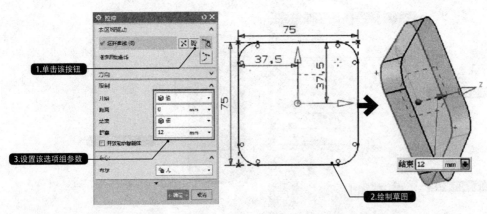

2-103 创建拉伸体1

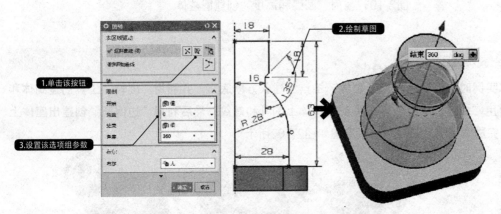

图2-104 创建旋转体1

03 创建倒斜角1。选择"主页"→"特征"→"倒斜角"选项，弹出"倒斜角"对话框。选择"横截面"下拉列表中的"对称"选项，设置"距离"为1.5，在工作区中选择旋转体1上表面的边缘线，如图2-105所示。

04 合并实体。选择"主页"→"特征"→"合并"选项，在工作区中选择旋转体1为目标，选择其他实体为工具，单击"确定"按钮即可完成合并实体，如图2-106所示。

图2-105 创建倒斜角1　　　　　　　　图2-106 合并实体

05 创建拉伸体2。选择"主页"→"特征"→"拉伸"选项，在"拉伸"对话框中单击"草图"按钮，选择XC-ZC基准平面为草图平面，绘制如图2-107所示草图后返回"拉伸"对话框。设置"限制"选项组中的参数，并设置"布尔"运算为"合并"。

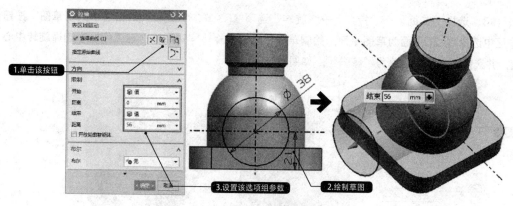

图2-107 创建拉伸体2

06 创建拉伸体3。选择"主页"→"特征"→"拉伸"选项 🔲，在"拉伸"对话框中单击"草图"按钮 🔲，选择拉伸体2端面为草图平面，绘制草图后返回"拉伸"对话框。设置"限制"选项组中的参数，并设置"布尔"运算为"减去"，如图2-108所示。

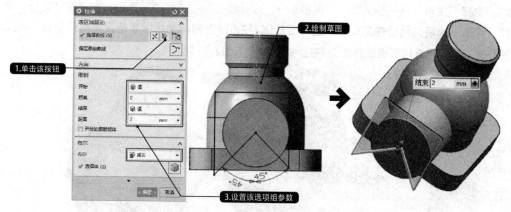

图2-108 创建拉伸体3

07 创建旋转体2。选择"主页"→"特征"→"旋转"选项 🔲，单击"旋转"对话框中的"草图"按钮 🔲，在工作区中选择YC-ZC基准平面为草图平面，绘制草图后返回"旋转"对话框。在工作区中选择旋转中心和旋转角度，并选择"布尔"运算为"减去"，如图2-109所示。

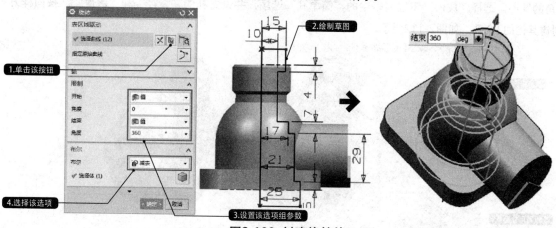

图2-109 创建旋转体2

08 创建旋转体3。选择"主页"→"特征"→"旋转"选项 🔄，单击"旋转"对话框中的"草图"按钮 🖼️，在工作区中选择YC-ZC平面为草图平面，绘制草图后返回"旋转"对话框。在工作区中选择旋转中心和旋转角度，并选择"布尔"运算为"减去"，如图2-110所示。

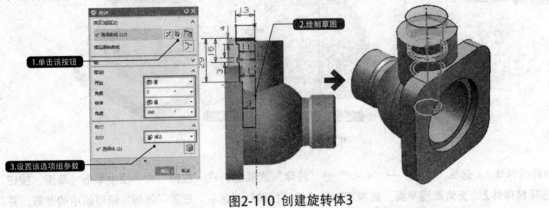

图2-110 创建旋转体3

09 创建螺纹1。选择"主页"→"特征"→"更多"→"设计特征"→"螺纹"选项，在"螺纹类形"单选按钮中选择"详细"选项，然后在工作区中选择旋转体1柱面，查阅相关机械手册设置螺纹参数，或采用系统设置的参数。按同样方法创建旋转体3圆柱面的螺纹，如图2-111所示。

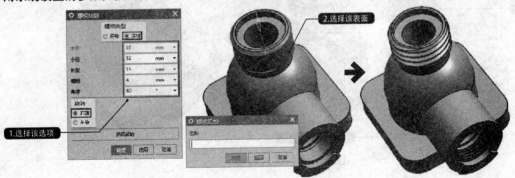

图2-111 创建螺纹1

10 创建简单孔1。选择"主页"→"特征"→"孔"选项 🔩，弹出"孔"对话框。在工作区中选择拉伸体1圆角的圆心，选择"成形"下拉列表中的"简单孔"选项，并设置孔的"直径"和"深度"。按同样方法创建其他的3个孔，如图2-112所示。

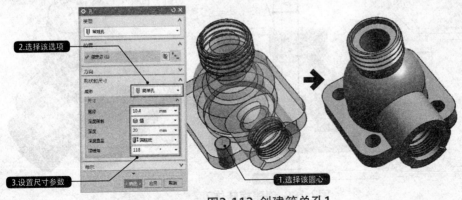

图2-112 创建简单孔1

11 创建倒斜角2。选择"主页"→"特征"→"倒斜角"选项，弹出"倒斜角"对话框。选择"横截面"下拉列表中的"对称"选项，设置"距离"为1.5，在工作区选择上步骤创建简单孔1的边缘线，如图2-113所示。

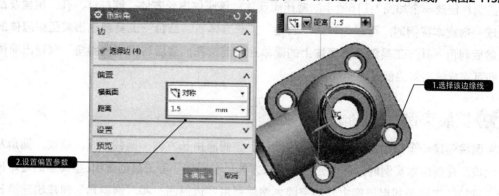

图2-113 创建倒斜角2

12 创建螺纹2。选择"主页"→"特征"→"更多"→"设计特征"→"螺纹"选项，在"螺纹类型"选项组中选择"详细"单选按钮，然后在工作区中选择4个孔的圆柱面，查阅相关机械手册设置螺纹参数，或采用系统给定的参数，如图2-114所示。

图2-114 创建螺纹2

13 创建边倒圆。选择"主页"→"特征"→"边倒圆"选项，弹出"边倒圆"对话框，在对话框中设置边倒圆"半径1"为1，在工作区中选择座体的边缘以及相交线，如图2-115所示。

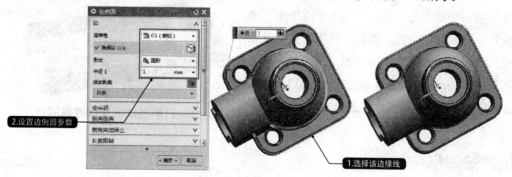

图2-115 创建边倒圆

2.5.4 ▶ 扩展实例：减压阀座体

本实例将创建一个如图2-116所示的减压阀座体。该座体由长方体、圆柱体、孔、倒角及凸台等特征组成。创建本实例时，可以先利用"圆柱""长方体""凸台"工具创建出减压阀座体的基本形状；然后利用"孔"工具创建出座体上的简单孔和沉头孔；最后利用"倒斜角"创建出座体上的倒角，即可完成该实例的创建。

2.5.5 ▶ 扩展实例：L型阀座

本实例将创建一个如图2-117所示的L型阀座。该阀座由长方体、圆柱、孔、螺纹、圆角及倒角等特征组成。在创建本实例时，可以先利用"长方体""圆柱"等工具创建出L型阀座的基本形状，并利用"旋转"工具剪切出阀座中间的空腔；然后利用"边倒圆"和"倒斜角"创建出连接长方体上的圆角和倒角；最后利用"螺纹"工具创建出阀座上的螺纹，即可完成本实例的创建。

图2-116 减压阀座体

图2-117 L型阀座

2.6 | 插线板壳体

最终文件：素材\第2章\2.6\插线板壳体.prt

视频文件：视频\2.6插线板壳体.mp4

本实例是创建一个插线板壳体，如图2-118所示。该插线板壳体由长方形、圆柱、孔、隔板、肋板、拔模及圆角等特征组成。插线板又名排插、接线板、转换器，是每个家庭都离不开的用品，大到冰箱、洗衣机，小到手机与MP3，所有家电都必须连接插线板才能正常工作。

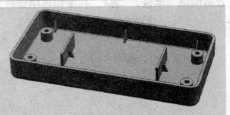

图2-118 插线板壳体效果图

2.6.1 ▶ 相关知识点

1. "拔模"工具

注塑件和铸件往往需要一个拔模斜面才能顺利脱模。创建"拔模"特征是通过指定一个拔模方向的矢量，输入一个沿拔模方向的拔模角度，使要拔模的面按照这个角度值进行向内或向外的变化。选择"主页"→"特征"→"拔模"选项 🔩，在弹出的"拔模"对话框中提供了4种创建拔模特征的方式，简要介绍如下。

》面

该方式指以选择的面为参考平面，并与所指定的脱模方向成一定角度来创建拔模特征。选择"类型"下拉列表中的"面"选项并指定脱模方向，然后选择拔模的固定面，并选择要进行拔模的面和设置拔模角度值，创建方法如图2-119所示。

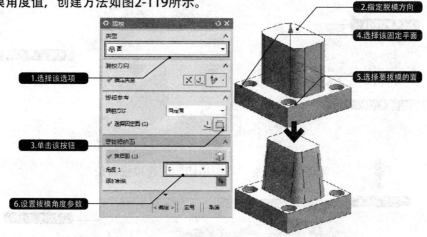

图2-119 利用"面"创建拔模特征

》从边

该方式常用于从一系列实体的边缘开始，与脱模方向成一系列的拔模角度，对指定的实体进行拔模操作。选择"类型"下拉列表中的"边"选项并指定脱模方向，然后选择拔模的固定边并设置拔模角度，创建方法如图2-120所示。

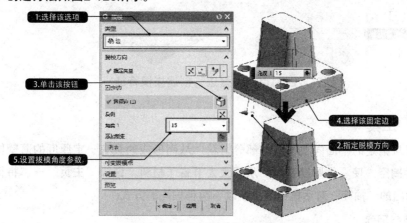

图2-120 利用"边"创建拔模特征

》与面相切

该方式用于对相切表面拔模后仍保持相切的情况。选择"类型"下拉列表中的"与面相切"选项并指定脱模方向，然后选取要脱模的面，并选择与其相切的面，设置拔模角度，创建方法如图2-121所示。

>> 分型边

该方式是沿指定的分型边缘，并与指定的脱模方向成一定拔模角度对实体进行的拔模操作。选择"类型"下拉列表中的"分型边"选项并指定脱模方向，然后选择拔模的固定面和拔模的分型边，并设置拔模的角度，创建方法如图2-122所示。

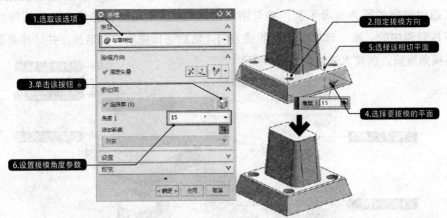

图2-121 利用"与面相切"创建拔模特征

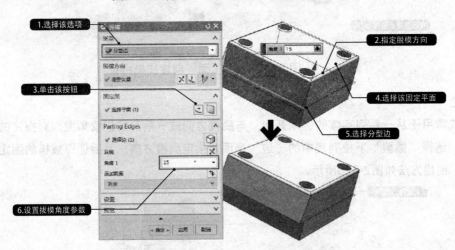

图2-122 利用"分型边"创建拔模特征

2. "抽壳"工具

利用该工具可从指定的平面向下移除一部分材料，从而形成的具有一定厚度的薄壁体。它常用于将成形实体零件掏空，使零件厚度变薄，从而大大节省了材料。选择"主页"→"特征"→"抽壳"选项，在弹出的"抽壳"对话框中提供了以下两种抽壳的方式。

>> 移除面，然后抽壳

该方式指以选择实体一个面为要穿透的面，其他表面通过设置厚度参数形成具有一定壁厚的腔体薄壁。选择"类型"下拉列表中的"移除面，然后抽壳"选项，并选择实体中的一个面为要穿透的面，然后设置抽壳厚度参数，创建方法如图2-123所示。

>> 对所有面抽壳

该方式指按照某个指定的厚度抽空实体，创建中空的实体，与"移除面，然后抽壳"选择要穿透的面进行抽壳操作不同。选择"类型"下拉列表中的"对所有面抽壳"选项，并选择图中的实体特征，然后设置抽壳厚度参数，创建方法如图2-124所示。

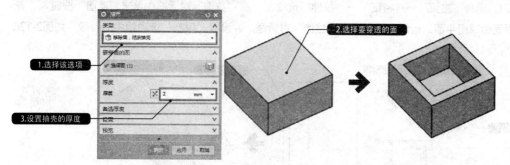

图2-123 利用"移除面，然后抽壳"创建抽壳特征

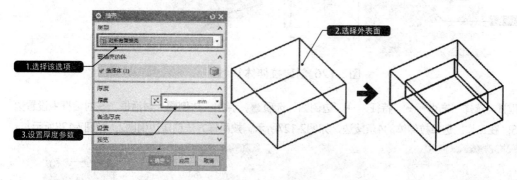

图2-124 利用"对所有面抽壳"创建抽壳特征

2.6.2 建模流程图

在创建本实例时，可以先利用"拉伸体""边倒圆"工具创建出插线板壳体的基本形状，并利用"抽壳"工具创建出中间的空腔结构；然后利用"拉伸""拔模"工具创建出壳体底部的凸台结构；最后利用"拉伸体""拔模""边倒圆"工具修剪出壳体内部的一系列肋板、圆台和隔板，即可完成本实例的创建。流程图如图2-125所示。

图2-125 插线板壳体的建模流程

2.6.3 具体建模步骤

01 创建拉伸体1。选择"主页"→"特征"→"拉伸"选项 ，在"拉伸"对话框中单击"草图"按钮 ，选择XC-YC基准平面为草图平面，绘制草图后返回"拉伸"对话框，并设置"限制"选项组中的参数，如图2-126所示。

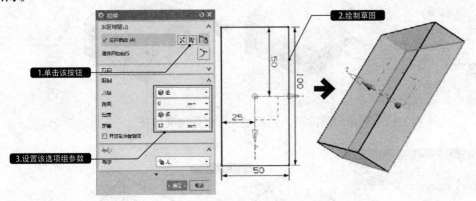

图2-126 创建拉伸体1

02 创建边倒圆1。选择"主页"→"特征"→"边倒圆"选项 ，弹出"边倒圆"对话框。在对话框中设置边倒圆半径1为5，在工作区选择拉伸体的4条棱边，如图2-127所示。按同样方法创建边倒圆2，如图2-128所示。

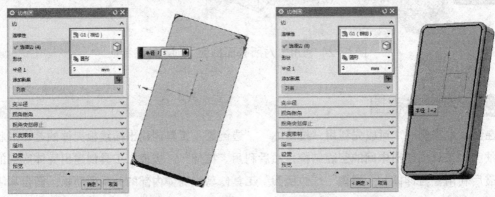

图2-127 创建边倒圆1   图2-128 创建边倒圆2

03 创建壳体。选择"主页"→"特征"→"抽壳"选项 ，在"类型"下拉列表中选择"移除面，然后抽壳"选项，在工作区中选择拉伸体的底面，设置壳体"厚度"为1.5，如图2-129所示。

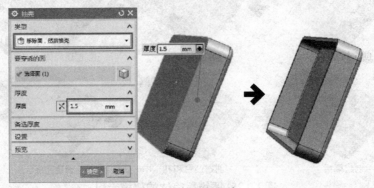

图2-129 创建壳体

04 创建拉伸体2。选择"主页"→"特征"→"拉伸"选项 ⚙，在"拉伸"对话框中单击"草图"按钮
⚙，选择XC-YC基准平面为草图平面，绘制草图后返回"拉伸"对话框。设置"限制"选项组中的参数，
并设置"布尔"运算为"合并"，如图2-130所示。

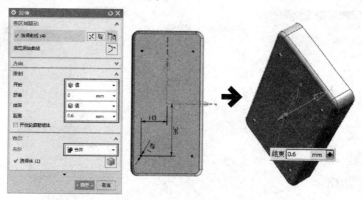

图2-130 创建拉伸体2

05 创建拔模特征1。选择"主页"→"特征"→"拔模"选项 ⚙，弹出"拔模"对话框。选择"类型"
下拉列表中的"面"选项，设置"脱模方向"为ZC负向，选择拉伸体2底面为固定面，并设置拔模"角
度"为10度，如图2-131所示。

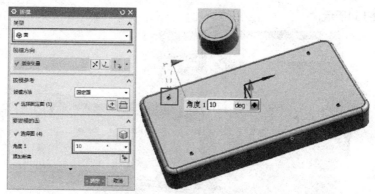

图2-131 创建拔模特征1

06 创建边倒圆3。选择"主页"→"特征"→"边倒圆"选项 ⚙，弹出"边倒圆"对话框。在对话框中设
置边倒圆"半径1"为0.2，在工作区中选择拉伸体2的顶面边缘线，如图2-132所示。

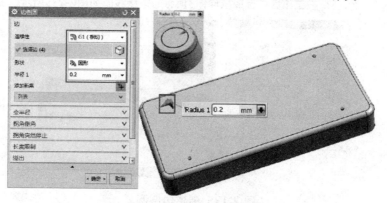

图2-132 创建边倒圆3

07 创建拉伸体3。选择"主页"→"特征"→"拉伸"选项⬛，在"拉伸"对话框中单击"草图"按钮⬛，选择壳体凹坑底面为草图平面，绘制草图后返回"拉伸"对话框。设置"限制"选项组中的参数，并设置"布尔"运算为"合并"，如图2-133所示。

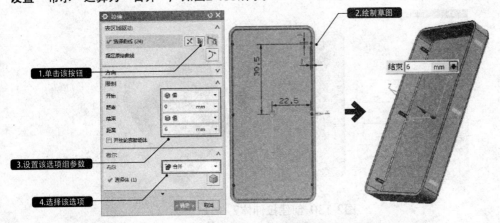

图2-133 创建拉伸体3

08 创建拔模特征2。选择"主页"→"特征"→"拔模"选项⬢，打开"拔模"对话框，选择"类型"下拉列表中的"面"选项，设置"脱模方向"为ZC正向，选择拉伸体3顶面为固定面，并设置拔模"角度1"为25度，如图2-134所示。

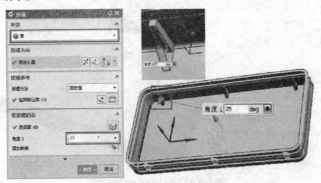

图2-134 创建拔模特征2

09 创建边倒圆4。选择"主页"→"特征"→"边倒圆"选项⬛，弹出"边倒圆"对话框，在对话框中设置边倒圆"半径1"为0.5，在工作区中选择拉伸体3顶面的边缘线，如图2-135所示。

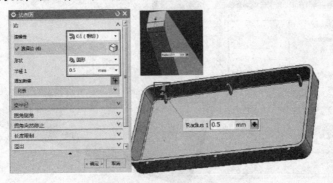

图2-135 创建边倒圆4

🔟 创建拉伸体4。选择"主页"→"特征"→"拉伸"选项，在"拉伸"对话框中单击"草图"按钮，选择壳体凹坑底面为草图平面，绘制草图后返回"拉伸"对话框。设置拉伸"结束"的"距离"为5，并选择"布尔"运算为"合并"，如图2-136所示。

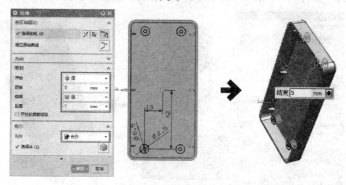

图2-136 创建拉伸体4

⓫ 创建拉伸体5。选择"主页"→"特征"→"拉伸"选项，在"拉伸"对话框中单击"草图"按钮，选择XC-YC基准平面为草图平面，绘制草图后返回"拉伸"对话框。设置拉伸"结束"的"距离"4，并选择"布尔"运算为"减去"，如图2-137所示。

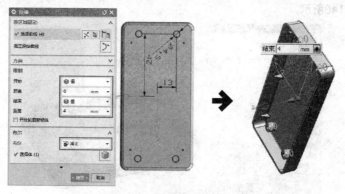

图2-137 创建拉伸体5

⓬ 创建拉伸体6。选择"主页"→"特征"→"拉伸"选项，在"拉伸"对话框中单击"草图"按钮，选择壳体凹坑底面为草图平面，绘制草图后返回"拉伸"对话框。设置"限制"选项组中的参数，并设置"布尔"运算为"合并"，如图2-138所示。

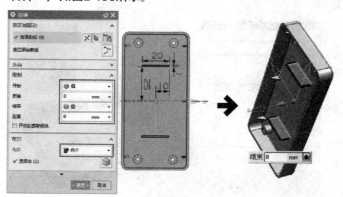

图2-138 创建拉伸体6

13 创建拉伸体7。选择"主页"→"特征"→"拉伸"选项 ▦，在"拉伸"对话框中单击"草图"按钮 ▦，选择壳体凹坑底面为草图平面，绘制草图后返回"拉伸"对话框。设置拉伸"结束"的"距离"4，并选择"布尔"运算为"合并"，如图2-139所示。

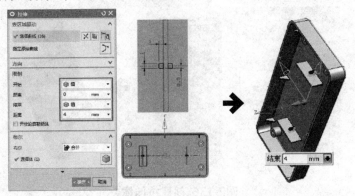

图2-139 创建拉伸体7

14 创建拔模特征3。选择"主页"→"特征"→"拔模"选项 ◉，弹出"拔模"对话框，选择"类型"下拉列表中的"面"选项，设置"脱模方向"为ZC正向，选择拉伸体7顶面为固定面，并设置拔模"角度"为25度，如图2-140所示。

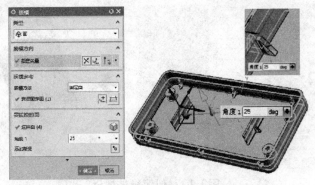

图2-140 创建拔模特征3

15 创建拔模特征4。选择"主页"→"特征"→"拔模"选项 ◉，弹出"拔模"对话框。选择"类型"下拉列表中的"面"选项，设置"脱模方向"为ZC正向，选择拉伸体6顶面为固定面，并设置拔模"角度"为1度，如图2-141所示。

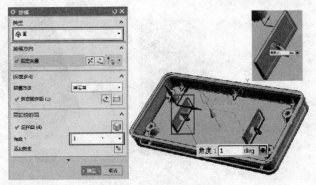

图2-141 创建拔模特征4

2.6.4 扩展实例：L型壳体

本实例将创建一个如图2-142所示的L型壳体。该壳体由长方体、凹坑、槽、空腔及圆角等特征组成。在创建本实例时，可以先利用"拉伸""边倒圆"等工具创建出壳体的基本形状；然后利用"抽壳"工具创建出壳体的空腔结构‘最后利用"拉伸"工具创建出壳体上的槽，即可创建出该实例模型。

2.6.5 扩展实例：方槽壳体

本实例将创建一个如图2-143所示的方槽壳体。该壳体由长方体、凹坑、肋板、槽、孔及圆角等特征组成。在创建本实例时，可以先利用"拉伸""边倒圆""拔模"等工具创建出壳体的基本形状；然后利用"抽壳"工具创建出壳体的空腔结构；最后利用"拉伸"工具创建出壳体上的孔和肋板结构，即可创建出该实例模型。

图2-142 L型壳体

图2-143 方槽壳体

2.7 螺孔旋钮

最终文件：素材\第2章\2.7\螺孔旋钮.prt

视频文件：视频\2.7螺孔旋钮.mp4

本实例是创建一个螺孔旋钮，如图2-144所示。旋钮边缘一般刻有圆形突出物，可将其旋转或推进拉出，以此起动并操纵或控制机器。旋钮在调节设备中通常是用手操作的部分。本实例旋钮侧面有螺孔，可以通过螺孔调节旋钮在操作杆上的位置。

图2-144 螺孔旋钮

2.7.1 建模流程图

在创建本实例时，可以先利用"旋转"工具创建出旋钮的基本形状，并利用"边倒圆"工具创建出旋转体端面边缘的圆角；然后利用"拉伸"工具创建出旋钮侧面一个方向上的螺孔，并利用"圆形阵列"工具创建出其他螺孔；最后利用"孔"工具创建出旋钮端面的孔，并利用"拔模"工具创建出旋钮上的拔模特征，即可完成本实例的创建。螺孔旋钮建模流程如图2-145所示。

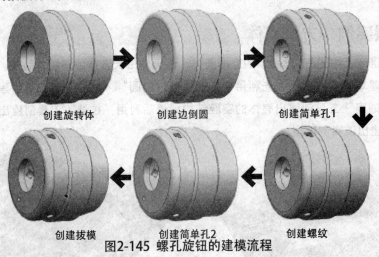

创建旋转体　　　　　创建边倒圆　　　　　创建简单孔1

创建拔模　　　　　创建简单孔2　　　　　创建螺纹

图2-145　螺孔旋钮的建模流程

2.7.2 相关知识点

1. "基准平面"工具 □

在使用UG NX 12.0建模过程中，经常会遇到需要创建平面的情况。要创建基准平面，可以选择"主页"→"特征"→"基准"下拉菜单中的"基准平面"选项，弹出"基准平面"对话框，如图2-146所示。在"类型"下拉列表中可以选择基准平面的定义方式。

图2-146　"基准平面"对话框

"曲线上"指以某一指定曲线为参考来创建平面，这个平面通过曲线上的一个指定点，法向可以沿曲线切线方向或垂直于切线方向，也可以另外指定一个矢量方向。

选择"主页"→"特征"→"基准"→"基准"→"基准平面"选项 □，弹出"基准平面"对话框。在"类型"下拉列表中选择"曲线上"选项，在工作区中选择端面边缘曲线，系统自动生成通过曲线的基准平面，如图2-147所示。

2. 阵列特征

阵列特征可以快速创建与已有特征同样形状的多个并呈一定规律分布的特征。利用该方法可以对特征进行多个成组的镜像或者复制。选择"主页"→"特征"→"阵列特征"选项，弹出"阵列特征"对话框。在对话框的"布局"下拉列表中提供了两种布局方式。

» 线性布局

该方式用于以线性阵列的形式来复制所选的特征，可以使阵列后的特征成矩形（行数×列数）排列。选择"阵列面"对话框中的"线性"选项，然后选择要形成阵列的特征，指定矢量方向，设置阵列参数，最后单击"确定"按钮，即可对所选特征进行矩形阵列。图2-148所示为选择孔特征为阵列的对象，并设置线性阵列参数后所创建的矩形阵列。

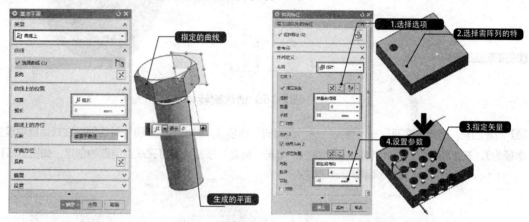

图2-147 利用"曲线上"创建基准平面　　　　图2-148 创建矩形阵列

» 圆形布局

该方式常用于以圆形阵列的方式来复制所选的特征，使阵列后的特征成圆周排列。该方式常用于盘类零件上重复性特征的创建。

"数量"用于设置圆周上复制特征的数量，"节距角"用于设置圆周方向上复制特征之间的角度。选择"布局"下拉列表中的"圆形"选项，然后选择需要阵列的特征，并指定阵列的旋转轴，设置圆形阵列的参数，即可完成圆形阵列的创建。图2-149所示为选择孔特征为要形成阵列的特征，并指定ZC轴为阵列的旋转轴，设置圆形阵列的参数后创建的圆形阵列特征。

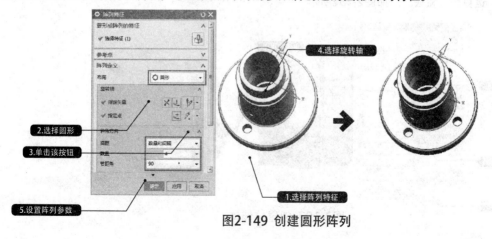

图2-149 创建圆形阵列

2.7.3 具体建模步骤

01 创建旋转体。选择"主页"→"特征"→"旋转"选项▣，单击"旋转"对话框中的"草图"按钮▣，在工作区中选择XC-ZC基准平面为草图平面，绘制草图后返回"旋转"对话框。在工作区中选择旋转中心和旋转角度，如图2-150所示。

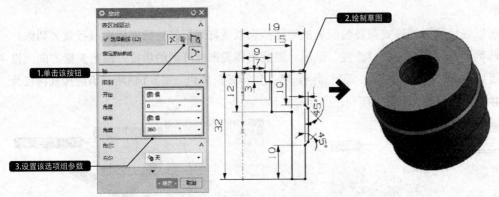

图2-150 创建旋转体

02 创建圆角。选择"主页"→"特征"→"边倒圆"选项▣，弹出"边倒圆"对话框。在对话框中设置边倒圆半径为3，在工作区中选择旋转体端面边缘线，单击"确定"按钮，即可完成边倒圆的创建，如图2-151所示。

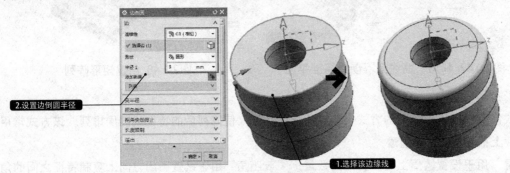

图2-151 创建边倒圆

03 创建拉伸体。选择"主页"→"特征"→"拉伸"选项▣，在"拉伸"对话框中单击"草图"按钮▣，选择XC-YC基准平面为草图平面，绘制草图后返回"拉伸"对话框。设置"限制"选项组中的参数，并设置"布尔"运算为"减去"，如图2-152所示。

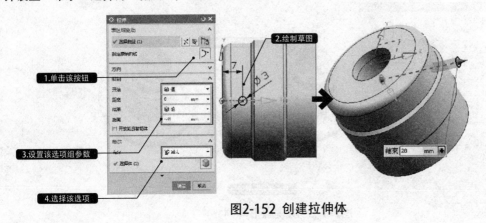

图2-152 创建拉伸体

04 圆形阵列拉伸体。选择"主页"→"特征"→"阵列特征"选项 🐷，在"布局"下拉列表中选择"圆形"选项，在工作区中选择中心轴，设置阵列的"数量"为3、"节距角"为120，如图2-153所示。

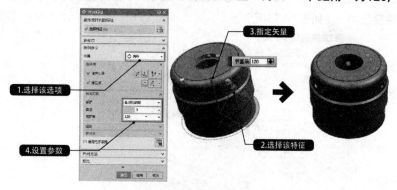

图2-153 圆形阵列特征

05 创建基准平面。选择"主页"→"特征"→"基准平面" □ 选项，弹出"基准平面"对话框.在"类型"下拉列表中选择"曲线上"选项，在工作区中选择剪切拉伸体的端面曲线，系统自动生成过曲线的平面，如图2-154所示。

图2-154 创建基准平面

06 创建螺纹。选择"主页"→"特征"→"更多"→"设计特征"→"螺纹"选项，在"螺纹类型"选项组中选择"符号"单选按钮，在工作区中选择剪切拉伸体圆柱面，查阅相关机械手册设置螺纹参数或默认系统给定的参数，在工作区中选择步骤05创建的基准平面，如图2-155所示。按同样方法创建其他两个孔的螺纹。

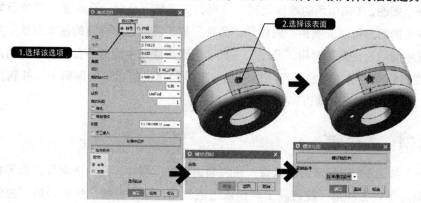

图2-155 创建螺纹

07 创建简单孔。选择"主页"→"特征"→"孔"选项🔧，弹出"孔"对话框。在工作区中选择旋转体端面为草图平面，在草图中定位孔的中心。返回对话框后选择"成形"下拉列表中的"简单孔"选项，并设置孔的"直径"和"深度限制"，如图2-156所示。

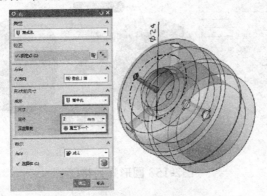

图2-156 创建简单孔

08 创建拔模特征。选择"主页"→"特征"→"拔模"选项🔧，弹出"拔模"对话框。选择"类型"下拉列表中的"边"选项，设置"脱模方向"为XC正向，在模型中选择固定边缘，并设置拔模"角度"为12°，如图2-157所示。

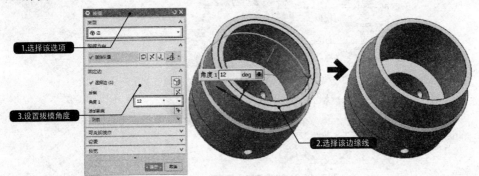

图2-157 创建拔模特征

2.7.4 扩展实例：螺纹旋钮

　　本实例将创建一个如图2-158所示的螺纹旋钮。该旋钮由圆柱、凸台、孔、槽、倒角及螺纹等特征组成。在创建本实例时，可以先利用"圆柱""凸台"等工具创建出旋钮的基本形状，并利用"孔"工具创建旋钮中间的孔；然后利用"凸台""孔"创建出旋钮中间的凸台和孔，并利用"矩形槽"工具创建出旋钮外围的槽；最后利用"倒斜角"工具创建出旋钮上的倒斜角，并利用"螺纹"工具创建圆管上的螺纹，即可创建该实例模型。

2.7.5 扩展实例：通气帽

　　本实例将创建一个如图2-159所示的通气帽。通气帽由圆管、帽体、孔、倒角及圆角等特征组成。在创建本实例时，可以先利用"旋转"工具创建出通气帽的基本形状；然后利用"拉伸"工具创建出通气帽中间的孔，并利用"螺纹"工具创建圆管上的螺纹；最后利用"边倒圆"和"倒斜角"工具创建出通气帽上的圆角和倒角，即可完成本实例的创建。

图2-158 螺纹旋钮

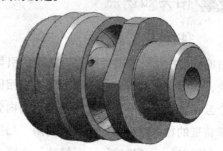
图2-159 通气帽

2.8 车轮

最终文件：素材\第2章\2.8\车轮.prt
视频文件：视频\2.8车轮.mp4

　　本实例是创建一个车轮，如图2-160所示。车轮由轮毂、轮辋以及这两元件间的连接部分（称轮辐）所组成。车轮按照轮辐形状不同分为两类：1）辐板式车轮的构造由挡圈、轮辋、辐板和气门嘴伸出口组成。2）辐条式车轮中的轮辐是钢丝辐条或者是与轮辋铸造成一体的铸造辐条。

图2-160 车轮

2.8.1 建模流程图

　　创建本实例可先用"旋转"工具创建出轮毂的基本形状，利用"拉伸""圆形阵列""边倒圆"工具创建出轮毂上的辐孔和圆角；利用"旋转"工具创建出轮胎，利用"草图""投影曲线""管道""圆形阵列"工具创建出轮胎上的斑纹；利用"旋转"工具剪切出轮胎上的旋转槽。车轮的建模流程如图2-161所示。

创建轮毂形状　　创建辐孔1　　创建辐孔2　　创建辐孔3

创建旋转槽　　创建斑纹　　创建轮胎　　创建辐孔4

图2-161 车轮的建模流程

2.8.2 ▶ 相关知识点

1. "扫掠"工具

扫掠特征指将一个截面图形沿指定的引导线运动，从而创建出三维实体或片体，其引导线可以是直线、圆弧、样条等曲线。在创建具有相同截面轮廓形状并具有曲线特征的实体模型时，可以先在两个互相垂直或成一定角度的基准平面内分别创建具有实体截面形状特征的草图轮廓线和具有实体曲率特征的扫掠路径曲线，然后利用"扫掠"工具即可创建出所需的实体。选择"主页"→"特征"→"更多"→"扫掠"→"扫掠"选项，在弹出的"扫掠"对话框中需要指定扫掠的截面曲线和扫掠的引导线，其中截面曲线只能选择一条，而引导线最多可以指定3条。当截面曲线为封闭的曲线时，则扫掠生成实体特征，如图2-162所示。

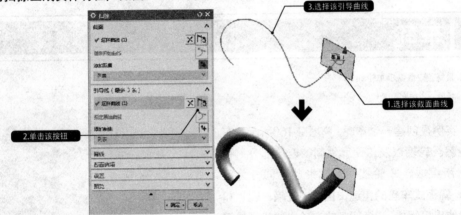

图2-162 创建扫掠实体特征

当截面曲线为不封闭的曲线时，则扫掠生成曲面特征。依次选择图中的两条曲线分别作为截面曲线和引导曲线，创建扫掠曲面特征，如图2-163所示。扫掠操作与拉伸的差别：利用"扫掠"和"拉伸"工具拉伸对象的结果完全相同，只不过扫掠轨迹线可以是任意的空间链接曲线，而拉伸只能是直线；拉伸既可以从截面处开始，也可以从起始距离处开始，而扫掠只能从截面处开始。因此，在轨迹线为直线时，最好采用拉伸方式。

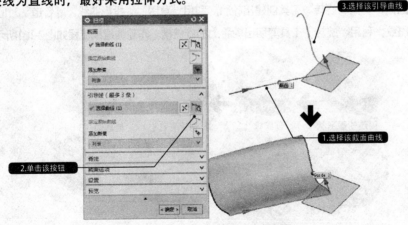

图2-163 创建扫掠曲面特征

2. "管道"工具 ⚙

管道是以圆形截面为扫掠对象，沿曲线扫掠生成的实心或空心的管子。创建管道时需要输入管子的外径和内径参数，若内径为0，则生成的是实心的管子。选择"主页"→"特征"→"更多"→"扫掠"→"管道"选项 ⚙，弹出"管"对话框；然后选择图中曲线为引导线，并设置好管道的外径和内径参数，即可完成管道的创建，如图2-164所示。

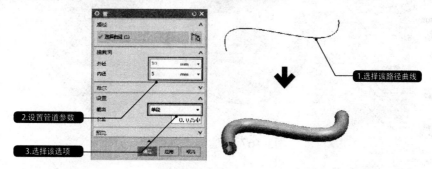

图2-164 创建管道

2.8.3 具体建模步骤

01 绘制旋转体截面。选择"主页"→"特征"→"草图"选项 🏷，弹出"创建草图"对话框。在工作区中选择XC-ZC基准平面为草图平面，绘制如图2-165所示的旋转体截面。

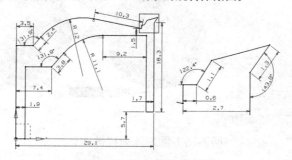

图2-165 绘制旋转体截面

02 创建旋转体1。选择"主页"→"特征"→"旋转" 🔘 选项，在工作区中选择上步骤绘制的草图为截面，选择Z轴为旋转中心轴，如图2-166所示。

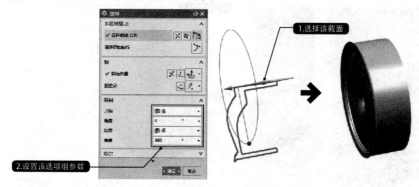

图2-166 创建旋转体1

03 创建拉伸体1。选择"主页"→"特征"→"拉伸"选项，在"拉伸"对话框中单击"草图"按钮，选择XC-YC基准平面为草图平面，绘制草图后返回"拉伸"对话框。设置"限制"选项组中的参数，并设置"布尔"运算为"减去"，如图2-167所示。

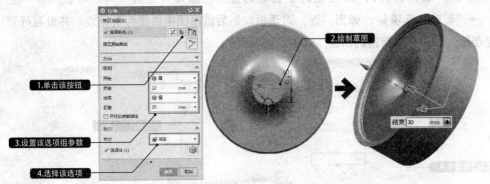

图2-167 创建拉伸体1

04 圆形阵列拉伸体1。选择"主页"→"特征"→"阵列特征"选项，选择"布局"下拉列表中的"圆形"，在工作区中选择上步骤创建的拉伸体1，设置阵列的"数量"为5、"角节距"为72，选择旋转体的Z轴为阵列中心轴，选择原点为指定点，如图2-168所示。

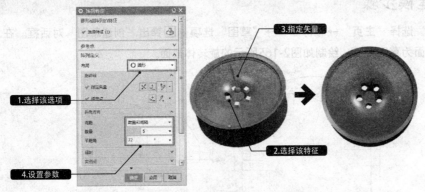

图2-168 圆形阵列拉伸体1

05 创建拉伸体2。选择"主页"→"特征"→"拉伸"选项，在"拉伸"对话框中单击"草图"按钮，选择XC-YC基准平面为草图平面，绘制草图后返回"拉伸"对话框，设置"限制"选项卡中的参数，并设置"布尔"运算为"减去"，如图2-169所示。

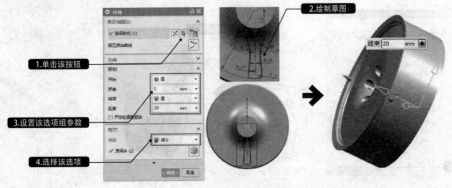

图2-169 创建拉伸体2

06 圆形阵列拉伸体2。选择"主页"→"特征"→"阵列特征"选项 ，选择"布局"下拉列表中的
"圆形"，在工作区中选择上步骤创建的拉伸体2，设置阵列的"数量"为9、"节距角"为40，选择旋转
体的Z轴为阵列中心轴，选择原点为指定点，如图2-170所示。

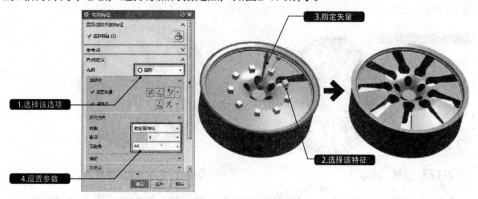

图2-170 圆形阵列拉伸体2

07 创建拉伸体3。选择"主页"→"特征"→"拉伸"选项 ，在"拉伸"对话框中单击"草图"按钮
，选择XC-YC基准平面为草图平面，绘制草图后返回"拉伸"对话框。设置"限制"选项组中的参数，
并设置"布尔"运算为"减去"，如图2-171所示。

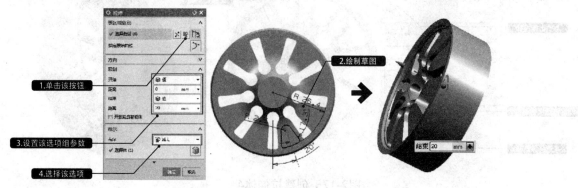

图2-171 创建拉伸体3

08 圆形阵列拉伸体3。选择"主页"→"特征"→"阵列特征"选项 ，选择"布局"下拉列表中的
"圆形"，在工作区中选择上步骤创建的拉伸体3，设置阵列的"数量"为9、"节距角"为40，选择旋转
体的Z轴为阵列中心轴，选择原点为指定点，如图2-172所示。

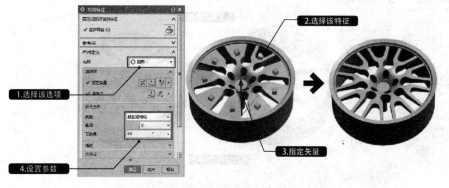

图2-172 圆形阵列拉伸体3

09 创建边倒圆1。选择"主页"→"特征"→"边倒圆"选项 ，弹出"边倒圆"对话框。在对话框中设置边倒圆半径1为0.3，在工作区中选择拉伸体1与旋转体1的相交线，如图2-173所示。按同样方法创建边倒圆2，如图2-174所示。

图2-173 创建边倒圆1　　　　　　　图2-174 创建边倒圆2

10 创建拉伸体4。选择"主页"→"特征"→"拉伸"选项 ，在"拉伸"对话框中单击"草图"按钮 ，选择XC-YC基准平面为草图平面，绘制草图后返回"拉伸"对话框。设置"限制"选项组中的参数，并设置"布尔"运算为"减去"，如图2-175所示。

图2-175 创建拉伸体4

11 圆形阵列拉伸体4。选择"主页"→"特征"→"阵列特征" 选项，选择"布局"下拉列表中的"圆形"，在工作区中选择上步骤创建的拉伸体4，设置阵列的"数量"为5、"节距角"为72，选择旋转体的Z轴为阵列中心轴，选择原点为指定点，如图2-176所示。

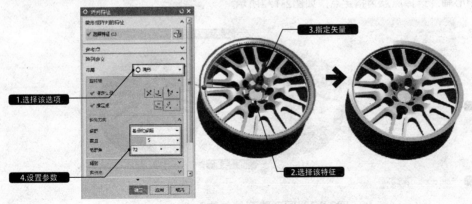

图2-176 圆形阵列拉伸体4

12 创建边倒圆3。选择"主页"→"特征"→"边倒圆"选项🗗，弹出"边倒圆"对话框。在对话框中设置边倒圆"半径1"为0.3，在工作区中选择旋转体最外围的边缘线，如图2-177所示。按同样方法创建边倒圆4，如图2-178所示。

图2-177 创建边倒圆3　　　　图2-178 创建边倒圆4

13 创建边倒圆5。选择"主页"→"特征"→"边倒圆"选项🗗，弹出"边倒圆"对话框。在对话框中设置边倒圆"半径1"为0.2，在工作区中选择旋转体外围最内侧的边缘线，如图2-179所示。按同样方法创建边倒圆6，如图2-180所示。

图2-179 创建边倒圆5　　　　图2-180 创建边倒圆6

14 创建拉伸体5。选择"主页"→"特征"→"拉伸"选项🗗，在"拉伸"对话框中单击"草图"按钮🗗，选择旋转体外侧中心圆平面为草图平面，绘制草图后返回"拉伸"对话框。设置"限制"选项卡中的参数，并设置"布尔"运算为"减去"，如图2-181所示。

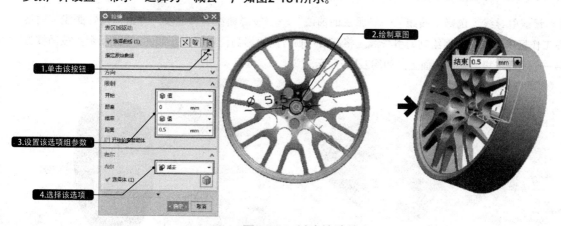

图2-181 创建拉伸体5

15 创建旋转体2。选择"主页"→"特征"→"旋转"选项🗗，单击"旋转"对话框中的"草图"按钮，在工作区中选择XC-ZC基准平面为草图平面，绘制草图回到"旋转"对话框。在工作区中选择旋转中心和旋转角度，如图2-182所示。

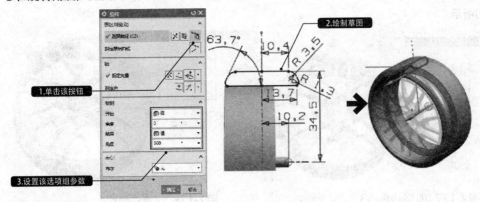

图2-182 创建旋转体2

16 创建基准平面。选择"主页"→"特征"→"基准平面"选项□，弹出"基准平面"对话框。在"类型"下拉列表中选择"按某一距离"选项，在工作区中选择XC-ZC基准平面，并设置偏置"距离"为34.5，如图2-183所示。

17 绘制管道引导线。选择"主页"→"草图"选项，弹出"创建草图"对话框。在工作区中选择上步骤创建的基准平面为草图平面，绘制如图2-184所示的管道引导线1。按同样的方法绘制另一侧草图，如图2-185所示。

图2-183 创建基准平面　　图2-184 绘制管道引导线1　　图2-185 绘制管道引导线2

18 投影管道引导线。选择"曲线"→"派生的曲线"→"投影曲线"选项，弹出"投影曲线"对话框。在工作区中选择上步骤绘制的引导线，将其沿-Y轴方向投影到圆柱面上，如图2-186所示。按同样方法将另一个引导线投影到圆柱面上，如图2-187所示。

图2-186 投影管道引导线1　　　　图2-187 投影管道引导线2

19 创建管道。选择"主页"→"特征"→"更多"→"扫掠"→"管道"选项，弹出"管"对话框。在工作区中选择上步骤投影的曲线为路径，设置截面"外径"为0.8，并选择"布尔"运算为"减去"，如图2-188所示。

图2-188 创建管道

20 创建边倒圆7。选择"主页"→"特征"→"边倒圆"选项 ，弹出"边倒圆"对话框。在对话框中设置边倒圆"半径1"为0.3，在工作区中选择管道端面与轮胎的相交线，如图2-189所示。按同样方法创建管道另一端的边倒圆8，如图2-190所示。

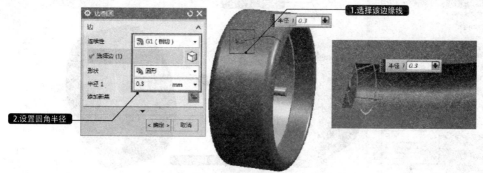

图2-189 创建边倒圆7

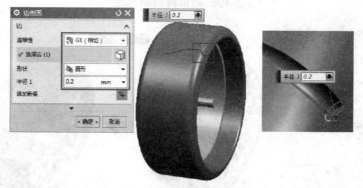

图2-190 创建边倒圆8

21 创建管道及边倒圆。按照步骤19和步骤20同样的方法，利用"管道"和"边倒圆"工具创建另一侧管道和边倒圆，如图2-191所示。

22 创建特征组。在"部件导航器"中选择步骤19和步骤20所创建的几个历史记录，单击鼠标右键，在弹出的快捷菜单中选择"特征组"选项，将弹出"特征组"对话框。在"特征组名称"文本框中输入名称，单击"确定"按钮，即可创建特征组，如图2-192所示。

图2-191 创建另一侧管道及边倒圆　　　　　　　图2-192 创建特征组

23 圆形阵列特征组。选择"主页"→"特征"→"阵列特征" 选项，在"布局"下拉列表中选择"圆形"，在工作区中选择上步骤创建的特征组，设置阵列的"数量"为4、"角度"为90，选择旋转体的Z轴为阵列中心轴和指定点，如图2-193所示。按同样的方法创建另一侧的特征组和圆形阵列，如图2-194所示。

图2-193 圆形阵列特征组

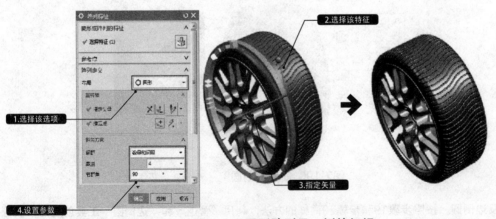

图2-194 圆形阵列另一侧特征组

24 创建旋转体3。选择"主页"→"特征"→"旋转" 选项，单击"旋转"对话框中的"草图"按钮 ，在工作区中选择XC-ZC基准平面为草图平面，绘制草图后返回"旋转"对话框。在工作区中选择旋转中心和旋转轴，并设置"布尔"运算为"减去"，如图2-195所示。至此，车轮的创建完成。

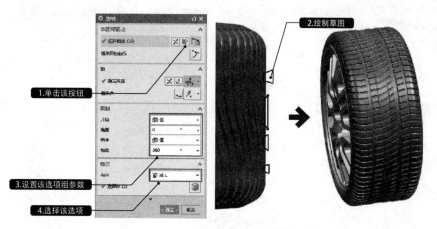

图2-195 创建旋转体3

2.8.4 扩展实例：脚踏板

　　本实例将创建一个如图2-196所示的自行车脚踏板。在创建本实例时，可以先利用"扫掠""转换为钣金""展平实体""法向除料""重弯"等钣金工具创建出脚踏板外围的围板结构，并利用"引用几何体"工具镜像另一侧围板；然后利用"圆弧""样条""直纹""通过曲线组""修剪的片体""桥接曲面""扫掠"等曲线工具创建出脚踏板中间的连管结构，并利用"缝合"工具将曲面实体化；最后利用"拉伸""镜像体""矩形阵列"等工具创建出脚踏板上的凸台和孔，即可创建出该实例模型。

2.8.5 扩展实例：链条节

　　本实例将创建一个如图2-197所示的链条节。在创建本实例时，可以先利用"拉伸"工具创建出链条节的基本形状，并创建链孔方向的拔模特征；然后利用"拉伸""扫掠"等工具创建各个修剪面，并利用"修剪体"工具修剪出链节上的曲面轮廓；最后利用"边倒圆"和"面倒圆"工具创建出链条节上的圆角，即可完成本实例的创建。

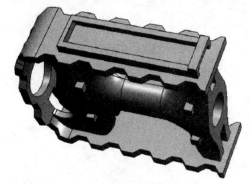

图2-196 脚踏板

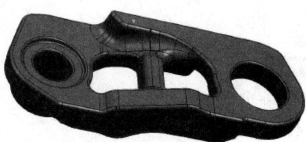

图2-197 链条节

第3章

钣金设计

钣金设计已在家电、汽车、电脑等行业中得到了广泛的应用。钣金件指具有均匀厚度的金属薄板零件。薄板就是板厚和其长度相比小得多的金属板。此类零件就其材料而言是金属，但因其特殊的几何形状（厚度很小），所以此类零件的横向抗弯能力差，不宜用于受横向弯曲载荷作用的场合。

UG NX中的钣金模块提供了一个直接操作钣金零件的基本环境，并可以利用钣金特征、材料特性等信息，设计基于实体的钣金零件。本章通过精选的5个典型实例，详细介绍了钣金弯边、折弯、修剪、冲压、孔、槽、平板、平面展开和切边等工具的使用方法。

3.1 自行车小链轮

最终文件：素材\第3章\3.1\自行车小链轮.prt
视频文件：视频\3.1自行车小链轮.mp4

本实例是创建一个自行车小链轮，如图3-1所示。该链轮由垫片、凹坑、孔及倒角等特征组成。通过人的脚对自行车的脚蹬施加力，从而通过曲柄带动链轮的转动，链轮又通过链条带动飞轮转动，飞轮进而带动后轮转动。由于轮胎与地面之间的摩擦力，从而使自行车向前运动。

图3-1 自行车小链轮

3.1.1 建模流程图

在创建本实例时，可以先利用"垫片"工具创建出一个圆盘，并利用"凹坑"工具冲压出链轮的基本形状；然后利用"边倒圆"工具创建出轮齿上的圆角结构，并利用"法向开孔"工具去除链轮中间的材料；最后利用"拉伸""法向开孔"工具剪切出链齿和孔，即可完成本实例的创建。自行车小链轮建模流程如图3-2所示。

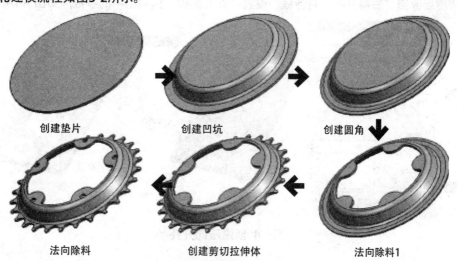

创建垫片　　　创建凹坑　　　创建圆角

法向除料　　　创建剪切拉伸体　　　法向除料1

图3-2 自行车小链轮的建模流程

3.1.2 相关知识点

1. "凹坑"工具

凹坑通常是通过冲压形成的。在UG NX中可以利用"凹坑"工具在钣金零件表面上绘制草图,将其沿表面法向提升或凹陷一个区域。要创建"凹陷"特征,选择"主页"→"凸模"→"凹坑"选项 🔳,单击"凹坑"对话框中的"草图"按钮 🔳,在工作区中选择钣金的表面,绘制一个草图后返回"凹坑"对话框。设置"凹坑属性"选项组中的参数,如图3-3所示。

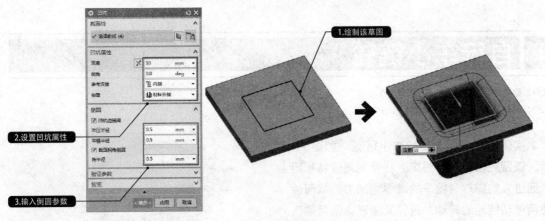

图3-3 创建凹坑

2. "法向开孔"工具

利用UG NX钣金中的"法向开孔"工具,可以以任意封闭线框去除材料的轮廓形状,一次性地去除钣金特征的单个或多个基础面或弯折面中的钣金实体,或进行各类孔特征的创建,从而形成新的钣金特征。

要创建法向开孔,选择"主页"→"特征"→"法向开孔"选项 🔳,在"类型"下拉列表中选择"草图"选项,单击"截面线"选项组中的"草图"按钮 🔳,在工作区中选择钣金表面为草图平面,绘制草图后返回"法向开孔"对话框。设置"开孔属性"选项组中的参数,如图3-4所示。

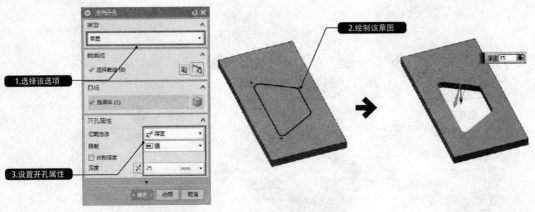

图3-4 创建法向开孔

3.1.3 具体建模步骤

01 创建垫片。选择"文件"→"新建"选项，在"新建"对话框中选择"钣金"模板，进入钣金应用模块。选择"主页"→"基本"→"突出块"选项🗔，单击"突出块"对话框中的"草图"按钮🔲，在工作区中选择YC-ZC基准平面为草图平面，绘制草图后返回"突出块"对话框。设置突出块"厚度"为2，如图3-5所示。

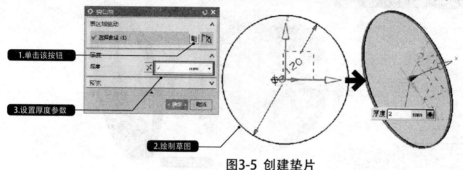

图3-5 创建垫片

02 创建凹坑。选择"主页"→"凸模"→"凹坑"选项🗔，单击"凹坑"对话框中的"草图"按钮🔲，在工作区中选择YC-ZC基准平面为草图平面，绘制草图后返回"凹坑"对话框。设置"凹坑属性"选项组中的参数，选择"凹坑边倒圆"复选框，并设置冲压和冲模半径都为3，如图3-6所示。

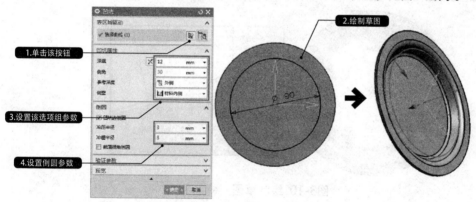

图3-6 创建凹坑

03 创建倒斜角。选择"文件"→"应用模块"→"建模"选项，切换到建模模块。选择"主页"→"特征"→"倒斜角"选项🗔，弹出"倒斜角"对话框。选择"横截面"下拉列表中的"非对称"选项，设置"距离1"为0.5，"距离2"为3，，在工作区中选择垫片的边缘线，如图3-7所示。按同样方法创建垫片另一侧的倒角，如图3-8所示。

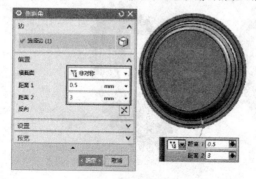

图3-7 创建倒斜角1

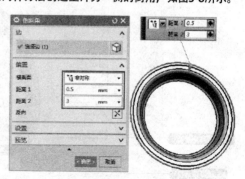

图3-8 创建倒斜角2

04 法向开孔1。选择"文件"→"应用模块"→"钣金"选项，切换到钣金模块，选择"主页"→"特征"→"法向开孔"选项，在"类型"下拉列表中选择"草图"选项，单击"表区域驱动"选项组中的"草图"按钮，在工作区中选择凹坑内侧圆平面为草图平面，绘制如图3-9所示的草图后返回"法向开孔"对话框，设置"开孔属性"选项组中的参数。

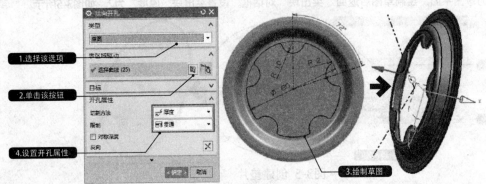

图3-9 法向开孔1

05 绘制草图。选择"主页"→"草图"选项，弹出"创建草图"对话框。在工作区中选择垫片底面为草图平面，绘制如图3-10所示的草图。

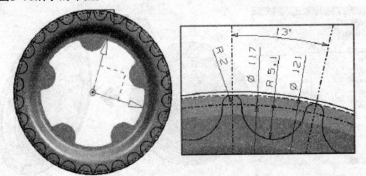

图3-10 绘制草图

06 创建剪切拉伸体。选择"主页"→"特征"→"更多"→"设计特征"→"拉伸"选项，在"拉伸"对话框中单击"草图"按钮，在工作区中选择上步骤绘制的草图为截面，设置"限制"选项组中的参数，并选择"布尔"运算为"减去"，如图3-11所示。

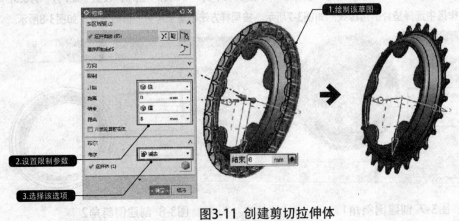

图3-11 创建剪切拉伸体

07 法向开孔2。选择"主页"→"特征"→"法向开孔" 🔲 选项,在"类型"下拉列表中选择"草图"选项,单击"表区域驱动"选项组中的"草图"按钮🖼,在工作区中选择凹坑内侧圆平面为草图平面,绘制草图后返回"法向开孔"对话框。设置"开孔属性"选项组中的参数,如图3-12所示。

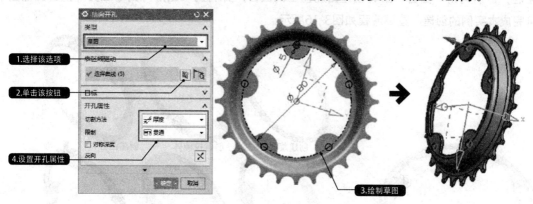

图3-12 法向开孔2

3.1.4 ▶ 扩展实例:自行车大链轮

本实例将创建一个如图3-13所示的自行车大链轮。在创建本实例时,可以先利用"圆弧""草图""N边曲面""修剪的片体"等曲面工具创建出轮盘的几个大块表面。然后,利用"垫块""凹坑"等钣金工具创建出轮盘的基本实体结构,并利用"倒斜角"工具创建轮盘外围的倒角。最后,利用"孔"工具创建出轮盘上的孔,并利用"圆形阵列"工具阵列出其他孔,即可创建出该实例模型。自行车大链轮的建模流程如图3-14所示。

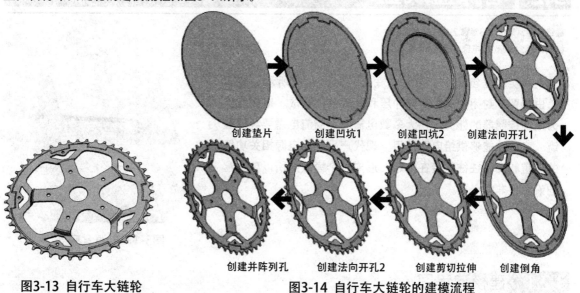

创建垫片   创建凹坑1   创建凹坑2   创建法向开孔1

创建并阵列孔   创建法向开孔2   创建剪切拉伸   创建倒角

图3-13 自行车大链轮   图3-14 自行车大链轮的建模流程

3.1.5 ▶ 扩展实例:自行车轮盘

本实例将创建一个如图3-15所示的自行车轮盘。该轮盘由圆环、连板、圆台及空腔等特征组成。在创建本实例时，可以先利用"旋转"工具创建出轮盘的基本形状，并利用"拉伸"工具创建出轮盘中间的连板；然后利用"腔体"工具创建出轮盘上的空腔，并利用"圆形阵列"工具阵列出其他空腔；最后利用"凸台"工具创建出轮盘上的圆台，并利用"圆形阵列"工具阵列出其他圆台，即可完成本实例的创建。建模流程如图3-16所示。

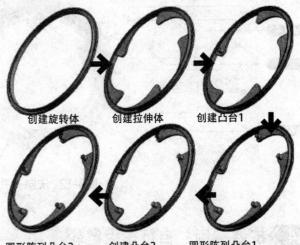

创建旋转体　　创建拉伸体　　创建凸台1

圆形阵列凸台2　　创建凸台2　　圆形阵列凸台1

图3-15 自行车轮盘

图3-16 自行车轮盘的建模流程

3.2 电源盒底盖

最终文件：素材\第3章\3.2\电源盒底盖.prt
视频文件：视频\3.2电源盒底盖.mp4

本实例是创建一个电源盒底盖，如图3-17所示。该底盖由折弯、封闭拐角、实体冲压和孔等特征组成。电源盒即为电源控制器的外壳。在大多数电器中，交流电需要经过整流、变电才能够供给电器使用。现代产品中与电源相关功用的装置和元件往往封装在一起，形成一个模块，所以电源盒的设计便非常必要。

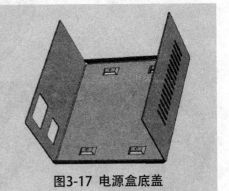

图3-17 电源盒底盖

3.2.1 建模流程图

在创建本实例时，可以先利用"突出块"工具创建出电源盒的材料板，并利用"折弯"工具创建出电源盒的基本形状；然后利用"拉伸""拔模""实体冲压""边倒圆"等工具创建出底板上的冲裁板结构，创建特征集并矩形阵列其他的冲裁结构特征组；最后创建并矩形阵列盒体侧面的槽，以及创建盒体侧面上的法向开孔，即可完成本实例的创建。电源盒底盖建模流程如图3-18所示。

创建突出块　　创建折弯和封闭拐角　　创建拉伸和拔模特征　　创建实体冲压

创建法向开孔　　创建和阵列槽　　镜像特征

图3-18 电源盒底盖的建模流程

3.2.2 相关知识点

1. "折弯"工具

"折弯"工具可以在不添加实体的情况下，将现有的钣金特征沿折弯线的位置进行任意角度的弯边成型。选择"主页"→"折弯"→"更多"→"折弯"选项 📐，弹出"折弯"对话框。在对话框中设置折弯角度和半径，单击对话框中的"选择面"选项 📐，选择工作区中拉伸板上表面为选择面；单击对话框中的"选择曲线"选项 📐，选择钣金表面上的折弯线，这里要注意工作区中的矢量方向，如果方向不对可以单击"反向"和"反侧"来改变，如图3-19所示。

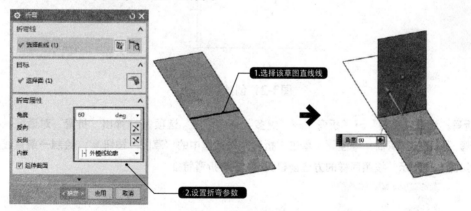

1.选择该草图直线线

2.设置折弯参数

图3-19 创建折弯

2. "展平实体"工具

"展平实体"工具可以用来展开或成型折弯特征。钣金工具的一些特征需要在展开状态下创建，如钣金止裂口。当零件中有折弯特征时，选择"主页"→"展平图样"→"展平实体"选项 📐，弹出"展平实体"对话框，在对话框中列出了可以成型或展开的特征，选择"全部成型"选项，即可成型列表中的所有特征，如图3-20 所示。

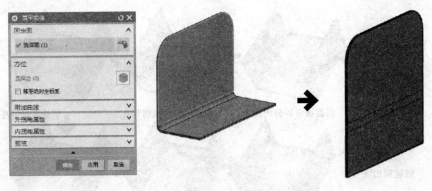

图3-20 展平实体

3.2.3 具体建模步骤

01 创建突出块。选择"主页"→"基本"→"突出块"选项🔲，弹出"突出块"对话框。单击"突出块"对话框中的"草图"按钮🔲，在工作区中选择XC-YC基准平面为草图平面，绘制如图3-21所示的草图后返回对话框，选择拉伸方向为XZ轴，并设置"厚度"为1。

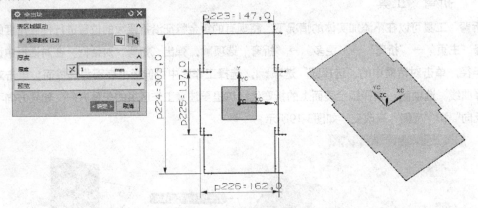

图3-21 创建突出块

02 创建折弯。选择"主页"→"折弯"→"更多"→"折弯"选项🔲，弹出"折弯"对话框。在对话框中设置折弯"角度"和弯曲"半径"，单击"折弯"对话框中的"草图"按钮🔲，绘制一条直线，即可创建折弯，如图3-22所示。按照同样的方法创建另外的3个折弯特征。

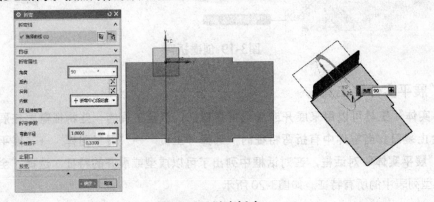

图3-22 创建折弯

> **注意**
>
> 在创建折弯特征的过程中，如果折弯方向与预想方向相反，可以单击"折弯"对话框中的"反向"按钮来改变折弯方向。

03 创建封闭拐角。选择"主页"→"拐角"→"封闭拐角" 🔲 选项，弹出"封闭拐角"对话框。在"类型"下拉列表中选择"封闭和止裂口"选项，其余保持默认选项，如图3-23所示。按同样方法创建其他3个封闭拐角和止裂口。

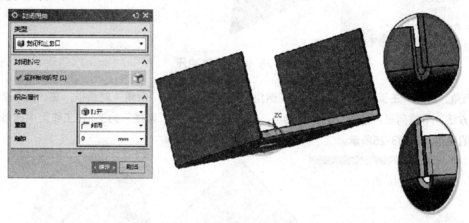

图3-23 创建封闭和止裂口

04 创建拉伸体。选择"主页"→"特征"→"更多"→"设计特征"→"拉伸"选项 🔲，弹出"拉伸"对话框。单击对话框中的"草图"按钮 🔲，选择盒体上表面为草图平面，绘制如图3-24所示的草图后返回对话框。选择拉伸方向为XZ轴，并设置"限制"和"拔模"选项组中的参数。

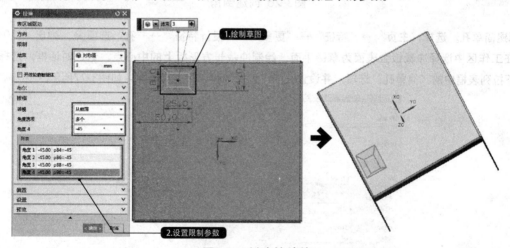

图3-24 创建拉伸体

05 创建实体冲压。选择"主页"→"凸模"→"实体冲压" 🔲 选项，弹出"实体冲压"对话框。在"类型"下拉列表中选择"冲压"选项，在工作区中选择盒体上表面为目标面，选择上步骤创建的拉伸体为工具体，选择拔模体的两个侧面为冲裁面，并设置"实体冲压属性"选项组中的参数，即可创建实体冲压，如图3-25所示。

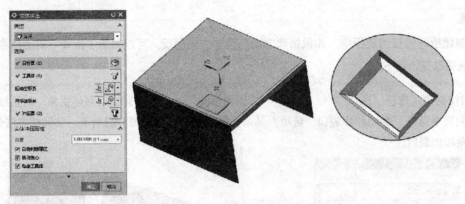

图3-25 创建实体冲压

06 创建倒角。选择"主页"→"拐角"→"倒角"选项 ⬛，弹出"倒角"对话框。在"倒角属性"选项组中的"方法"下拉列表中选择"圆角"选项，在对话框中设置"半径"为3，在工作区中选择盒体内侧冲裁面上的棱边，如图3-26所示。

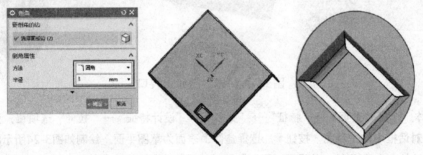

图3-26 创建倒角

07 创建简单孔。选择"主页"→"特征"→"更多"→"设计特征"→"孔"选项 ⬛，弹出"孔"对话框。在工作区中选择冲裁钣金表面为草图平面，绘制冲裁长方形板上的中心点。返回对话框，选择"成形"下拉列表框中的"简单孔"选项，并设置孔的"直径"和"深度直至"，如图3-27所示。

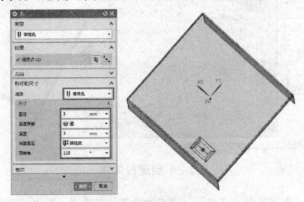

图3-27 创建简单孔

08 创建特征组。在"部件导航器"中选择"SM 实体冲压""SB倒角""简单孔"这几个历史记录，单击鼠标右键，在弹出的快捷菜单中选择"特征分组"选项，将弹出"特征组"对话框，在"新特征组名称"文本框中输入名称，单击"确定"按钮，即可创建特征组，如图3-28所示。

图3-28 创建特征组

09 镜像特征组。选择"主页"→"特征"→"更多"→"关联复制"→"镜像特征"选项🏮，弹出"镜像特征"对话框，在"部件导航器"中选择"特征分组"为镜像特征，在工作区中选择YC-ZC基准平面为镜像平面，如图3-29所示。按照同样的方法创建另外的两个镜像特征。

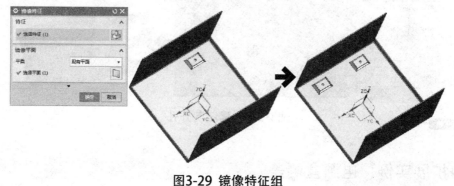

图3-29 镜像特征组

10 创建拉伸特征。选择"主页"→"特征"→"更多"→"设计特征"→"拉伸"选项📎，弹出"拉伸"对话框，在对话框中单击"草图"按钮📝，在工作区中选择"突出块"左侧面为草绘平面，绘制完成后如图3-30所示返回对话框。在"限制"和"布尔"选项组中设置好参数，单击"确定"按钮。

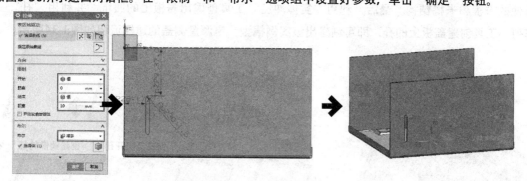

图3-30 创建拉伸特征

11 线性阵列拉伸特征。选择"主页"→"特征"→"阵列特征"选项🧊，选择阵列的"布局"方式为"线性"，在工作区中选择上步骤创建的拉伸特征为阵列的特征，选择盒子的边线为方向参考，设置阵列"数量"为7、"节距"为15，如图3-31所示。

12 创建法向开孔。选择"主页"→"特征"→"法向开孔"选项📰，弹出"法向开孔"对话框。在对话框中单击"草图"按钮📰，在工作区中选择"突出块"右侧面为草绘平面，绘制完成后返回对话框。在"开孔属性"选项组中设置好参数，如图3-32所示。单击"确定"按钮。至此，电源盒底盖创建完成。

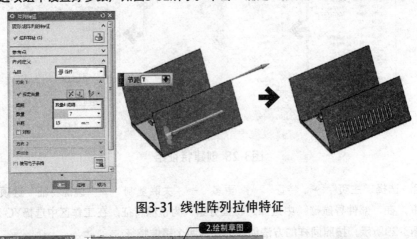

图3-31 线性阵列拉伸特征

图3-32 创建法向开孔

3.2.4 扩展实例：电源盒侧盖

本实例将创建一个如图3-33所示的电源盒侧盖。在创建本实例时，可以先利用"拉伸""弯边""法向开孔"等工具创建侧盖一侧的结构，并利用"镜像特征"工具创建另一侧结构。然后利用"弯边""法向开孔"等工具创建出盖板侧面的卡板和卡槽结构，并利用"线性阵列"工具阵列出其他的卡板和卡槽结构。最后，利用"实体冲压"工具创建出盖板上的凹坑，并利用"孔""线性阵列"工具创建盖板上的孔，即可创建出该实例模型。电源盒侧盖的建模流程如图3-34所示。

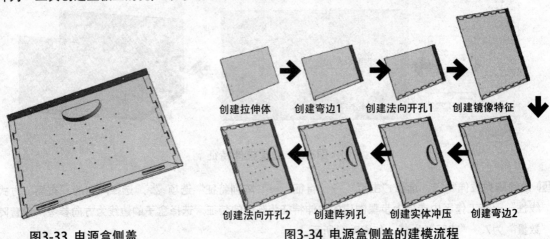

图3-33 电源盒侧盖

图3-34 电源盒侧盖的建模流程

创建拉伸体 　创建弯边1 　创建法向开孔1 　创建镜像特征

创建法向开孔2 　创建阵列孔 　创建实体冲压 　创建弯边2

3.2.5 扩展实例：电源盒顶盖

本实例将创建一个如图3-35所示的电源盒顶盖。在创建本实例时，可以先利用"拉伸""弯边"等工具创建顶盖的基本结构，并利用"镜像特征"工具创建另一侧弯边结构；然后利用"钣金冲压""法向开孔"等工具创建出盖板侧面的卡板和卡槽结构，利用"线性阵列"工具阵列出其他的卡板和卡槽结构；最后并利用"孔""镜像特征"工具创建盖板上的孔，即可创建出本实例模型。电源盒顶盖的建模流程图如图3-36所示。

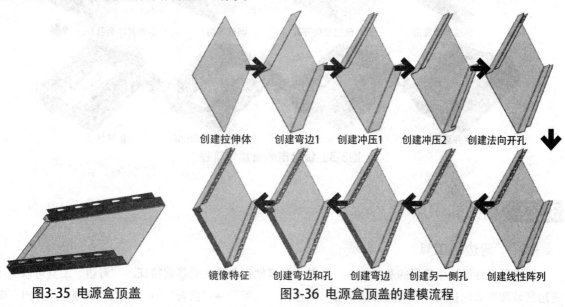

创建拉伸体　　创建弯边1　　创建冲压1　　创建冲压2　　创建法向开孔

镜像特征　　创建弯边和孔　　创建弯边　　创建另一侧孔　　创建线性阵列

图3-35 电源盒顶盖　　　　图3-36 电源盒顶盖的建模流程

3.3 | 电表盒

最终文件：素材\第3章\3.3\电表盒.prt

视频文件：视频\3.3电表盒.mp4

本实例是创建一个钣金电表盒，如图3-37所示。该钣金电表盒由垫片、百叶窗、弯边和孔等结构组成。通过本实例可以学习"轮廓弯边""法向开孔""钣金弯边""钣金孔""百叶窗"等工具的使用方法。

图3-37 钣金电表盒

3.3.1 建模流程图

在创建本实例时，可以先利用"轮廓弯边"工具创建出一个盒体的基本形状，并利用"法向开孔""弯边"等工具创建出一边侧板；然后利用"孔""百叶窗"工具创建出侧板上的孔和百叶窗结构，并利用"镜像特征"工具镜像出另一个侧板；最后利用"孔"工具创建出盒体底板上的孔，并利用"圆形阵列"工具阵列出其他的孔，即可完成本实例的创建。其建模流程如图3-38所示。

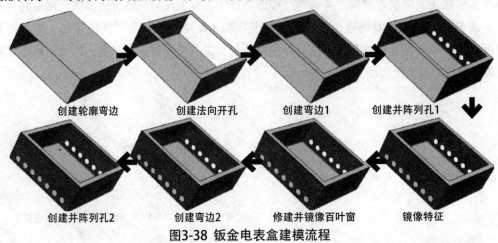

创建轮廓弯边　　　　创建法向开孔　　　　创建弯边1　　　　创建并阵列孔1

创建并阵列孔2　　　　创建弯边2　　　　修建并镜像百叶窗　　　　镜像特征

图3-38 钣金电表盒建模流程

3.3.2 相关知识点

1. "弯边"工具

弯边是钣金设计中常用的基本操作，它是许多其他钣金特征的基础特征。"弯边"工具可以创建弯边区域和简单的折弯。要创建弯边特征，可选择"主页"→"折弯"→"弯边"选项 🗐，弹出"弯边"对话框。在工作区中选择边缘线，系统会自动创建一个弯边，如图3-39所示。

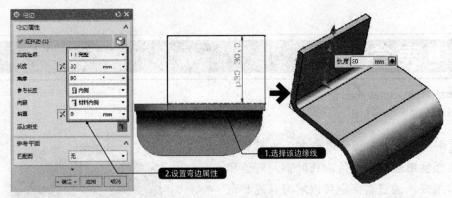

1.选择该边缘线

2.设置弯边属性

图3-39 创建弯边

2. "百叶窗"工具

百叶窗主要用于钣金件上的散热、通风透气。在UG NX中，百叶窗是利用草图环境绘制的直线，并通过撕口或成型操作，创建具有棱边的模型冲孔。要创建百叶窗特征，可选择"主页"→"凸模"→"百叶窗"选项，弹出"百叶窗"对话框。在要创建百叶窗的表面绘制草图，并设置"百叶窗属性"选项组中的参数，如图3-40所示。

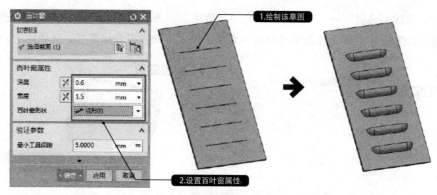

1.绘制该草图

2.设置百叶窗属性

图3-40 创建百叶窗

3.3.3 具体建模步骤

01 设置钣金厚度和折弯半径。选择"菜单"→"首选项"→"钣金"选项,弹出"钣金首选项"对话框。设置电表盒钣金零件的"材料厚度"和"弯曲半径"等参数,如图3-41所示。

02 创建轮廓弯边。选择"主页"→"折弯"→"轮廓弯边"选项，弹出"轮廓弯边"对话框。单击"表区域驱动"选项组中的"草图"按钮，选择XC-YC基准平面,绘制如图3-42所示的草图,返回"轮廓弯边"对话框。设置"宽度""厚度"选项组中的参数。

图3-41 钣金首选项设置

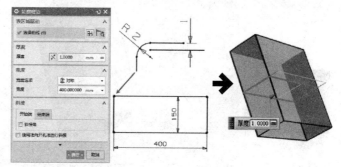

图3-42 创建轮廓弯边

03 法向开孔2。选择"主页"→"特征"→"法向开孔"选项，在"类型"下拉列表中选择"草图"选项,单击"表区域驱动"选项组中的"草图"按钮，在工作区中选择箱体下表面为草图平面,绘制如图3-43所示的草图。返回"法向开孔"对话框,设置"开孔属性"选项组中的参数。

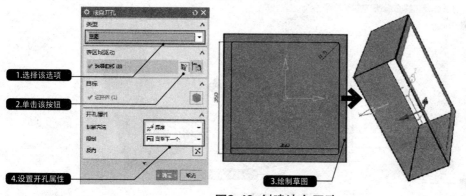

1.选择该选项

2.单击该按钮

4.设置开孔属性

3.绘制草图

图3-43 创建法向开孔

04 创建弯边1。选择"主页"→"折弯"→"弯边"选项 ，在工作区中选择基本边，单击"截面"选项组中的"草图"按钮 ，在工作区中选择箱体侧面边缘线，设置"弯边属性"选项组中的参数，如图3-44所示。

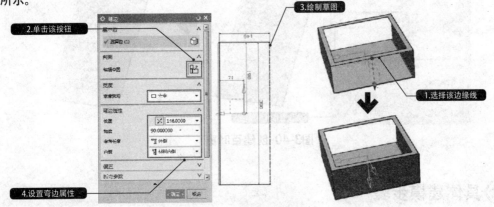

图3-44 创建弯边1

05 创建弯边2。选择"主页"→"折弯"→"弯边"选项 ，在工作区中选择基本边，并设置"弯边属性"选项组中的"长度""角度""参考长度""内嵌"等参数，如图3-45所示。

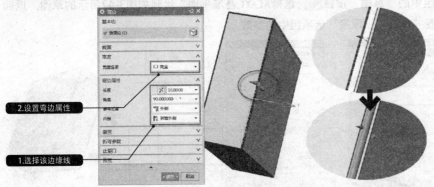

图3-45 创建弯边2

06 创建孔1。选择"主页"→"特征"→"更多"→"设计特征"→"孔"选项 ，弹出"孔"对话框。在工作区中选择电表盒侧面为草图平面，在草图中绘制要创建孔的中心点。返回对话框，选择"成形"下拉列表框中的"简单孔"选项，并设置孔的"直径"和"深度"，如图3-46所示。

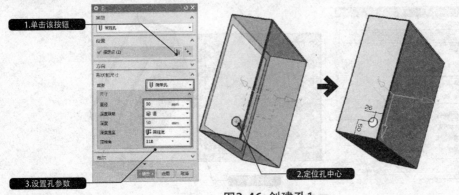

图3-46 创建孔1

07 线性阵列孔1。选择"主页"→"特征"→"阵列特征"选项 ⊞，选择阵列的"布局"方式为"线性"，在工作区中选择上步骤创建的孔1为阵列的特征，选择盒子的边线作为指定矢量，设置阵列"数量"为7、"间距"为50，如图3-47所示。

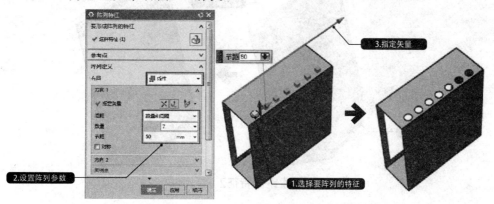

图3-47 线性阵列孔1

08 创建镜像特征1。选择"主页"→"特征"→"更多"→"关联复制"→"镜像特征"选项，弹出"镜像特征"对话框。在工作区中选择弯边特征和孔特征，选择XC-YC基准平面为镜像平面，如图3-48所示。

09 绘制草图1。选择"主页"→"草图"选项 ⊠，弹出"创建草图"对话框。在工作区中选择电表盒的侧面为草图平面，绘制如图3-49所示的草图。

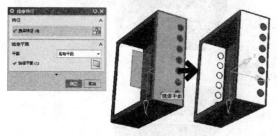

图3-48 创建镜像特征1

图3-49 绘制草图

10 创建百叶窗。选择"主页"→"凸模"→"百叶窗"选项，弹出"百叶窗"对话框。在工作区中选择一条切割线，并设置"百叶窗属性"选项组中的参数，按同样的方法创建其他的6个百叶窗，如图3-50所示。

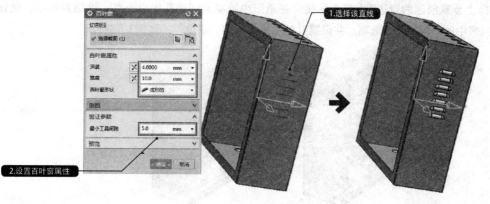

图3-50 创建百叶窗

11 创建镜像特征2。选择"主页"→"特征"→"更多"→"关联复制"→"镜像特征"选项，弹出"镜像特征"对话框。在工作区中选择百叶窗特征，选择YC-ZC基准平面为镜像平面，如图3-51所示。

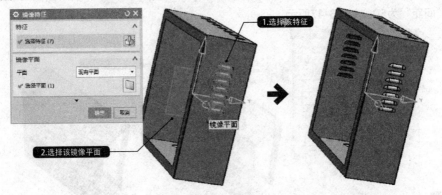

图3-51 创建镜像特征2

12 创建弯边3。选择"主页"→"特征"→"法向开孔" 选项，在工作区中选择基本边缘线，单击"截面"选项组中的"草图"按钮，在工作区中选择与YC-ZC基准平面平行的表面为草图平面，绘制如图3-52所示的草图。返回"弯边"对话框，设置"弯边属性"选项组中的参数。按照同样的方法创建其他的3个弯边，如图3-53所示。

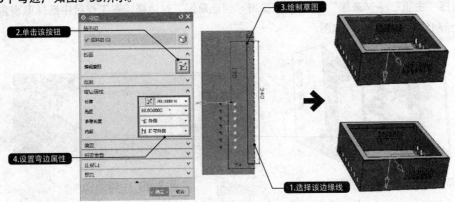

图3-52 创建弯边3

13 创建孔2。选择"主页"→"特征"→"更多"→"设计特征"→"孔"选项，弹出"孔"对话框，在工作区中选择上步骤创建的弯边3为草图平面，在草图中绘制要创建孔的中心点。返回对话框，选择"成形"下拉列表中的"简单孔"选项，并设置孔的"直径"和"深度"，如图3-54所示。

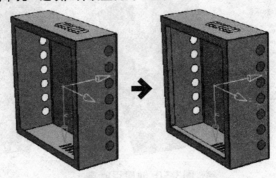

图3-53 创建其他弯边

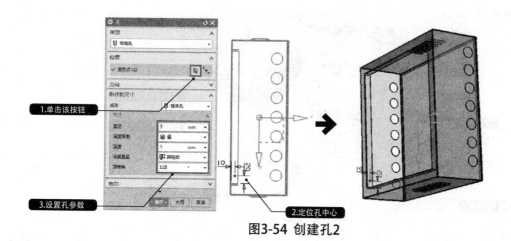

图3-54 创建孔2

14 创建镜像特征3。选择"主页"→"特征"→"更多"→"关联复制"→"镜像特征"选项，弹出"镜像特征"对话框。在工作区中选择孔和弯边特征，选择XC-YC基准平面为镜像平面，如图3-55所示。

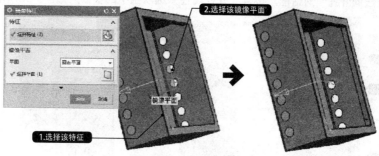

图3-55 创建镜像特征3

15 创建孔3。选择"主页"→"特征"→"更多"→"设计特征"→"孔"选项，弹出"孔"对话框。在工作区中选择箱体内侧底面为草图平面，绘制要创建孔的中心点。返回对话框，选择"成形"下拉列表框中的"简单孔"选项，并设置孔的"直径"和"深度"，如图3-56所示。

16 圆形阵列孔3。选择"主页"→"特征"→"阵列特征"选项，选择阵列的"布局"方式为"圆形"，在工作区中选择上步骤创建的孔3为阵列的特征，选择Z轴为阵列中心轴，设置阵列的"数量"为4，"节距角"为90，如图3-57所示。

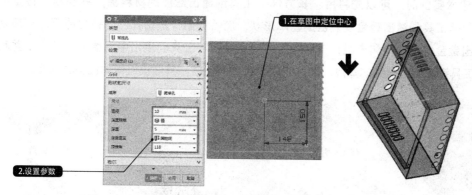

图3-56 创建孔3

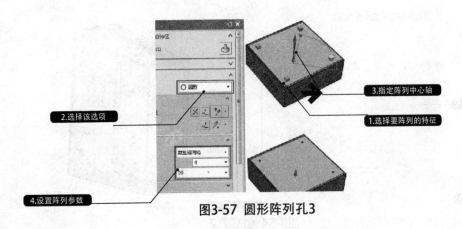

图3-57 圆形阵列孔3

■ 法向开孔2。选择"主页"→"特征"→"法向开孔"▣选项,在"类型"下拉列表中选择"草图"选项,单击"截面"选项组中的"草图"按钮▣,在工作区中选择弯边内侧面为草图平面,绘制如图3-58所示的草图后返回"法向开孔"对话框。设置"开孔属性"选项组中的参数,如图3-58所示。

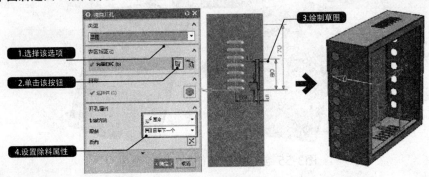

图3-58 创建法向开孔

3.3.4 扩展实例:安装盒

本实例是创建一个钣金安装盒,如图3-59所示。该安装盒由垫片、凹坑、弯边、圆角和孔等特征组成。在创建本实例时,可以先利用"长方体"工具创建出盒体的材料板,并利用"钣金冲压""法向开孔"等工具创建出钣金安装盒的基本形状;然后利用"钣金孔""钣金冲压""钣金槽"等工具创建出钣金盒上的槽和卡板;最后利用"内嵌弯边"工具创建出中间槽上的弯边,并利用"镜像特征"工具镜像出另一侧的弯边,即可完成本实例的创建。其建模流程如图3-60所示。

图3-59 钣金安装盒

图3-60 钣金安装盒的建模流程

3.3.5 扩展实例：开关盒

本实例是创建一个钣金开关盒，如图3-61所示。该安装盒由垫片、凹坑、弯边和冲压孔等特征组成。在创建本实例时，可以先利用"拉伸"工具创建出盒体的材料板，并利用"实体冲压""法向开孔""弯边"等工具创建出钣金开关盒的基本形状；然后利用"钣金孔"工具创建出开关盒上的安装孔；最后利用"法向开孔"工具创建出开关盒上葫芦形的凹槽，即可完成本实例的创建。其建模流程如图3-62所示。

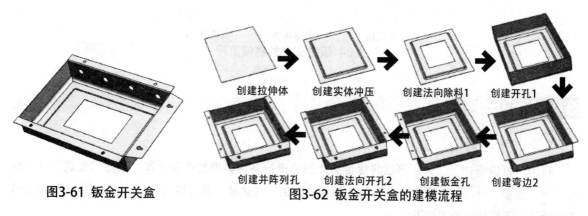

创建拉伸体　　创建实体冲压　　创建法向除料1　　创建开孔1

创建并阵列孔　　创建法向开孔2　　创建钣金孔　　创建弯边2

图3-61 钣金开关盒

图3-62 钣金开关盒的建模流程

3.4 钣金支架

最终文件：素材\第3章\3.4\钣金支架.prt

视频文件：视频\3.4钣金支架.mp4

本实例是创建一个钣金支架，如图3-63所示。该支架由垫片、凹槽、孔、弯边和圆角等特征组成。通过本实例可以学习"垫片""法向开孔""弯边""展平实体"等工具的使用方法。

图3-63 钣金支架效果图

3.4.1 建模流程图

在创建本实例时，可以先利用"垫片"工具创建出钣金支架的板材，并利用"弯边"工具创建板材底端的弯边；然后利用"法向开孔"工具创建出钣金材料上的凹槽孔，并利用"弯边"工具创建出钣金槽边缘的卡板；最后利用"折边"工具创建钣金支架上的折边结构，并创建钣金支架上的圆角，即可完成本实例的创建。其建模流程如图3-64所示。

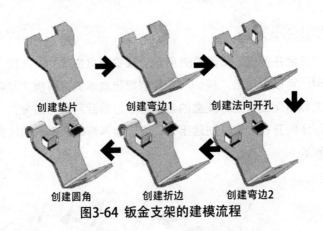

创建垫片　　　　　创建弯边1　　　　　创建法向开孔

创建圆角　　　　　创建折边　　　　　创建弯边2

图3-64 钣金支架的建模流程

3.4.2 相关知识点

1. "折边弯边"工具

利用"折边弯边"工具，可以将钣金实体的边进行各种类型的卷曲操作。选择"主页"→"折弯"→"更多"→"折边弯边"选项，弹出"折边"对话框。通过该对话框，可以创建6种类型的折边特征，下面分别说明如下。

◆ 封闭的：该类型可以创建与折弯放置面相叠的卷边特征。

◆ 开放：该类型可以创建与折弯放置面叠加，并成S型的卷边特征。

◆ 卷曲：该类型可以创建成卷曲状的弯边特征。

◆ 开环：该类型可以创建与折弯成一定扫掠角度的圆弧形卷边。

◆ 闭环：该类型可以在钣金的折弯边处创建封闭的环状卷边特征。

◆ 中心环：该类型可以创建以弯边放置面为中心平面，并与其成一定扫掠角度的圆环形特征。

下面以"开放"类型为例介绍其操作，在"类型"下拉列表中选择"开放"选项，选择工作区中要弯折的边，在"内嵌"下拉列表中选择"折弯外侧"选项，并设置"折弯参数"中折弯半径和弯边长度参数，如图3-65所示。

2. "展平实体"工具

在NX钣金模块中，通过"展平实体"工具可以知道钣金零件的用料面积，以及检查钣金零件是否可以一次成型。要创建展平实体，选择"主页"→"展平图样"→"展平实体"选项，弹出"展平实体"对话框，在工作区中选择展平后固定的面，随后系统自动选择方位，创建方法如图3-66所示。

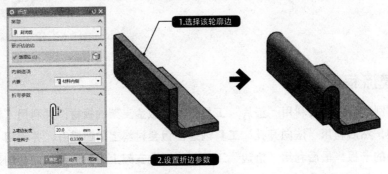

1.选择该轮廓边

2.设置折边参数

图3-65 创建折边

3.4.3 具体建模步骤

01 设置钣金厚度和弯曲半径。选择"文件"→"首选项"→"所有首选项"→"钣金"选项,弹出"钣金首选项"对话框。设置钣金支架的"材料厚度"和"弯曲半径",如图3-67所示。

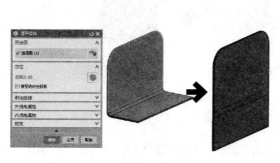 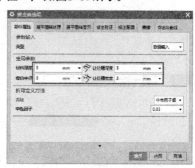

图3-66 创建展平实体　　　　　　图3-67 设置钣金厚度和弯曲半径

02 创建突出块。选择"主页"→"基本"→"突出块"选项,弹出"突出块"对话框。单击"选择曲面"选项中的"草图"按钮,在工作区中选择XC-YC基准平面为草图平面,绘制如图3-68所示的草图后返回"突出块"对话框。设置突出块"厚度"为3。

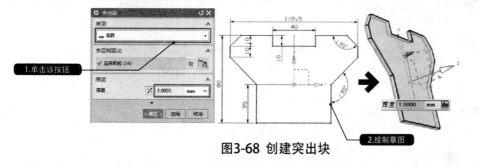

图3-68 创建突出块

03 创建法向开孔1。单击选项卡"主页"→"特征"→"法向开孔"选项,打开"法向开孔"对话框,在"类型"下拉列表中选择"草图"选项,单击"选择曲面"选项中的"草图"按钮,在工作区中选择XC-YC基准平面为草图平面,绘制如图3-69所示的草图后返回"法向开孔"对话框。设置"开孔属性"选项组中的参数。

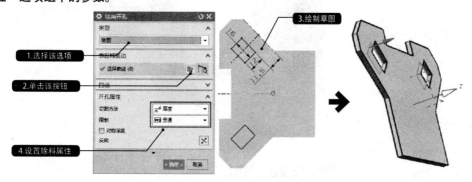

图3-69 创建法向开孔1

04 创建弯边1。选择"主页"→"折弯"→"弯边"选项,弹出"弯边"对话框。在工作区中选择突出块基部边缘线,返回"弯边"对话框,设置"弯边属性"选项组中的参数,如图3-70所示。

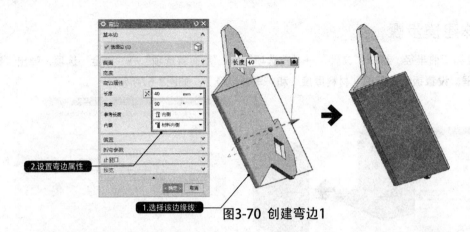

图3-70 创建弯边1

05 创建法向开孔2。选择"主页"→"特征"→"法向开孔"选项，弹出"法向开孔"对话框。在"类型"下拉列表中选择"草图"选项，单击"选择曲面"选项中的"草图"按钮，在工作区中选择上步骤创建的弯边1内侧平面为草图平面，绘制如图3-71所示的草图后返回"法向开孔"对话框,设置"开孔属性"选项组中的参数。

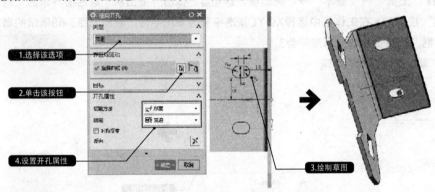

图3-71 创建法向开孔2

06 创建弯边2。选择"主页"→"折弯"→"弯边"选项，弹出"弯边"对话框。在工作区中选择基部边缘线，返回"弯边"对话框。设置"弯边属性"选项组中的参数，如图3-72所示。

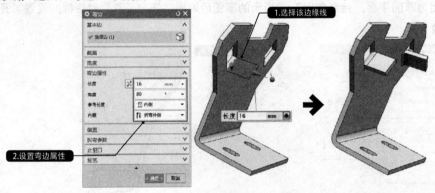

图3-72 创建弯边2

07 创建折边。选择"主页"→"折弯"→"更多"→"折边弯边"选项，弹出"折边"对话框。在"类型"下拉列表中选择"打开"选项，在工作区中选择要弯折的边，在"内嵌"下拉列表中选择"折弯外侧"选项，并设置"折弯参数"中的"折弯半径"和"弯边长度"参数，如图3-73所示。

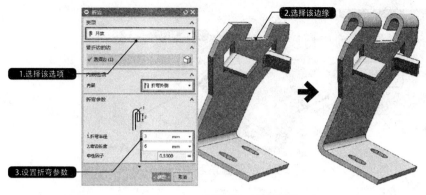

图3-73 创建折边

08 创建边倒圆。切换到建模模块，选择"主页"→"特征"→"边倒圆"选项 ，弹出"边倒圆"对话框。在对话框中设置边倒圆"半径1"为5，在工作区中选择钣金冲裁面上的棱边，如图3-74所示。

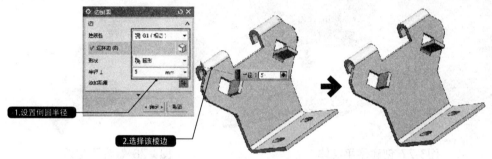

图3-74 创建边倒圆

> **提示**
>
> 　　在"NX 钣金"模块中创建圆角是利用"倒角"工具完成的。"倒角"工具要求创建的圆角与钣金基面相垂直。本步骤中的圆角不与基面垂直，这种圆角可以转换到建模模块中来完成。

09 创建圆角1。切换到"钣金"模块，选择"主页"→"拐角"→"倒角"选项 ，弹出"倒角"对话框。在工作区中选择要倒角的边，选择"方法"下拉列表中的"圆角"选项，并设置圆角半径值，如图3-75所示。

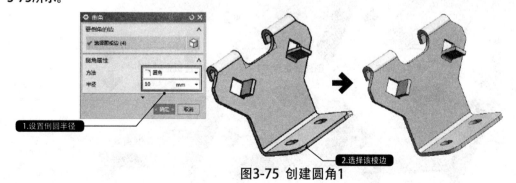

图3-75 创建圆角1

10 创建圆角2。选择"主页"→"拐角"→"倒角"选项 ，弹出"倒角"对话框。在工作区中选择要倒角的边，选择"方法"下拉列表中的"圆角"选项，并设置圆角半径值，如图3-76所示。

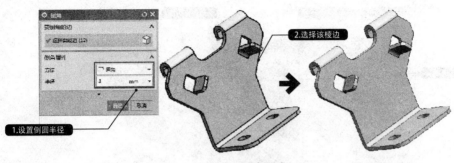

图3-76 创建圆角2

11 展平实体。选择"主页"→"展平图样"→"展平实体"选项 ，弹出"展平实体"对话框。在工作区中选择与XC-YC基准平面重合的表面为固定面，随后系统自动选择方位，如图3-77所示。

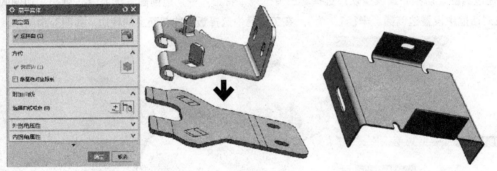

图3-77 创建展平实体　　　　　　　　　图3-78 钣金固定架

3.4.4 扩展实例：钣金固定架

本实例是创建一个钣金固定架，如图3-78所示。该固定架由垫片、凹坑、弯边和键槽等特征组成。在创建本实例时，可以先利用"拉伸"工具创建出固定架的材料板，并利用"钣金键槽"工具创建出板材的两端的键槽；然后利用"钣金弯边"工具创建出两个弯边；最后利用"钣金键槽"工具创建各个弯边上的键槽，即可完成本实例的创建。其建模流程图如图3-79所示。

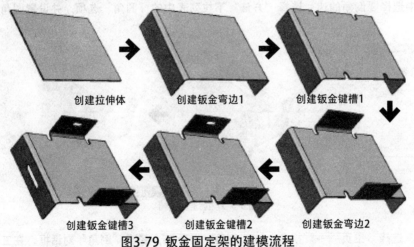

创建拉伸体　　　　创建钣金弯边1　　　　创建钣金键槽1

创建钣金键槽3　　　创建钣金键槽2　　　创建钣金弯边2

图3-79 钣金固定架的建模流程

3.4.5 扩展实例：前臂夹

本实例是创建一个前臂夹，如图3-80所示。该前臂夹由垫片、折弯和钣金角等特征组成。在创建本实例时，可以先利用"拉伸"工具创建出零件的材料板，并利用"折弯"工具将材料板弯折成管状结构；然后利用"拉伸"工具创建中间的连接板，并利用"钣金桥接"将两个板桥接；最后利用"拉伸"工具创建另一端的材料板，并利用"折弯""钣金角"等工具将另一端成型，即可完成本实例的创建。其建模流程如图3-81所示。

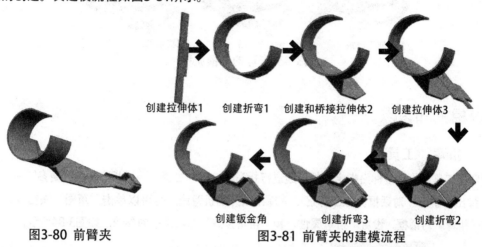

创建拉伸体1　　创建折弯1　　创建和桥接拉伸体2　　创建拉伸体3

创建钣金角　　　创建折弯3　　　创建折弯2

图3-80 前臂夹　　　　　　　图3-81 前臂夹的建模流程

3.5 卡环

最终文件：素材\第3章\3.5\卡环.prt

视频文件：视频\3.5卡环.mp4

本实例是创建一个卡环，如图3-82所示。该卡环由突出块、弯边、折弯、凹槽、孔和倒角等特征组成。通过本实例，可以学习"垫片""法向开孔""折弯""倒角"等工具的使用方法。

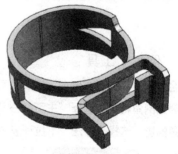

图3-82 卡环

3.5.1 建模流程图

在创建本实例时，可以先利用"突出块"工具创建出零件的材料板，并利用"法向开孔"工具冲压出材料板上的槽；然后利用"折弯"工具对冲压件进行多次弯折，并利用"倒角"工具创建出钣金件上的倒角，即可完成本实例的创建。其建模流程如图3-83所示。

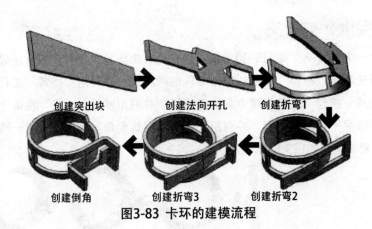

创建突出块　　　　　创建法向开孔　　　创建折弯1

创建倒角　　　　　　创建折弯3　　　　　创建折弯2

图3-83 卡环的建模流程

3.5.2 相关知识点

1. "折弯"工具

"折弯"工具可将钣金件沿指定的折弯线进行折弯。选择"主页"→"折弯"→"更多"→"折弯"选项，弹出"折弯"对话框。在工作区中选择绘制好的折弯线，也可以单击"草图"按钮，进行绘制后返回"折弯"对话框。设置"折弯属性"和"折弯参数"选项组中的参数，如图3-84所示。

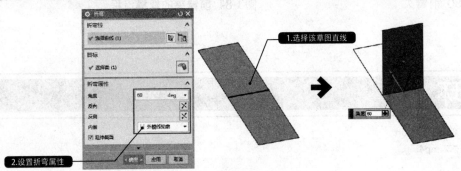

图3-84 创建折弯

2. "倒角"工具

在钣金模块中，通过"倒角"工具，可以对钣金零件特征的基础面或折弯面的锐边进行倒圆和倒斜角操作。要创建倒角特征，选择"主页"→"拐角"→"倒角"选项，弹出"倒角"对话框。在工作区中选择要倒角的边，选择"方法"下拉列表中的"圆角"选项，并设置圆角半径即可，如图3-85所示。

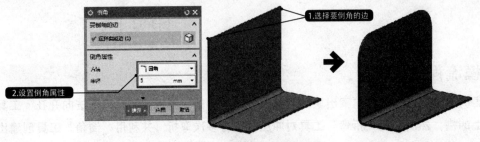

图3-85 创建圆角

3.5.3 具体建模步骤

01 创建突出块。选择"主页"→"基本"→"突出块"选项 🔲，单击"突出块"对话框中的"草图"按钮 🖾，在工作区中选择XC-YC基准平面为草图平面，绘制如图3-86所示的草图后返回"突出块"对话框。设置突出块"厚度"为1.5。

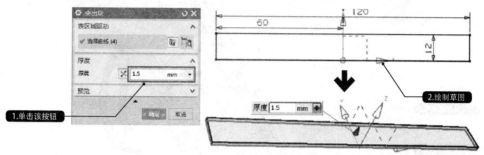

图3-86 创建突出块

02 绘制草图。选择"主页"→"草图"选项 🖾，弹出"创建草图"对话框。在工作区中选择突出块的上表面为草图平面，绘制如图3-87所示的草图。

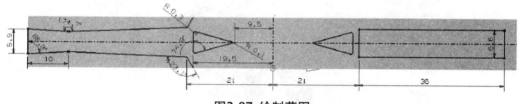

图3-87 绘制草图

03 法向开孔2。选择"主页"→"特征"→"法向开孔"选项 🔲，在"类型"下拉列表中选择"草图"选项，在工作区中选择上步骤绘制草图的部分曲线环，并设置"开孔属性"选项组中的参数，如图3-88所示。按同样的方法创建另一端的法向开孔，如图3-89所示。

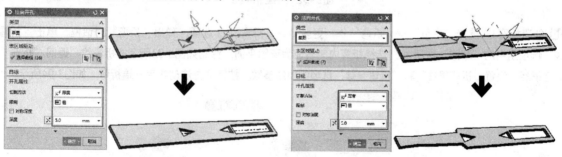

图3-88 创建法向开孔1　　　　　　　　图3-89 创建法向开孔2

04 绘制折弯线。选择"主页"→"草图"选项 🖾，弹出"创建草图"对话框。在工作区中选择突出块的上表面为草图平面，绘制如图3-90所示的折弯线。

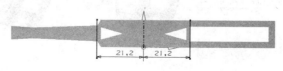

图3-90 绘制折弯线

05 创建折弯1。选择"主页"→"折弯"→"更多"→"折弯"选项⚙，弹出"折弯"对话框。在工作区中选择上步骤绘制的折弯线，并设置"折弯属性"和"折弯参数"选项组中的参数，如图3-91所示。按同样方法创建另一端折弯，如图3-92所示。

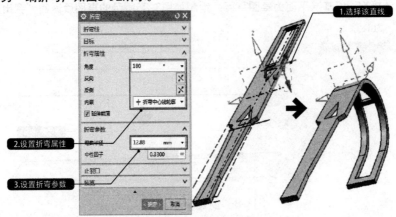

图3-91 创建折弯1

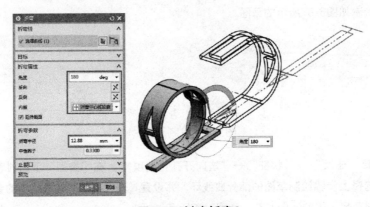

图3-92 创建折弯2

06 创建折弯3。选择"主页"→"折弯"→"更多"→"折弯"⚙选项，弹出"折弯"对话框。单击"折弯线"选项组中的"草图"按钮🖼，选择折弯内侧表面为草图平面，绘制如图3-93所示的折弯线。返回"折弯"对话框后，设置"折弯属性"和"折弯参数"选项组中的参数。按同样方法创建另一端折弯，如图3-94所示。

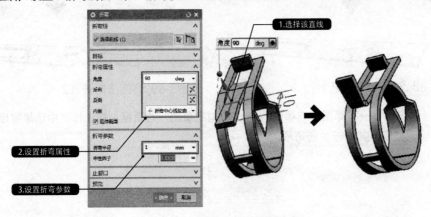

图3-93 创建折弯3

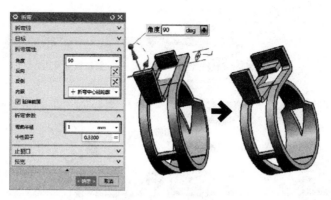

图3-94 创建折弯4

07 创建倒角。选择"主页"→"拐角"→"倒角" 选项，弹出"倒角"对话框。在工作区中选择要倒角的边，选择"方法"下拉列表中的"倒斜角"选项，并设置倒角距离，如图3-95所示。按同样方法创建另一倒角，如图3-96所示。

图3-95 创建倒角1

图3-96 创建倒角2

3.5.4 扩展实例：转动臂

　　本实例是创建一个转动臂，如图3-97所示。该转动臂由垫片、凹坑、弯边、筋和圆角等特征组成。在创建本实例时，可以先利用"拉伸"工具创建出转动臂的材料板，并利用"弯边"工具创建出板材一侧的弯边结构；然后利用"钣金冲压"工具冲压出零件上的弯折和孔，并利用"螺纹"工具创建孔上的螺纹；最后利用"弯边""折弯"工具创建出零件上其他的弯折结构，并创建弯折结构上的圆角，即可完成本实例的创建。其建模流程如图3-98所示。

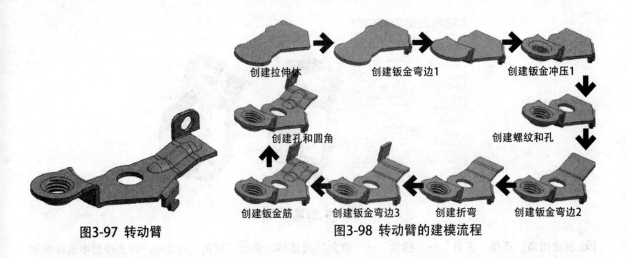

图3-97 转动臂

图3-98 转动臂的建模流程

3.5.5 扩展实例：卷尺扣

本实例是创建一个卷尺扣，如图3-99所示。该卷尺扣由垫片、折弯、弯边和圆角等特征组成。在创建本实例时，可以先利用"拉伸"工具创建出零件的材料板，并利用"折弯"工具将材料板弯折成弧形结构；然后利用"镜像特征""合并"工具镜像另一侧弧形板，并利用"弯边"工具创建弯边结构；最后利用"法向开孔"工具创建卷尺扣上的孔和槽，并利用"倒角"工具创建卷尺扣上的圆角，即可完成本实例的创建。其建模流程如图3-100所示。

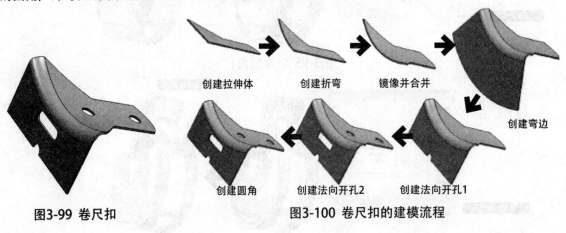

图3-99 卷尺扣

图3-100 卷尺扣的建模流程

第4章

曲面设计

曲面设计是UG NX软件创建模型过程中重要的组成部分。曲面特征是CAD模块的重要组成部分，也是体现CAD/CAM软件建模能力的重要标志。在实践中，仅仅通过特征建模方法来设计机械零件是有很多局限性的。

UG NX中的建模和外观造型设计模块集中了所有的曲面设计分析工具，可以通过曲线构面、由曲面构面、并结合修剪、延伸、扩大以及更改边等编辑操作，还可以对所创建的曲面进行光顺度分析。本章通过精讲4个典型实例，详细介绍通过曲线组、通过曲线网格、扫掠及偏置曲面等工具的使用方法。

4.1 电话机手柄上盖

最终文件：素材\第4章\4.1\电话机手柄上盖.prt
视频文件：视频\4.1电话机手柄上盖.mp4

本实例是创建一个电话机手柄上盖，如图4-1所示。该手柄上盖由扫掠曲面、壳体及凸台等特征组成。通过本实例，可以学习"扫掠""投影曲线""通过曲线组""抽取""抽壳""修剪的片体""缝合""修剪体"等工具的使用方法。

图4-1 电话机手柄上盖

4.1.1 建模流程图

在创建本实例时，可以先利用"草图""扫掠"等工具创建手柄上盖表面曲面，并利用"投影曲线""通过曲线组"等工具创建手柄上盖侧面表面；然后利用"修剪的片体""缝合"等工具创建出手柄上盖实体，并利用"壳"工具抽取壳体；最后利用"拉伸体""抽取几何体""修剪体"等工具创建出上盖内侧的卡板以及固定螺孔的凸台和方槽，即可完成本实例的创建。其建模流程如图4-2所示。

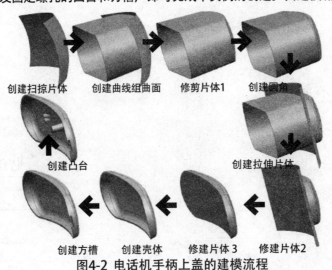

创建扫掠片体　　创建曲线组曲面　　修剪片体1　　创建圆角

创建凸台　　　　　　　　　　　　　　创建拉伸片体

创建方槽　　创建壳体　　修建片体3　　修建片体2

图4-2 电话机手柄上盖的建模流程

4.1.2 相关知识点

1. "投影曲线"工具

投影曲线工具可以将曲线、边和点投影到片体、面或基准平面上。在投影曲线时，可以指定投影方向、点或面的法向的方向等。投影曲线在孔或面边缘处都要进行修剪，投影之后可以自动将曲线成一条曲线。

要创建投影曲线，可选择"曲线"→"派生的曲线"→"投影曲线"选项，弹出"投影曲线"对话框，此时在工作区中选择要投影的曲线，然后选择要将曲线投影到其上的面（或平面或基准平面）并指定投影方向，最后单击"确定"按钮即可，其最终效果如图4-3所示。

2. "通过曲线组"工具

通过曲线组方法可以使一系列截面线串（大致在同一方向）建立片体或者实体。截面线串定义了曲面的U方向，截面线可以是曲线、体边界或体表面等几何体。此时直纹形状改变以穿过各截面，所生成的特征与截面线串相关联，当截面线串编辑修改后，特征自动更新。通过曲线组创建曲面与直纹面的创建方法相似，区别在于：直纹面只使用两条截面线串，并且两条线串之间总是相连的，而通过曲线组最多可允许使用150条截面线串。

选择"曲面"→"曲面"→"通过曲线组"选项，弹出"通过曲线组"对话框，如图4-4所示。该对话框中常用选项组及选项的功能如下叙述。

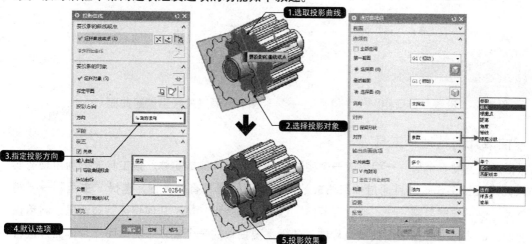

图4-3 "投影曲线"对话框及投影效果　　　　图4-4 "通过曲线组"对话框

◆ 》连续性

在该选项组中可以根据生成片体的实际意义来定义边界约束条件，以让它在第一条截面线串处和一个或多个被选择的体表面相切或者等曲率过渡。

》输出曲面选项

在"输出曲面选项"选项组中可设置补片类型、构造方式和其他参数设置。

◆ 补片类型：用于设置生成单面片、多面片或者匹配线串的片体。选择"单个"类型，则系统会自动计算V向阶次，其数值等于截面线数量减1；选择"多个"类型，则用户可以自己定义V向阶次，但所选择的截面数量至少比V向的阶次多一组。

◆ 构造：该选项用于设置生成的曲面符合各条曲线的程度，具体包括"法向""样条点"和"简单"3
种类型。其中"简单"是通过对曲线的数学方程进行简化，以提高曲线的连续性。

◆ V向封闭：选择该复选框，并且选择封闭的截面线，则系统自动创建出封闭的实体。

◆ 垂直于终止截面：选择该复选框后，所创建的曲面会垂直于终止截面。

◆ 设置：该选项组如图4-5所示。用于设置生成曲面的调整方式，同直纹面基本一样。

　　》公差

　　该选项组主要用于控制重建曲面相对于输入曲线的精度的连续性公差。其中，G0（位置）表示用于建模预设置的距离公差；G1(相切)表示用于建模预设置的角度公差；G2(曲率)表示相对公差0.1或10%。

　　》对齐

　　通过曲线组创建曲面与直纹面方法类似，这里以"参数"对齐方式为例，在绘图区依次选择第一条截面线串和其他截面线串，并选择"参数"对齐方式，接受默认的其他设置，单击"确定"按钮即可，如图4-6所示。

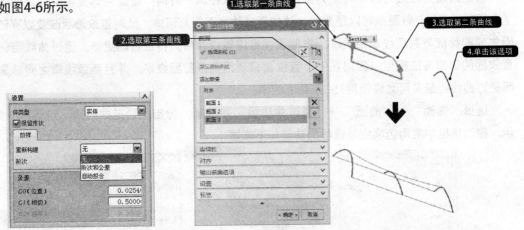

图4-5 "设置"选项组　　　　　　图4-6 通过曲线组创建曲面

3. "抽取几何特征"工具

　　该工具指通过复制一个面、一组面或一个实体特征来创建片体或实体。该工具充分利用现有实体或片体来完成设计工作，并且通过抽取生成的特征与原特征具有相关性。选择"主页"→"特征"→"更多"→"关联复制"→"抽取几何体"选项，弹出"抽取几何特征"对话框。利用该工具可以将选择的实体或片体表面抽取为片体，选择需要抽取的一个或多个实体面或片体面并进行相关设置，即可完成抽取面的操作。

　　选择"类型"下拉列表中的"面"选项，"抽取几何特征"对话框被激活。在"设置"选项组中选择"固定于当前时间戳记"复选框，则生成的抽取特征不随原几何体变化而变化；取消选择该复选框，则生成的抽取特征随原几何体变化而变化，时间顺序总是在模型中其他特征之后。"隐藏原先的"复选框用于控制是否隐藏原曲面或实体；"不带孔抽取"复选框用于删除所选表面中的内孔。在激活的"面选项"下拉列表中包括4种抽取面的方式，具体介绍如下。

　　》单个面

　　利用该方式可以将实体或片体的某个单个表面抽取为新的片体。图4-7所示为选择圆柱的端面并选择"隐藏原先的"复选框时创建的片体效果。在"表面类型"下拉列表中包括以下3种抽取生成表面类型。

◆ 与原先相同：用此方式抽取与原表面具有相同特征属性的表面。

◆ 三次多项式：用此方式抽取的表面接近但并不是完全复制，这种方式抽取的表面可以转换到其他
CAD、CAM和CAE应用中。

◆ 一般B曲面：用此方式抽取的曲面是原表面的精确复制，很难转换到其他系统中。

》面与相邻面

利用该方式可以选择实体或片体的某个表面，其他与其相连的表面也会被自动选中，将这组表面提取为新的片体。图4-8所示为选择与圆柱面相连的曲面并选择"隐藏原先的"复选框时创建的片体效果。

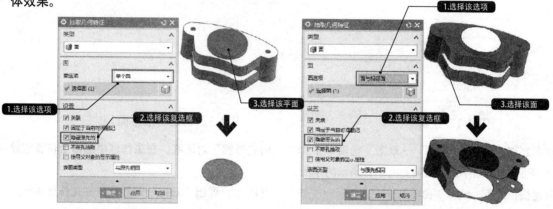

图4-7 抽取单个面　　　　　　图4-8 抽取相邻面

》体的面

利用该方式可以将实体特征所有的曲面抽取为片体。图4-9所示为选择实体特征的所有曲面并选择用"隐藏原先的"复选框时创建的片体效果。

》面链

利用该方式可以选择实体或片体的某个表面，然后选择其他与其相连的表面，将这组表面抽取为新的片体。它与"面与相邻面"方式的区别在于：面与相邻面是将与对象表面相邻的所有表面均抽取为片体，而面链是根据需要依次选择与对象表面相邻的表面，并且还能够成链条选择与其相邻的表面连接的面，抽取为片体。

图4-10所示为选择"面链"并选择"隐藏原先的"复选框时抽取的片体效果。

图4-9 抽取实体的所有曲面　　　　图4-10 利用面链抽取片体

4.1.3 ▶具体建模步骤

01 绘制草图1。选择"主页"→"草图"选项▦，弹出"创建草图"对话框。在工作区中选择XC-YC基准平面为草图平面，绘制如图4-11所示的草图。

02 创建基准平面1。单击选项卡"主页"→"特征"→"基准平面"选项▢，弹出"基准平面"对话框。在"类型"下拉列表中选择"曲线和点"选项，并在工作区中选择上步骤创建曲线的端点，如图4-12所示。

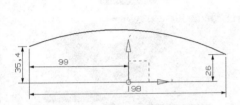

图 4-11 绘制草图 1

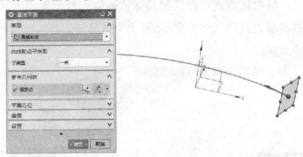

图4-12 创建基准平面1

03 绘制草图2。选择"主页"→"草图"选项▦，弹出"创建草图"对话框。在工作区中选择上步骤创建的基准平面1为草图平面，绘制如图4-13所示的草图2。

04 创建扫掠曲面。选择"曲面"→"曲面"→"扫掠"选项◨，弹出"扫掠"对话框。在工作区中选择草图2为截面，选择草图1为引导线，如图4-14所示。

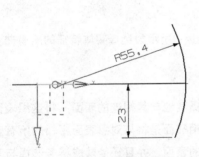

图4-13 绘制草图2

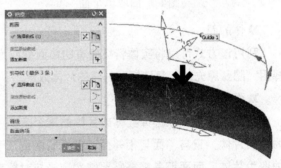

图4-14 创建扫掠曲面

05 绘制草图3。选择"主页"→"草图"选项▦，弹出"创建草图"对话框。在工作区中选择XC-ZC基准平面为草图平面，绘制如图4-15所示的草图3。

06 创建投影曲线。选择"曲线"→"派生的曲线"→"投影曲线"选项▧，弹出"投影曲线"对话框。在工作区中选择上步骤绘制的草图3为要投影的曲线，将其投影到Y轴方向的扫掠曲面上，如图4-16所示。

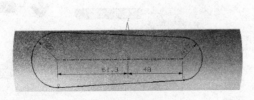

图 4-15 绘制草图 3

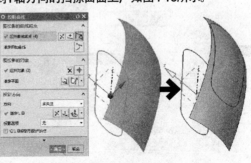

图4-16 创建投影曲线

07 绘制草图4。选择"主页"→"草图"选项📑，弹出"创建草图"对话框。在工作区中选择XC-ZC基准平面为草图平面，绘制如图4-17所示的草图4。

08 通过曲线组创建曲面。选择"曲面"→"曲面"→"通过曲线组"选项，弹出"通过曲线组"对话框。在工作区中分别选择上步骤绘制的草图3和草图4为截面，如图4-18所示。

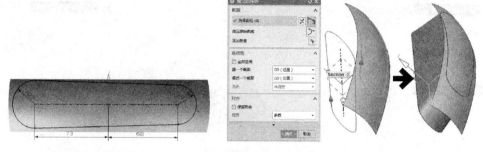

图4-17 绘制草图4　　　　　　　　　　　图4-18 创建曲线组曲面

09 修剪片体1。选择"曲面"→"曲面工序"→"修剪的片体"选项，弹出"修剪片体"对话框。在工作区中选择扫掠曲面为目标片体，选择投影曲线为边界对象，如图4-19所示。

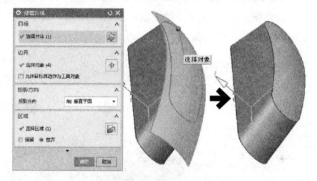

图4-19 修剪片体1

10 缝合片体1。选择"曲面"→"曲面工序"→"更多"→"缝合"选项，弹出"缝合"对话框。在工作区中选择曲线组曲面为目标体，选择上步骤创建的修剪片体1为工具，如图4-20所示。

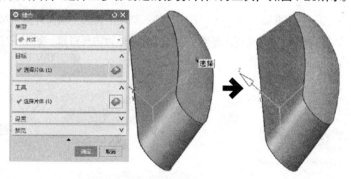

图4-20 缝合片体1

11 创建圆角。选择"主页"→"特征"→"边倒圆"选项🔲，弹出"边倒圆"对话框。在工作区中选择相交片体的各个圆弧，设置倒圆"半径1"为1.2，并在"变半径"选项组中分别设置各个弧为50%的圆弧长处的V半径值，如图4-21所示。

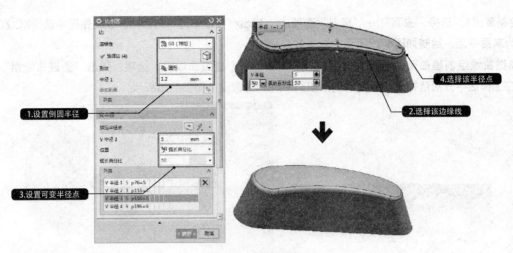

图4-21 创建圆角

12 创建拉伸片体。选择"主页"→"特征"→"拉伸"选项，弹出"拉伸"对话框。在"拉伸"对话框中单击"草图"按钮，弹出"创建草图"对话框。选择XC-YC基准平面为草图平面，绘制如图4-22所示尺寸的草图。返回"拉伸"对话框，在"拉伸"对话框中设置"限制"选项组中的参数。

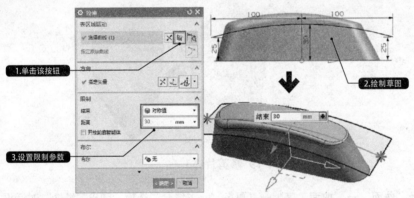

图4-22 创建拉伸片体

13 修剪片体2。选择"曲面"→"曲面工序"→"修剪片体"选项，弹出"修剪片体"对话框。在工作区中选择步骤（10）缝合的片体1为目标片体，选择上步骤创建的拉伸片体为边界对象，如图4-23所示。

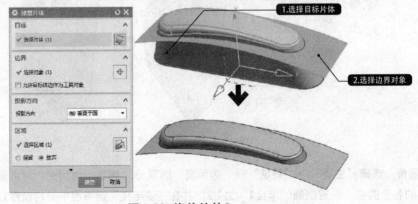

图4-23 修剪片体2

14 **修剪片体3**。选择"曲面"→"曲面工序"→"修剪片体"选项，弹出"修剪片体"对话框。在工作区中选择上步骤创建的修剪片体2为目标片体，选择步骤（10）缝合的片体1为边界对象，如图4-24所示。

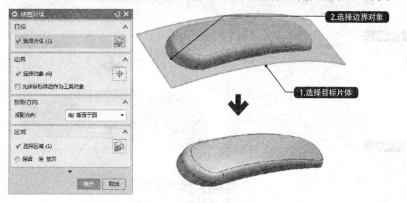

图4-24 修剪片体3

15 **缝合曲面1**。选择"曲面"→"曲面工序"→"更多"→"缝合"选项，弹出"缝合"对话框。将工作区中的修剪片体缝合，如图4-25所示。

图4-25 缝合片体实体化

16 **创建壳体**。单击选项卡"主页"→"特征"→"抽壳" 选项，在工作区中选择壳体的内侧面为要穿透的面，设置壳体"厚度"为1.4，如图4-26所示。

图4-26 创建壳体

17 **创建拉伸体1**。选择"主页"→"特征"→"拉伸"选项 ，弹出"拉伸"对话框。在"拉伸"对话框中单击"草图"按钮 ，弹出"创建草图"对话框。选择XC-YC基准平面为草绘平面，绘制如图4-27所示尺寸的草图后返回"拉伸"对话框。设置"限制"选项组中的参数。

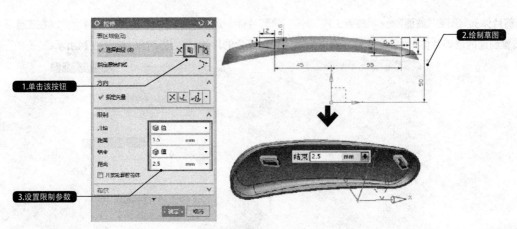

图4-27 创建拉伸体1

18 镜像特征。选择"主页"→"特征"→"更多"→"关联复制"→"镜像特征"选项 ，在工作区中选择上步骤创建的拉伸体1为特征，选择XC-YC基准平面为镜像平面，如图4-28所示。

图4-28 镜像特征

19 抽取片体。选择"主页"→"特征"→"更多"→"关联复制"→"抽取几何特征"选项，弹出"抽取几何特征"对话框。在"类型"下拉列表中选择"面"选项，在工作区中选择手柄上盖外侧的曲面，并选择"隐藏原先的"复选框选项，如图4-29所示。

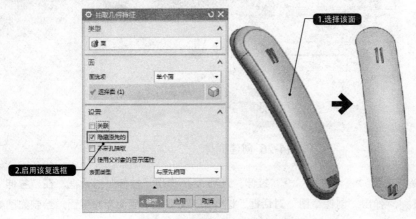

图4-29 抽取片体

20 创建修剪体。选择"主页"→"特征"→"修剪体"选项，弹出"修剪体"对话框。在工作区中选择拉伸体为目标，选择上步骤抽取的片体为工具，如图4-30所示。

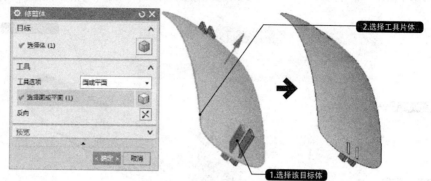

图4-30 创建修剪体

21 合并实体。选择"主页"→"特征"→"合并"选项 ，弹出"合并"对话框。将工作区中的壳体和修剪体合并，如图4-31所示。

图4-31 合并实体

22 创建拉伸体2。选择"主页"→"特征"→"拉伸"选项 ，弹出"拉伸"对话框。在"拉伸"对话框中单击"草图"按钮 ，弹出"创建草图"对话框。选择YC-ZC基准平面为草图平面，绘制如图4-32所示尺寸的草图后返回"拉伸"对话框。设置"限制"选项组中的参数，并选择"布尔"运算为"减去"。

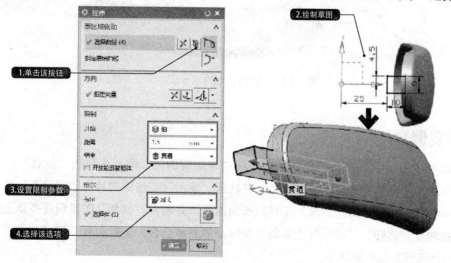

图4-32 创建拉伸体2

23 创建基准平面2。选择"主页"→"特征"→"基准平面"选项□，弹出"基准平面"对话框。在"类型"下拉列表中选择"按某一距离"选项，并在工作区中选择XC-ZC基准平面，设置偏置"距离"为35如图4-33所示。

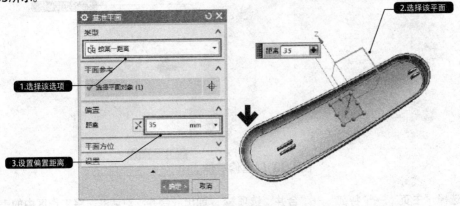

图4-33 创建基准平面2

24 创建拉伸体3。选择"主页"→"特征"→"拉伸"选项▥，弹出"拉伸"对话框。在"拉伸"对话框中单击"草图"按钮▤，弹出"创建草图"对话框。选择上步骤创建的基准平面2为草图平面，绘制如图4-34所示尺寸的草图后返回"拉伸"对话框。设置"限制"选项组中的参数，并设置"布尔"运算为"合并"。至此，电话机手柄上盖的创建完成。

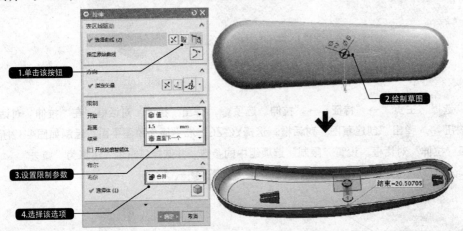

图4-34 创建拉伸体3

4.1.4 扩展实例：手柄外壳

本实例将创建一个如图4-35所示的手柄外壳。在创建本实例时，可以先利用"旋转""修剪体"等曲线工具创建出手柄外壳曲面的基本形状，并利用"草图""修剪的片体""抽取"等工具创建手柄凸起壳体曲面；然后利用"加厚"工具将曲面加厚，并利用"圆角"工具创建壳体上的圆角；最后利用"拉伸""旋转""孔"等工具创建壳体上的各种凸台、空腔和孔，即可创建出该手柄外壳模型。其建模流程如图4-36所示。

图4-35 手柄外壳

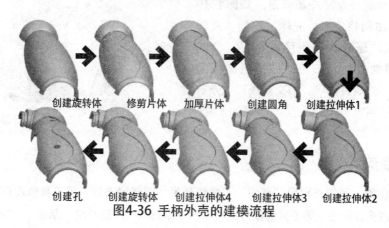

创建旋转体　　修剪片体　　加厚片体　　创建圆角　　创建拉伸体1

创建孔　　创建旋转体　　创建拉伸体4　　创建拉伸体3　　创建拉伸体2

图4-36 手柄外壳的建模流程

4.1.5 扩展实例：收音机装饰件

本实例将创建一个如图4-37所示的收音机装饰件。在创建本实例时，可以先利用"草图""镜像几何特征"等工具创建出装饰件的基本线框，再利用"通过曲线组"工具创建装饰件壳体。然后，重复利用"拉伸""边倒圆"工具装饰件上的一侧的装饰框架；最后利用"镜像特征"工具创建另一侧的装饰框架，即可完成该模型的创建。其建模流程如图4-38所示。

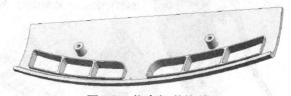

图4-37 收音机装饰件

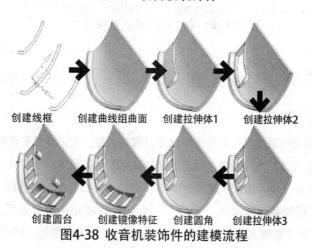

创建线框　　创建曲线组曲面　　创建拉伸体1　　创建拉伸体2

创建圆台　　创建镜像特征　　创建圆角　　创建拉伸体3

图4-38 收音机装饰件的建模流程

4.2 冷冻箱灯罩

最终文件：素材\第4章\4.2\冷冻箱灯罩.prt

视频文件：视频\4.2冷冻箱灯罩.mp4

本实例是创建一个冷冻箱灯罩，如图4-39
所示。该灯罩由网格曲面、壳体、拉伸体及圆
角等特征组成。通过本实例可以学习"曲线
长度""修建曲线""扫掠""通过曲线网
格""加厚""修剪片体""相交曲线""修剪
体"等工具的使用方法。

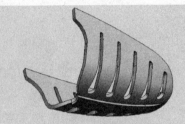

图4-39 冷冻箱灯罩

4.2.1 建模流程图

在创建本实例时，可以先利用"草图""曲线长度""修建曲线"等工具创建灯罩的线框，并利
用"拉伸""通过曲线网格"等工具创建灯罩表面的基本形状；然后利用"草图""拉伸""修剪的片
体"等工具修剪灯罩一侧表面曲面，并利用"加厚"工具创建灯罩实体；最后利用"拉伸""镜像几何
特征""圆角"等工具创建灯罩上的卡槽块，即可完成本实例的创建。其建模流程如图4-40所示。

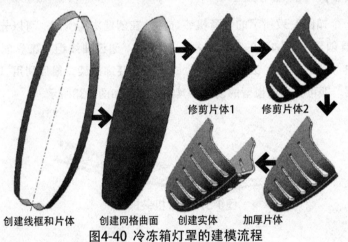

修剪片体1 修剪片体2

创建线框和片体   创建网格曲面 创建实体 加厚片体

图4-40 冷冻箱灯罩的建模流程

4.2.2 相关知识点

1. "曲线长度"工具

曲线长度通过指定弧长增量或总弧长方式以改变曲线的长度，它同样具有延伸弧长或修剪弧长的双重
功能。利用编辑曲线长度可以在曲线的每个端点处延伸或缩短一段长度，或使其达到一个双重曲线长度。
选择"曲线"→"编辑曲线"→"曲线长度"选项，弹出"曲线长度"对话框，如图4-41所示。

要编辑曲线长度，首先要选择曲线，然后在"延伸"选项组中接受系统默认的设置，并在"开
始"和"结束"文本框中分别输入增量值，最后单击"确定"按钮即可，如图4-42所示。

2. "通过曲线网格"工具

使用"通过曲线网格"工具可以使一组在两个方向上的截面线串建立片体或实体。截面线串可以由多段连续的曲线组成。这些线串可以是曲线、体边界或体表面等几何体。构造曲面时，应该将一组同方向的截面线串定义为主曲线，而另一组大致垂直于主曲线的截面线串则为形成曲面的交叉线。由通过曲线网格创建的体相关联，当截面线边界修改后，特征会自动更新。

图4-41 "曲线长度"对话框　　　　　　图4-42 编辑曲线长度

选择"曲面"→"曲面"→"通过曲线网格"选项，弹出"通过曲线网格"对话框。首先展开该对话框中的"主曲线"选项组中的列表框，选择一条曲线作为主曲线；然后依次单击"添加新集"按钮，选取其他主曲线；选择主曲线后，展开"交叉曲线"选项组中的列表框，并选择一条曲线作为交叉曲线；最后依次单击该中的"添加新集"按钮，选择其他交叉曲线，将显示曲面创建效果，如图4-43所示。

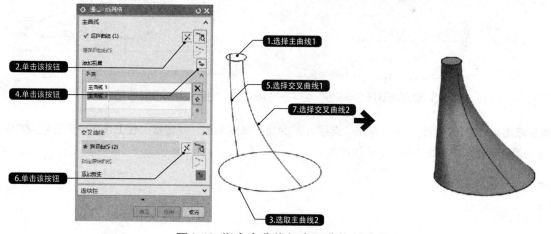

图4-43 指定主曲线与交叉曲线创建曲面

3. "相交曲线"工具

相交曲线用于创建两组对象的交线，各组对象可分别为一个表面（若为多个表面，则须属于同一实体）、一个参考面、一个片体或一个实体。创建相交曲线的前提条件是：打开的现有文件必须是两个或两个以上相交的曲面或实体，反之将不能创建相交曲线。

选择"曲线"→"派生的曲线"→"相交曲线"选项，弹出"相交曲线"对话框。此时选择工作区中的一个面作为第一组相交曲面，然后单击"确定"按钮，确认后选择另外一个面作为第二组相交曲面，最后单击"确定"按钮，即可完成操作，方法如图4-44所示。

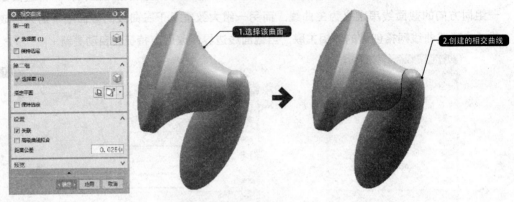

图4-44 创建相交曲线

4.2.3 具体建模步骤

01 绘制草图1。选择"主页"→"草图"选项 ⬛，弹出"创建草图"对话框。在工作区中选择XC-YC基准平面为草图平面，绘制如图4-45所示的草图1。

02 绘制草图2。选择"主页"→"草图"选项 ⬛，弹出"创建草图"对话框。在工作区中选择XC-ZC基准平面为草图平面，绘制如图4-46所示的草图2。

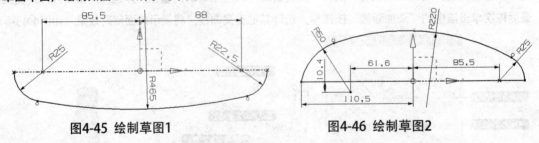

图4-45 绘制草图1　　　　　　　　　图4-46 绘制草图2

03 绘制草图3。选择"主页"→"草图"选项 ⬛，弹出"创建草图"对话框。在工作区中选择YC-ZC基准平面为草图平面，绘制如图4-47所示的草图3。

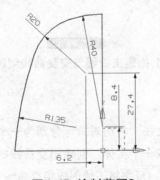

图4-47 绘制草图3

04 延长曲线1。选择"曲线"→"编辑曲线"→"曲线长度"选项 📏,弹出"曲线长度"对话框。在工作区中选择上步骤绘制的草图3的曲线,并设置"限制"选项组中的参数,如图4-48所示。

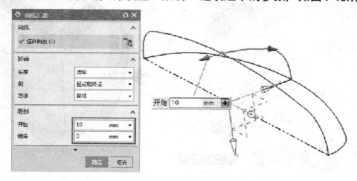

图4-48 延长曲线1

05 修剪曲线1。选择"曲线"→"更多"→"基本曲线"选项,弹出"基本曲线"对话框。单击"修剪"按钮 ✂,弹出"修剪曲线"对话框,在工作区中选择延长的曲线为要修建的曲线,选择XC-YC基准平面为边界对象1,如图4-49所示。

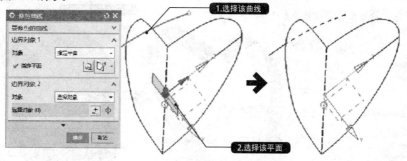

图4-49 修剪曲线1

06 创建扫掠片体1。选择"曲面"→"曲面"→"扫掠"选项,弹出"扫掠"对话框。在工作区中依次选择修剪的曲线为截面,选择草图1曲线为引导线,如图4-50所示。

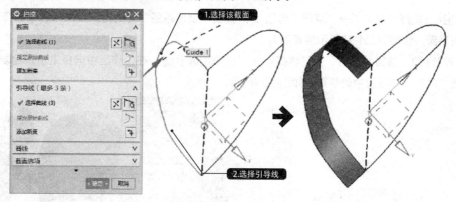

图4-50 创建扫掠片体1

07 创建拉伸片体1。选择"主页"→"特征"→"拉伸"选项 🔲,在工作区中选择步骤2绘制的草图2为截面,设置"限制"选项组中的参数,如图4-51所示。

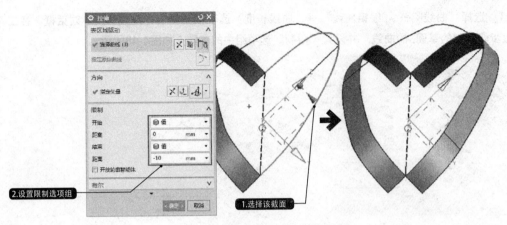

图4-51 创建拉伸片体1

08 创建网格曲面。选择"曲面"→"曲面"→"通过曲线网格"选项 ，弹出"通过曲线网格"对话框。在工作区中依次选择草图3和两端的相交点为主曲线，选择草图1和草图2的曲线为交叉曲线，并设置与相应面G1相切连续，如图4-52所示。

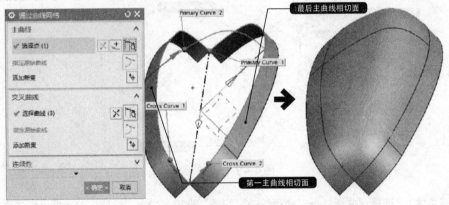

图4-52 创建网格曲面

09 绘制草图4。选择"主页"→"草图"选项 ，弹出"创建草图"对话框。在工作区中选择XC-ZC基准平面为草图平面，绘制如图4-53所示的草图4。

10 创建拉伸片体2。选择"主页"→"特征"→"拉伸"选项 ，在工作区中选择上步骤绘制的草图4为截面，设置"限制"选项组中的参数，如图4-54所示。

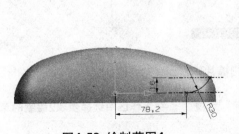

图4-53 绘制草图4

图4-54 创建拉伸片体2

11 绘制草图5。选择"主页"→"草图"选项 ，弹出"创建草图"对话框。在工作区中选择XC-ZC基准平面为草图平面，绘制如图4-55所示的草图5。

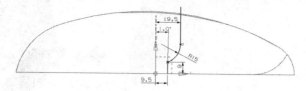

图4-55 绘制草图5

12 创建拉伸片体3。选择"主页"→"特征"→"拉伸"选项 ，在工作区中选择上步骤绘制的草图5为截面，设置"限制"选项组中的参数，如图4-56所示。

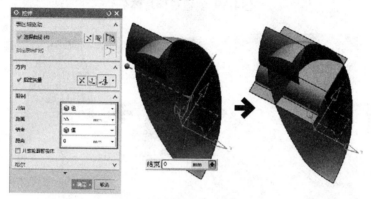

图4-56 创建拉伸片体3

13 修剪片体1。选择"曲面"→"曲面工序"→"修剪片体"选项，弹出"修剪片体"对话框。在工作区中选择网格曲面为目标片体，选择步骤10和步骤12创建的拉伸片体为边界对象，如图4-57所示。

14 绘制草图6。选择"主页"→"草图"选项 ，弹出"创建草图"对话框。在工作区中选择XC-YC基准平面为草图平面，绘制如图4-58所示的草图6。

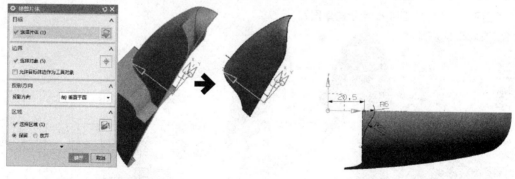

图4-57 修剪片体1   图4-58 绘制草图6

15 创建拉伸片体4。选择"主页"→"特征"→"拉伸"选项 ，在工作区中选择上步骤绘制的草图6为截面，设置"限制"选项组中的参数，如图4-59所示。

16 修剪片体2。选择"曲面"→"曲面工序"→"修剪片体"选项，弹出"修剪片体"对话框。在工作区中选择网格曲面为目标片体，选择上步骤创建的拉伸片体4为边界对象，如图4-60所示。

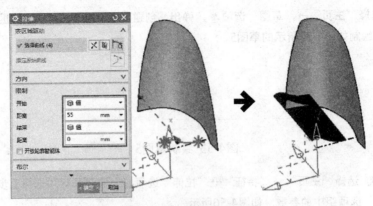

图4-59 创建拉伸片体4

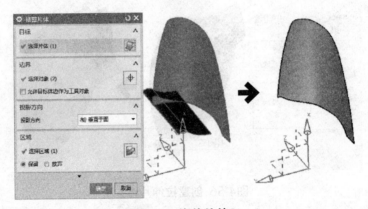

图4-60 修剪片体2

17 创建相交曲线。选择"曲线"→"派生的曲线"→"相交曲线"选项 ，弹出"相交曲线"对话框。在工作区中选择网格曲面为第一组面，选择XC-YC基准平面为第二组面，如图4-61所示。

18 绘制草图7。选择"主页"→"草图"选项 ，打开"创建草图"对话框，在工作区中选择XC-YC基准平面为草图平面，绘制如图4-62所示的草图7。

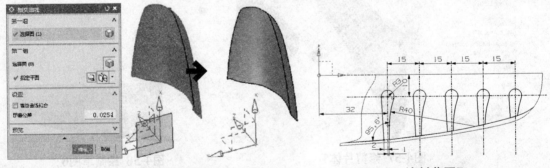

图4-61 创建相交曲线 　　　　　　图4-62 绘制草图7

19 创建拉伸片体5。选择"主页"→"特征"→"拉伸"选项 ，在工作区中选择上步骤绘制的草图7为截面，设置"限制"选项组中的参数，如图4-63所示。

20 修剪片体3。选择"曲面"→"曲面工序"→"修剪片体"选项，弹出"修剪片体"对话框。在工作区中选择网格曲面为目标片体，选择上步骤创建的拉伸片体5为边界对象，如图4-64所示。

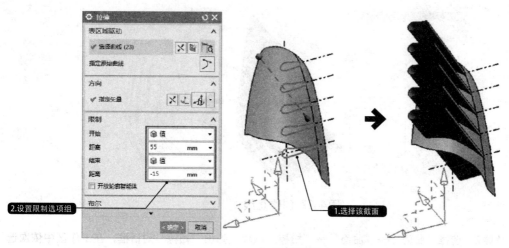

图4-63 创建拉伸片体5

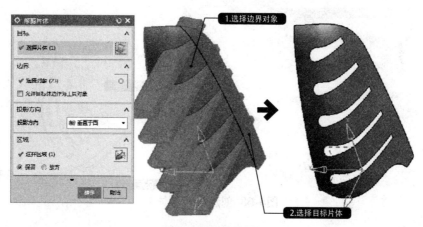

图4-64 修剪片体3

21 绘制草图8。选择"主页"→"草图"选项 🖉,弹出"创建草图"对话框。在工作区中选择XC-ZC基准平面为草图平面,绘制如图4-65所示的草图8。

22 延长曲线2。选择"曲线"→"编辑曲线"→"曲线长度"选项 🖋,弹出"曲线长度"对话框。在工作区中选择上步骤绘制的草图8,并设置"限制"选项组中的参数,如图4-66所示。

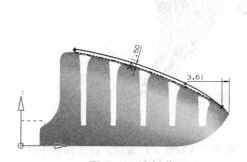

图 4-65 绘制草图 8

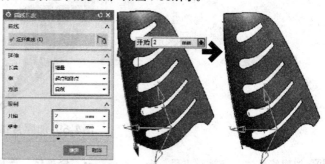

图4-66 延长曲线2

23 绘制直线。选择"曲线"→"曲线"→"直线"选项 🖊,打开"直线"对话框,在工作区中绘制沿Y轴方向的两条直线,如图4-67所示。

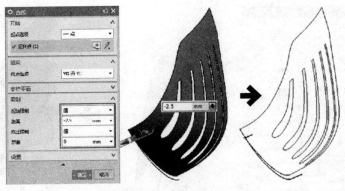

图4-67 创建直线

24 创建扫掠片体2。选择"曲面"→"曲面"→"扫掠"选项，弹出"扫掠"对话框。在工作区中依次选择上步骤创建的两条直线为截面，选择草图8中的曲线为引导线，如图4-68所示。

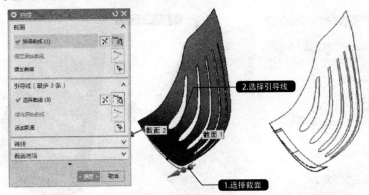

图4-68 创建扫掠片体2

25 加厚片体1。选择"曲面"→"曲面工序"→"更多"→"加厚"选项，弹出"加厚"对话框。在工作区中选择片体，设置向内偏置的厚度为2，如图4-69所示。

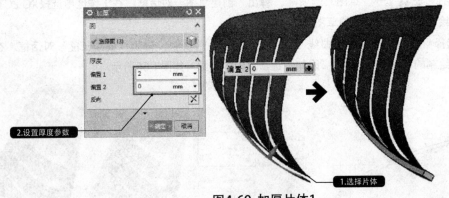

图4-69 加厚片体1

26 创建修剪体。选择"主页"→"特征"→"修剪体"选项，弹出"修剪体"对话框。在工作区中选择加厚片体1为目标，选择拉伸片体3为工具，如图4-70所示。

27 加厚片体2。选择"曲面"→"曲面工序"→"更多"→"加厚"选项，弹出"加厚"对话框。在工作区中选中网格曲面，设置向内偏置的厚度为2.5，如图4-71所示。

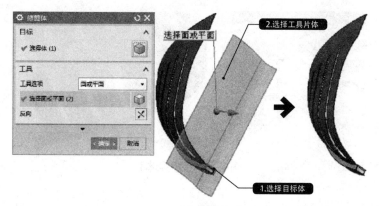

图4-70 创建修剪体

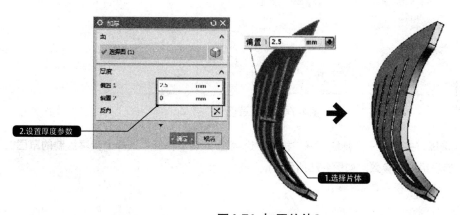

图4-71 加厚片体2

28 镜像几何体1。选择"主页"→"特征"→"更多"→"关联复制"→"镜像几何特征"选项,依次
"镜像几何体"对话框。选择工作区中的所有实体,并创建一个新的镜像平面,单击"确定"按钮即可将
实体镜像到另一侧,如图4-72所示。

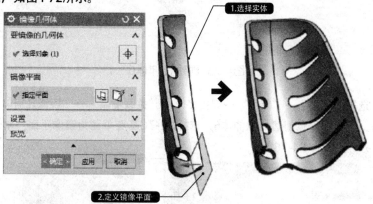

图4-72 镜像几何体1

29 合并实体1。选择"主页"→"特征"→"合并"选项 ,弹出"合并"对话框。在工作区中选择目
标和工具,将工作区中的所有实体合并,如图4-73所示。

30 绘制草图9。选择"主页"→"草图"选项 ,弹出"创建草图"对话框。在工作区中选择XC-ZC基准
平面为草图平面,绘制如图4-74所示的草图9。

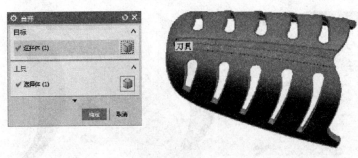

图4-73 合并实体1

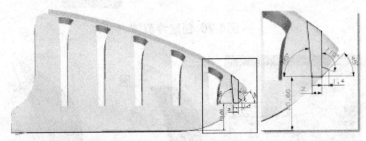

图4-74 绘制草图9

31 创建拉伸体6。选择"主页"→"特征"→"拉伸"选项 ，在工作区中选择上步骤绘制的草图9为截面，设置"限制"选项组中的参数，如图4-75所示。

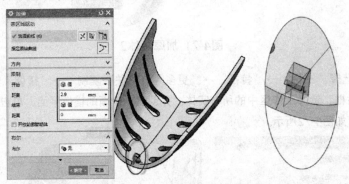

图4-75 创建拉伸体6

32 镜像几何体2。选择"主页"→"特征"→"更多"→"关联复制"→"镜像几何体"选项，弹出"镜像几何体"对话框。选择上步骤创建的拉伸体6，选择XC-ZC基准平面为镜像平面，单击"确定"按钮，即可将实体镜像到另一侧，如图4-76所示。

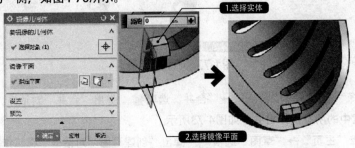

图4-76 镜像几何体2

33 合并实体2。选择"主页"→"特征"→"合并"选项![icon]，弹出"合并"对话框。在工作区中选择目标和工具，将工作区中的所有实体合并，如图4-77所示。

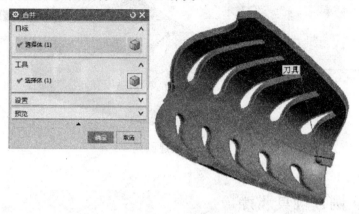

图4-77 合并实体2

34 绘制草图10。选择"主页"→"草图"选项![icon]，弹出"创建草图"对话框。在工作区中选择XC-ZC基准平面为草图平面，绘制如图4-78所示的草图10。

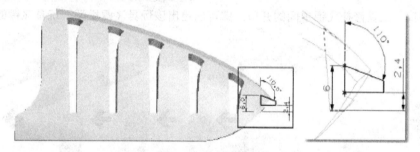

图4-78 绘制草图10

35 创建拉伸体7。选择"主页"→"特征"→"拉伸"选项![icon]，在工作区中选择上步骤绘制的草图10为截面，设置"限制"选项组中的参数，并设置"布尔"运算为"减去"，如图4-79所示。

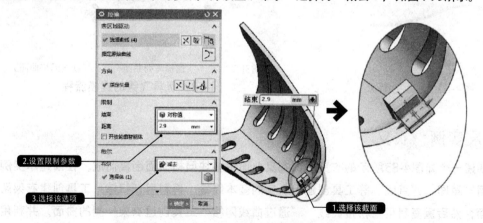

图4-79 创建拉伸体7

36 创建圆角。选择"主页"→"特征"→"边倒圆"选项![icon]，弹出"边倒圆"对话框。在对话框中设置边倒圆"半径1"为1.2，在工作区中选择各个槽的边缘线，如图4-80所示。

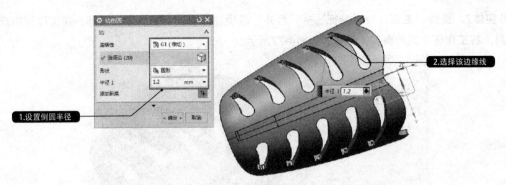

1.设置倒圆半径

2.选择该边缘线

图4-80 创建圆角

4.2.4 扩展实例：玩具飞镖

本实例将创建一个如图4-81所示的玩具飞镖。在创建本实例时，可以先利用"圆弧""直线"等曲线工具创建出飞镖叶片线框，并利用"通过曲线网格""修剪片体""阵列面"工具创建叶片曲面；然后重复两次利用"桥接曲线""通过曲线网格"工具创建出出连接叶片的中间曲面；最后利用"修剪开口"工具修补飞镖中间的开口，即可创建出该玩具飞镖模型。玩具飞镖的建模流程如图4-82所示。

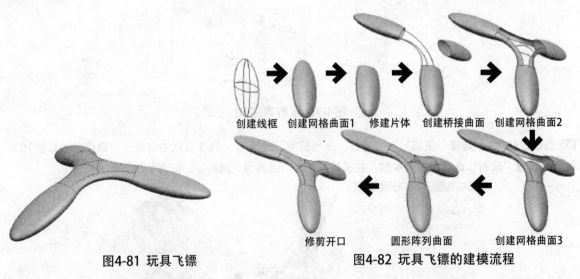

创建线框　创建网格曲面1　修建片体　创建桥接曲面　创建网格曲面2

修剪开口　圆形阵列曲面　创建网格曲面3

图4-81 玩具飞镖　图4-82 玩具飞镖的建模流程

4.2.5 扩展实例：衣叉

本实例将创建一个如图4-83所示的衣叉。该衣叉曲面由多块网格曲面衔接而成。在创建本实例时，可以先利用"草图""直线"等工具创建出衣叉的基本线框，再利用"扫掠"工具创建衣架两端的两个扫掠面；然后重复利用"桥接曲线""通过曲线网格"工具创建衣架一侧的曲面，并利用"镜像几何体"工具镜像出另一侧的曲面；最后将所有曲面合并，并利用"加厚"工具加厚片体，即可创建出衣叉模型。其建模流程如图4-84所示。

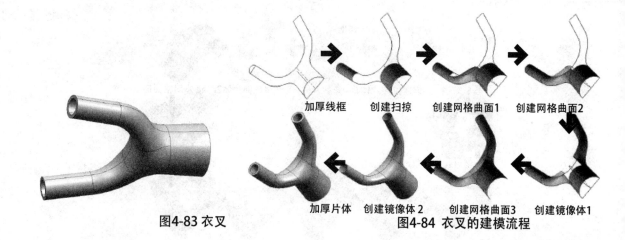

图4-83 衣叉

图4-84 衣叉的建模流程

加厚线框　创建扫掠　创建网格曲面1　创建网格曲面2

加厚片体　创建镜像体 2　创建网格曲面3　创建镜像体1

4.3 按摩器外壳

最终文件：素材\第4章\4.3\按摩器外壳.prt

视频文件：视频\4.3按摩器外壳.mp4

本实例是创建一个按摩器外壳，如图4-85所示。该按摩器由网格曲面、壳体、拉伸体、圆角、孔等特征组成。通过本实例，可以学习"点集""修建片体""桥接曲线""通过曲线网格""加厚""面倒圆""偏置曲面"等工具的使用方法。

图4-85 按摩器外壳

4.3.1 建模流程图

在创建本实例时，可以先利用"草图""拉伸""修剪片体"等工具创建外壳的线框和相切曲面，并利用"通过曲线网格""镜像几何体"等工具创建出外壳的基本曲面；然后重复利用"拉伸""修剪片体"等工具修剪壳体曲面的细节部分，并利用"加厚"工具加厚凸出和凹进去的两个壳体；最后利用"减去"工具对两个壳体减去，并利用"拉伸"和"圆角"工具创建壳体上的孔、缺口和圆角、即可完成本实例的创建。其建模流程如图4-86所示。

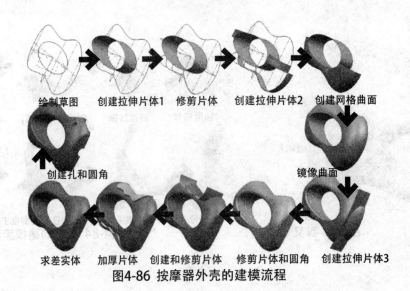

绘制草图　创建拉伸片体1　修剪片体　创建拉伸片体2　创建网格曲面

创建孔和圆角　　　　　　　　　　　　　　　　镜像曲面

求差实体　加厚片体　创建和修剪片体　修剪片体和圆角　创建拉伸片体3

图4-86 按摩器外壳的建模流程

4.3.2 相关知识点

1. "桥接曲线"工具

桥接曲线是在曲线上通过用户指定的点对两条不同位置的曲线进行倒圆或融合操作，曲线可以通过各种形式控制，主要用于创建两条曲线间的圆角相切曲线。选择"曲线"→"派生的曲线"→"桥接"选项，或选择"菜单"→"插入"→"派生的曲线"→"桥接"选项，弹出"桥接曲线"对话框。根据系统提示依次选取第一条曲线、第二条曲线。"桥接曲线"对话框中的"形状控制"选项组可以用来选择已存在的样条曲线，使过滤曲线继承该样条曲线的外形。"形状控制"选项组主要用于设定桥接曲线的形状控制方式。

桥接曲线的形状控制方式有4种，这些方式的创建方法大同小异，下面以"相切幅值"方式为例介绍其具体操作。"相切幅值"方式是通过改变桥接曲线与第一条曲线或第二条曲线连接点的相切矢量值来控制曲线的形状。要改变相切矢量值，可以通过拖动"开始"或"结束"选项中的滑块，也可以直接在其右侧的文本框中分别输入相切矢量值，如图4-87所示。

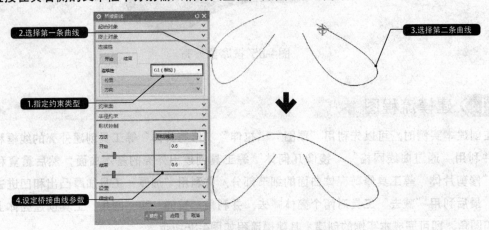

图4-87 利用相切幅值桥接曲线

2. "偏置曲面"工具

偏置曲面用于在实体或片体的表面上建立等距离偏置面或边距偏置面。边距偏置面需要在片体上定义4个点，并且分别输入4个不同的距离参数，通过法向偏置一定的距离来建立偏置面。其中指定的距离称为偏置距离，已有面称为基面。它可以选择任何类型的单一面或多个面进行偏置操作。

要创建偏置曲面，可选择"曲面"→"曲面工序"→"偏置曲面"选项，弹出"偏置曲面"对话框。首先选择一个或多个欲偏置的曲面，并设置偏置的参数，最后单击"确定"按钮，即可创建出一个或多个偏置曲面，如图4-88所示。

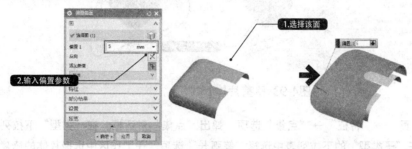

图4-88 创建偏置曲面

4.3.3 具体建模步骤

01 绘制草图。选择"主页"→"草图"选项，弹出"创建草图"对话框。在工作区中选择XC-YC基准平面为草图平面，绘制如图4-89所示的草图。

02 创建拉伸片体1。选择"主页"→"特征"→"拉伸"选项，在工作区中选择步骤1绘制草图中的椭圆为截面，设置"限制"选项组中的参数，如图4-90所示。

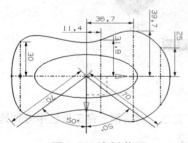

图4-89 绘制草图

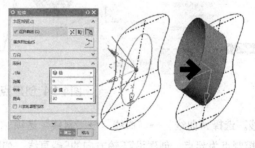

图4-90 创建拉伸片体1

03 绘制艺术样条1。选择"曲线"→"曲线"→"艺术样条"选项，弹出"艺术样条"对话框，如图4-91所示。在对话框中选择"通过点"选项，设置"次数"为5在工作区绘制如图4-92所示的艺术样条1。

图4-91 "艺术样条"对话框

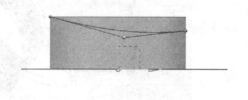

图4-92 绘制的艺术样条1

04 修剪片体1。选择"曲面"→"曲面工序"→"修剪片体"选项,弹出"修剪片体"对话框。在工作区中选择拉伸片体1为目标片体,选择上步骤绘制的艺术样条1为边界对象,如图4-93所示。

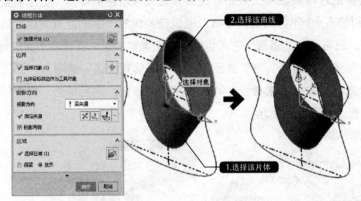

图4-93 修剪片体1

05 创建点集。选择"主页"→"特征"→"点集"选项,弹出"点集"对话框。在"类型"下拉列表中选择"曲线点"选项,在"子类型"的下拉列表中选择"等弧长"选项,在工作区中选择片体的修建边缘线,并设置"等弧长定义"选项组中的参数,如图4-94所示。

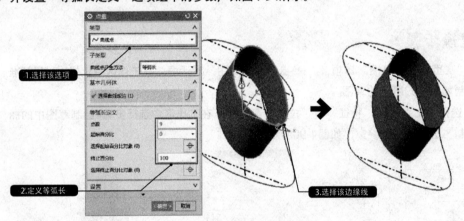

图4-94 创建点集

06 绘制直线。选择"曲线"→"曲线"→"直线"选项 ▱,弹出"直线"对话框。在工作区中分别选择轮廓线上的控制点为起点,创建沿ZC轴方向的5条直线,如图4-95所示。

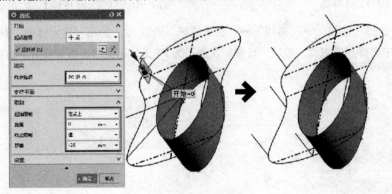

图4-95 创建直线

07 创建点。选择"主页"→"特征"→"点"选项 ＋，弹出"点"对话框。在"类型"下拉列表中选择"控制点"选项，在工作区中选择步骤3创建的艺术样条1，系统自动创建控制点，如图4-96所示。

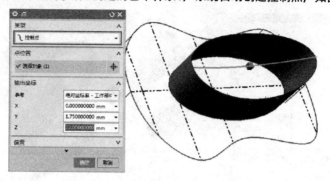

图4-96 创建点

08 创建艺术样条2。选择"曲线"→"曲线"→"艺术样条"选项 ～，弹出"艺术样条"对话框。在对话框中选择"通过点"选项，在工作区中选择各个对角并通过中线点，创建3条艺术样条，如图4-97所示。

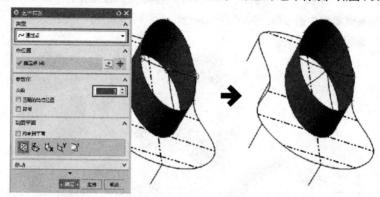

图4-97 绘制艺术样条2

09 桥接曲线。选择"曲线"→"派生的曲线"→"桥接曲线"选项 ，弹出"桥接曲线"对话框。在工作区中选择上步骤创建艺术样条2和对应的直线，并在对话框"形状控制"选项组中设置参数，如图4-98所示。按同样方法创建另外4条桥接曲线。

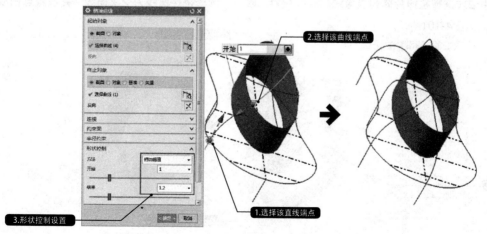

图4-98 桥接曲线

10 创建拉伸片体2。选择"主页"→"特征"→"拉伸"选项 █，在工作区中选择步骤1绘制的草图的半个轮廓为截面，设置"限制"选项组中的参数，如图4-99所示。

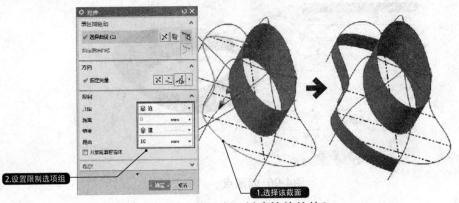

图4-99 创建拉伸片体2

11 创建拉伸片体3。选择"主页"→"特征"→"拉伸"选项 █，在工作区中选择步骤9创建的桥接曲线为截面，设置"限制"选项组中的参数，如图4-100所示。

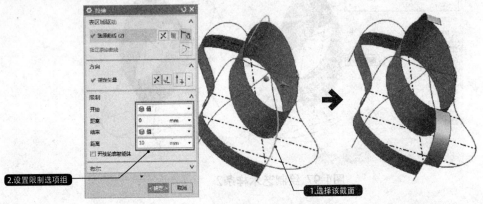

图4-100 创建拉伸片体3

12 创建网格曲面。选择"曲面"→"曲面"→"通过曲线网格"选项 █，弹出"通过曲线网格"对话框。在工作区中依次选择拉伸片体的边缘线和轮廓线为主曲线，选择桥接曲线为交叉曲线，并设置与相应面G1相切连续，如图4-101所示。

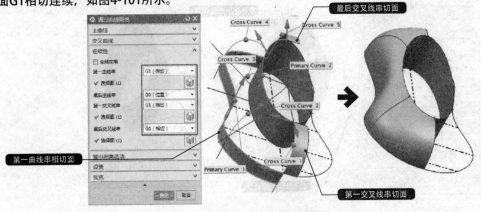

图4-101 创建网格曲面

🔢 创建镜像体。选择"主页"→"特征"→"更多"→"关联复制"→"镜像几何体"选项，弹出"镜像几何体"对话框。在工作区中选择网格曲面为目标，选择YC-ZC基准平面为镜像平面，如图4-102所示。

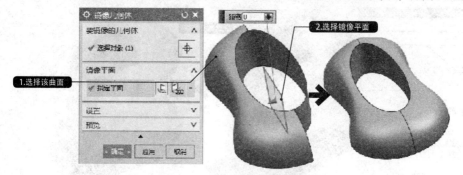

图4-102 创建镜像体

🔢 创建面倒圆1。选择"主页"→"特征"→"面倒圆"选项 ，弹出"面倒圆"对话框。在"类型"下拉列表中选择"双面"选项，并设置"横截面"选项组中的参数，在工作区中选择拉伸片体与网格曲面相交的边缘线，如图4-103所示。

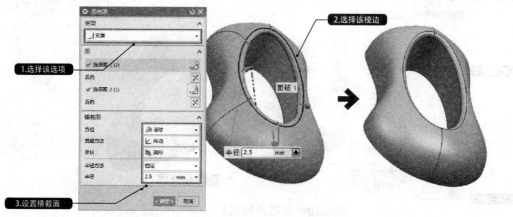

图4-103 创建面倒圆1

🔢 创建拉伸片体4。选择"主页"→"特征"→"拉伸"选项 ，在工作区中选择XC-YC基准平面绘制草图，并设置"限制"选项组中的参数，如图4-104所示。

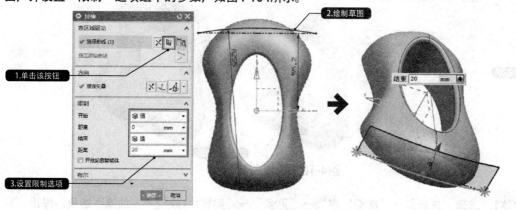

图4-104 创建拉伸片体4

16 制作拐角。选择"曲面"→"曲面工序"→"修剪和延伸"选项,弹出"修剪和延伸"对话框。在"类型"下拉列表中选择"制作拐角"选项,在工作区中选择目标面和工具面,如图4-105所示。

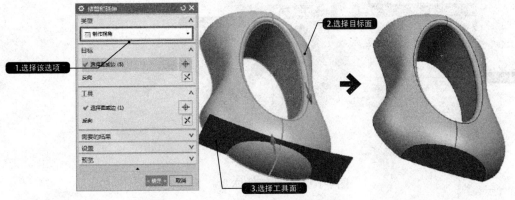

图4-105 制作拐角

17 创建面倒圆2。选择"曲面"→"曲面"→"面倒圆"选项,弹出"面倒圆"对话框。在对话框中设置"横截面"选项组中的参数,在工作区中选择手柄靠近电机罩的长边缘线,如图4-106所示。

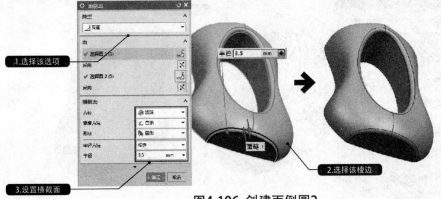

图4-106 创建面倒圆2

18 偏置曲面。选择"曲面"→"曲面工序"→"偏置曲面"选项,弹出"偏置曲面"对话框。在工作区中选择步骤16创建的拐角曲面,设置向内偏置距离为0.5,如图4-107所示。

图4-107 偏置曲面

19 加厚片体1。选择"曲面"→"曲面工序"→"更多"→"偏置/缩放"→"加厚"选项,弹出"加厚"对话框。在工作区中选择网格曲面,设置向内偏置的厚度为2,如图4-108所示。

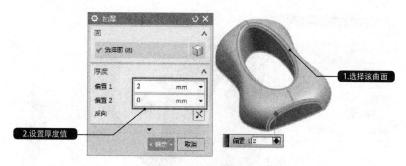

图4-108 加厚片体1

20 创建拉伸片体5。选择"主页"→"特征"→"拉伸"选项 ⬜，弹出"拉伸"对话框。在"拉伸"对话框中单击"草图"按钮 ⬜，弹出"创建草图"对话框。选择XC-YC基准平面为草图平面，利用"艺术样条"工具绘制如图4-109所示的草图。返回"拉伸"对话框设置"限制"选项组中的参数。

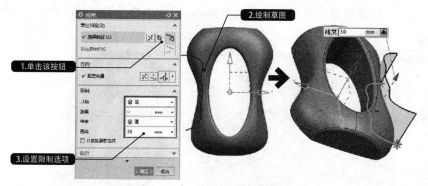

图4-109 创建拉伸片体5

21 镜像拉伸片体。选择"主页"→"特征"→"更多"→"关联复制"→"镜像特征"选项 ⬜，在工作区中选择上步骤创建的拉伸片体5为特征，选择YC-ZC基准平面为镜像平面，如图4-110所示。

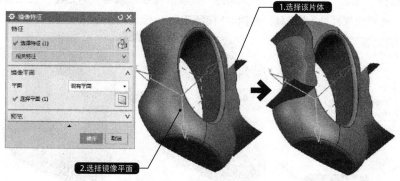

图4-110 镜像拉伸片体

22 修剪片体2。选择"曲面"→"曲面工序"→"修剪片体"选项，弹出"修剪片体"对话框。在工作区中选择步骤（12）创建的网格曲面为目标片体，选择上步骤创建的拉伸片体为边界对象，如图4-111所示。

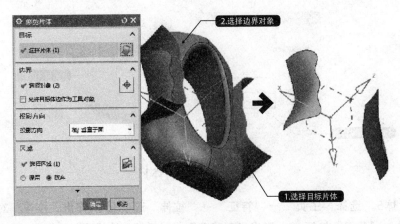

图4-111 修剪片体2

23 加厚片体2。选择"曲面"→"曲面工序"→"更多"→"偏置/缩放"→"加厚"选项，弹出"加厚"对话框。在工作区中选择上步骤修剪的片体2，设置向外偏置的厚度为3，如图4-112所示。

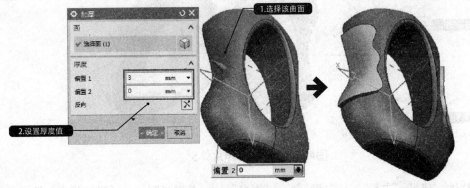

图4-112 加厚片体2

24 减去实体。选择"主页"→"特征"→"减去"选项，弹出"求差"对话框。在工作区中选择加厚片体1实体为目标，选择加厚片体2为工具，如图4-113所示。

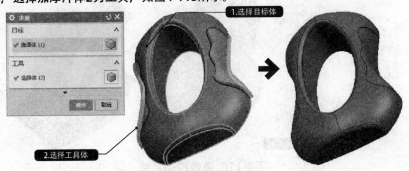

图4-113 减去实体

25 创建基准平面1。选择"主页"→"特征"→"基准平面"选项，在"类型"下拉列表中选择"按某一距离"选项，并设置"距离"为70，在工作区中选择XC-ZC基准平面为参考平面，如图4-114所示。

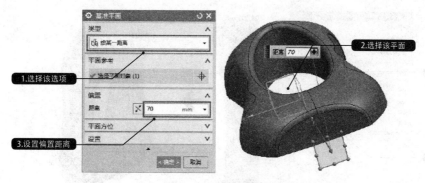

图4-114 创建基准平面1

26 创建拉伸体1。选择"主页"→"特征"→"拉伸"选项 📖 ，弹出"拉伸"对话框。在"拉伸"对话框中单击"草图"按钮 📷 ，弹出"创建草图"对话框。选择上步骤创建的基准平面1为草绘平面，绘制如图4-115所示尺寸的草图，返回拉伸对话框后，设置"限制"选项卡中的参数。

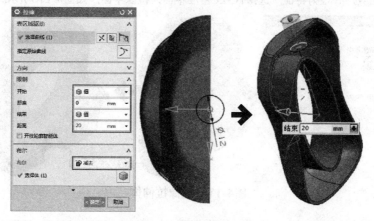

图4-115 创建拉伸体1

27 创建基准平面2。选择"主页"→"特征"→"基准平面"选项 ，在"类型"下拉列表中选择"按某一距离"选项，并设置"距离"为40，在工作区中选择YC-ZC基准平面为参考平面，如图4-116所示。

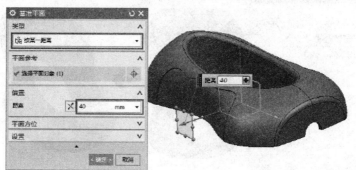

图4-116 创建基准平面2

28 创建拉伸体2。选择"主页"→"特征"→"拉伸"选项 📖 ，弹出"拉伸"对话框。在"拉伸"对话框中单击"草图"按钮 📷 ，弹出"创建草图"对话框，选择上步骤创建的基准平面2为草图平面，绘制如图4-117所示尺寸的草图。返回"拉伸"对话框，设置"限制"选项组中的参数。

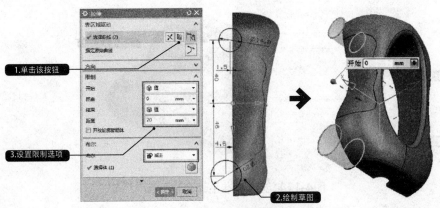

图4-117 创建拉伸体2

29 镜像拉伸体。选择"主页"→"特征"→"更多"→"关联复制"→"镜像特征"选项🔳，在工作区中选择上步骤创建的拉伸体2为特征，选择YC-ZC基准平面为镜像平面，如图4-118所示。

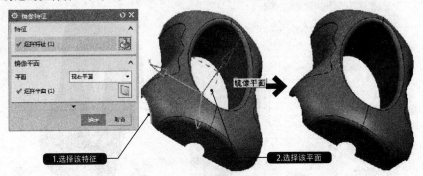

图4-118 镜像拉伸体

30 创建拉伸体3。选择"主页"→"特征"→"拉伸"选项🔳，弹出"拉伸"对话框。在"拉伸"对话框中单击"草图"按钮🔳，弹出"创建草图"对话框。选择XC-YC基准平面为草图平面，绘制如图4-119所示尺寸的草图。返回"拉伸"对话框，设置"限制"选项组中的参数，并设置"布尔"运算为"合并"。

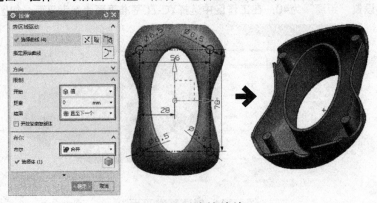

图4-119 创建拉伸体3

31 创建简单孔。选择"主页"→"特征"→"孔"选项🔳，弹出"孔"对话框。在工作区中选择上步骤创建的各个圆柱面的圆心。在对话框中选择"成形"下拉列表中的"简单"选项，并设置孔的"直径"和"深度"，如图4-120所示。

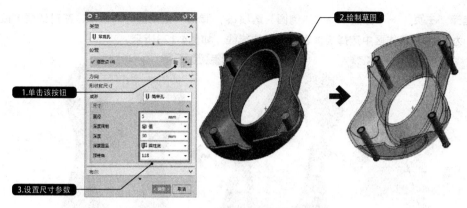

2.绘制草图

1.单击该按钮

3.设置尺寸参数

图4-120 创建简单孔

32 创建拉伸体3。选择"主页"→"特征"→"拉伸"选项 ▥，弹出"拉伸"对话框。在工作区中选择孔的边缘线，设置"限制"和"偏置"选项组中的参数，并选择"布尔"运算为"合并"，如图4-121所示。

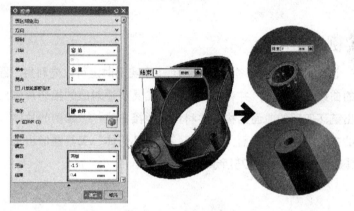

图4-121 创建拉伸体3

33 矩形阵列拉伸体。选择"主页"→"特征"→"阵列特征"选项 ▥，在"布局"下拉列表中选择"线性"，在工作区中选择上步骤创建的拉伸体3，在"方向1"选项组中设置"数量"为2，"节距"为56，并指定矢量方向；在"方向2"选项组中设置"数量"为2，"节距"为78并指定矢量方向，如图4-122所示。

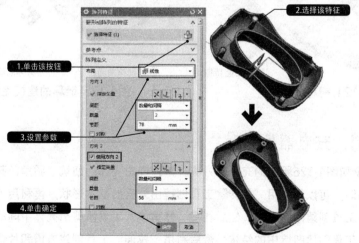

2.选择该特征

1.单击该按钮

3.设置参数

4.单击确定

图4-122 矩形阵列拉伸体

34 创建圆角。选择"主页"→"特征"→"边倒圆"选项 ▦，弹出"边倒圆"对话框。在对话框中设置边倒圆"半径1"为0.5，在工作区中选择壳体表面孔的边缘线，如图4-123所示。

图4-123 创建边倒圆

4.3.4 扩展实例：链环

本实例将创建一个如图4-124所示的链环。在创建本实例时，可以先利用"圆弧""直线"等曲线工具创建出链环的曲线线框结构，并利用"拉伸"工具创建对应的相切片体；然后利用"通过曲线网格"工具创建出链环四周的曲面结构，并利用"桥接曲线""修剪的片体"工具修剪掉内侧的曲面；最后按相同的方法创建内侧曲面，并利用"镜像几何体"工具镜像出另一侧的曲面，即可创建出该链环模型。其建模流程如图4-125所示。

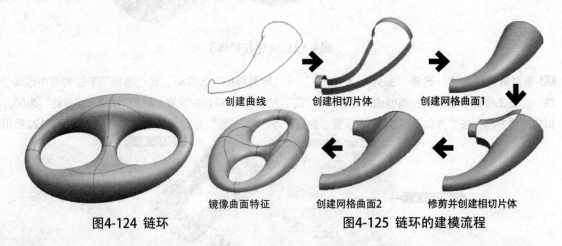

图4-124 链环

图4-125 链环的建模流程

4.3.5 扩展实例：充电器外壳

本实例将创建一个如图4-126所示的充电器外壳。该外壳由壳体、凹坑、圆角、孔及方槽等特征组成。在创建本实例时，可以先利用"旋转"工具创建出外壳的基本形状，再利用"直纹面""有界平面""圆角"等工具创建修剪片体；然后利用"修剪体"工具修剪出壳体中间的凹坑，以及利用"圆台""孔"等工具创建凹坑中的结构；最后利用"拉伸"工具创建方槽和片体，并利用"拆分体""拉出面"等工具创建偏置的方槽，即可创建出实例模型。其建模流程如图4-127所示。

图 4-126 充电器外壳

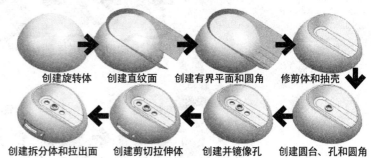

创建旋转体　　创建直纹面　　创建有界平面和圆角　　修剪体和抽壳

创建拆分体和拉出面　　创建剪切拉伸体　　创建并镜像孔　　创建圆台、孔和圆角

图 4-127 充电器外壳的建模流程

4.4 水龙头

原始文件：素材\第4章\4.4\水龙头.prt

最终文件：素材\第4章\4.4\水龙头-OK.prt

视频文件：视频\4.4水龙头.mp4

本实例是创建一个水龙头，如图4-128所示。该水龙头由网格曲面、壳体、拉伸体及圆角等特征组成。通过本实例可以学习"直纹面""桥接曲线""相交曲线""修建的片体""修建于延伸""有界平面""通过曲线网格"等工具的使用方法。

图4-128 水龙头

4.4.1 建模流程图

在创建本实例时，可以先利用"直纹面""拉伸""直线""桥接曲线"等工具创建水龙头一侧的相切曲面，并利用"通过曲线网格""修剪的片体"等工具创建出水龙头一侧的曲面；然后按照同样的方法，利用"投影曲线""桥接曲线"等工具先绘制曲面的相切线，再利用"通过曲线网格""有界平面"等工具光顺地缝补各个曲面；最后利用"镜像几何体"工具镜像另一侧曲面，并利用"有界平面""缝合"工具将曲面实体化，以及利用"壳"工具创建壳体，即可完成本实例的创建。其建模流程如图4-129所示。

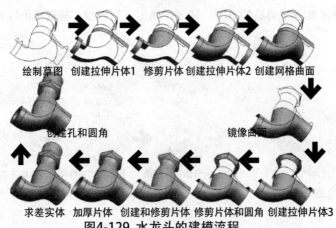

绘制草图　创建拉伸片体1　修剪片体 创建拉伸片体2　创建网格曲面

创建孔和圆角　　　　　　　　　镜像曲面

求差实体　加厚片体　创建和修剪片体　修剪片体和圆角　创建拉伸片体3

图4-129 水龙头的建模流程

4.4.2 ▶相关知识点

1. "直纹"工具

直纹曲面是通过两条截面曲线串生成的片体或实体。其中通过的曲线轮廓称为截面线串，它可以由多条连续的曲线、体边界或多个体表面组成（这里的体可以是实体也可以是片体），也可以选取曲线的点或端点作为第一个截面曲线串。选择"曲面"→"曲面"→"更多"→"直纹"选项，弹出"直纹"对话框。在该对话框的"对齐"下拉列表中可以使用"参数"和"根据点"两种对齐方式来生成直纹曲面。下面以"参数"方式为例介绍其操作方法。

"参数"方式是将截面线串要通过的点以相等的参数间隔开，使每条曲线的整个长度完全被等分，此时创建的曲面在等分的间隔点处对齐。如果整个剖面线上包含直线，则用等弧长的方式间隔点；如果包含曲线，则用等角度的方式间隔点，如图4-130所示。

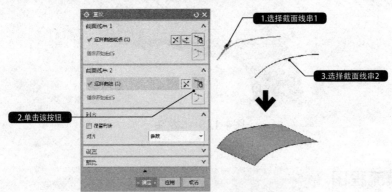

图4-130 利用参数创建曲面

2. "修剪片体"工具

修剪片体是系统根据指定的投射方向，将一边界（该边界可以是曲线、实体或片体的边界、实体或片体的表面、基准平面等）投射到目标片体，剪切出相应的轮廓形状。也就是说，修建的片体是通过投影边界轮廓线来修剪片体，其结果是关联性的修剪片体。

要修建片体，可选择"曲面"→"曲面工序"→"修剪片体"选项 ，弹出"修剪片体"对话框。该对话框中的"目标"选项组是用来选择要修剪的片体；"边界对象"选项用来执行修剪操作的工具对象；通过选择"区域"选项组中的"舍弃"或"保持"单选按钮，可以控制修剪片体的保持或舍弃，如图4-131所示。

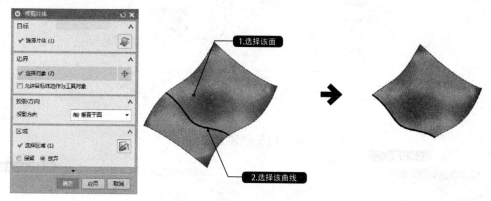

图4-131 修剪片体

3. "有界平面"工具

有界平面可以通过过滤器选择单条在平面上相连且封闭的曲线形成平面，有界平面生成的平面与曲线关联。要创建有界平面，可选择"曲面"→"曲面"→"更多"→"有界平面"选项，将弹出"有界平面"对话框。该对话框中包含"平面截面"和"预览"两个选项组，选择"平面截面"选项组，在工作区中选择要创建平面的曲线对象，然后单击"确定"按钮，即可创建有界平面，如图4-132所示。

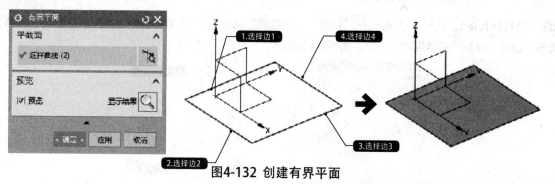

图4-132 创建有界平面

4.4.3 具体建模步骤

01 创建直纹面。选择"曲面"→"曲面"→"更多"→"直纹"选项，弹出"直纹"对话框。在工作区中依次选择工作区中两个平行的半圆弧，如图4-133所示。

02 绘制直线。选择"曲线"→"曲线"→"直线"选项 ，弹出"直线"对话框。在工作区中选择中间直线和圆弧的交点为起点，创建沿XC轴方向的直线，如图4-134所示。

03 桥接曲线1。选择"曲线"→"派生的曲线"→"桥接曲线"选项 ，弹出"桥接曲线"对话框。在工作区中选择上步骤绘制的直线和对应的直线，并在对话框"形状控制"选项组中设置参数，如图4-135所示。

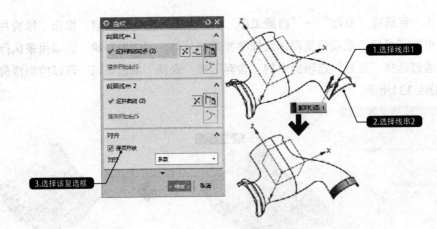

图4-133 创建直纹面

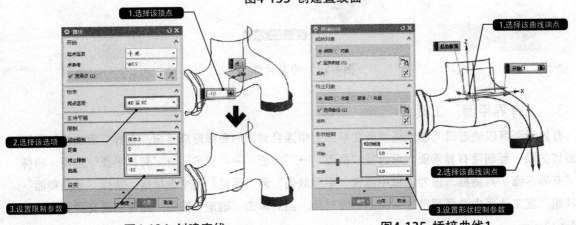

图4-134 创建直线 　　　　图4-135 桥接曲线1

04 创建拉伸片体1。选择 "主页" → "特征" → "拉伸" 选项 ⬛,在工作区中选择中间的直线和圆弧为截面,设置 "限制" 选项组中的参数,如图4-136所示。

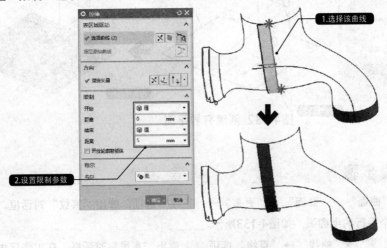

图4-136 创建拉伸片体1

05 创建网格曲面1。选择 "曲面" → "曲面" → "通过曲线网格" 选项 ⬛,弹出 "通过曲线网格" 对话框。在工作区中依次选择主曲线和交叉曲线,并设置与相应面G1相切连续,如图4-137所示。

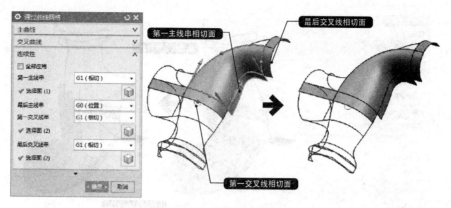

图4-137 创建网格曲面1

06 桥接曲线2。单击选项卡 "曲线" → "派生的曲线" → "桥接曲线" 选项，打开"桥接曲线"对话框，在工作区中选择中间的圆弧和对应的直线，并在对话框 "形状控制" 选项组中设置参数，如图4-138所示。

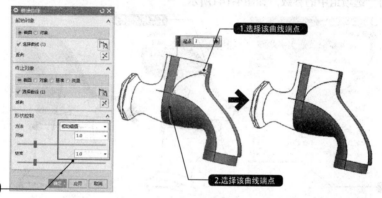

图4-138 桥接曲线2

07 创建网格曲面2。选择 "曲面" → "曲面" → "通过曲线网格" 选项，弹出"通过曲线网格"对话框。在工作区中依次选择拉伸片体和网格曲面的边缘线为主曲线，选择桥接曲线为交叉曲线，并设置与相应面G1相切连续，如图4-139所示。

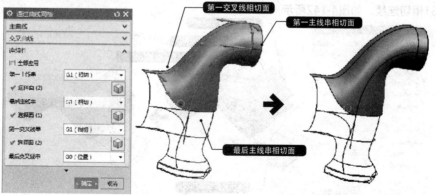

图4-139 创建网格曲面2

08 修剪片体1。选择 "曲面" → "曲面工序" → "修剪片体" 选项，弹出 "修剪片体" 对话框。在工作区中选择上步骤创建的网格曲面为目标片体，选择XC-YC基准平面为边界对象，如图4-140所示。

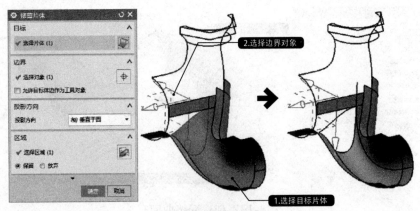

图4-140 修剪片体1

09 创建拉伸片体2。选择 "主页" → "特征" → "拉伸" 选项 ，在工作区中选择水龙头上端圆弧线为截面，设置 "限制" 选项组中的参数，如图4-141所示。

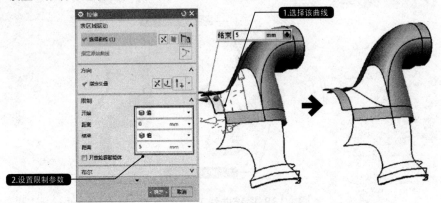

图4-141 创建拉伸片体2

10 创建网格曲面3。选择 "曲面" → "曲面" → "通过曲线网格" 选项 ，弹出 "通过曲线网格" 对话框。在工作区中依次选择拉伸片体和修剪片体的边缘线为主曲线，选择拉伸片体边缘线为交叉曲线，并设置与相应面G1相切连续，如图4-142所示。

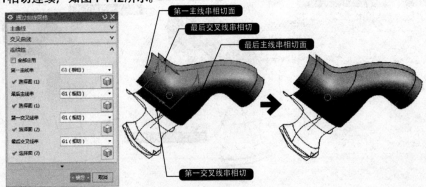

图4-142 创建网格曲面3

11 创建拉伸片体3。选择 "主页" → "特征" → "拉伸" 选项 ，在工作区中选择水龙头上端圆弧线为截面，设置 "限制" 选项组中的参数，按同样方法创建其他的拉伸片体，如图4-143所示。

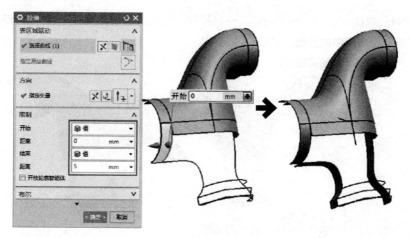

图4-143 创建拉伸片体3

12 创建有界平面1。选择 "曲面"→"曲面"→"更多"→"有界平面"选项，弹出"有界平面"对话框。在工作区中选择螺母形的曲线为截面，如图4-144所示。

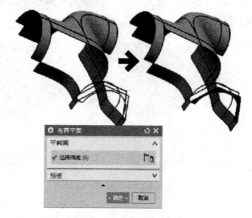

图4-144 创建有界平面1

13 创建网格曲面4。选择 "曲面"→"曲面"→"通过曲线网格"选项 ，弹出"通过曲线网格"对话框。在工作区中依次选择两个圆弧曲线为主曲线，选择拉伸片体边缘线为交叉曲线，并设置与相应面G1相切连续，如图4-145所示。

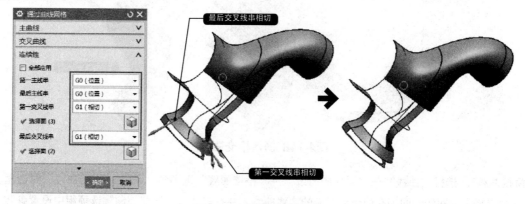

图4-145 创建网格曲面4

14 创建拉伸片体4。选择 "主页" → "特征" → "拉伸" 选项 🔲，在工作区中选择螺母形状的轮廓线为截面，设置 "限制" 选项组中的参数，如图4-146所示。

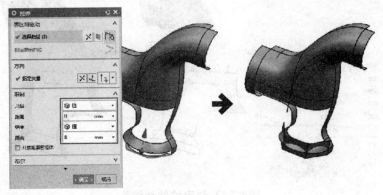

图4-146 创建拉伸片体4

15 制作拐角。选择 "曲面" → "曲面工序" → "修剪和延伸" 选项，弹出 "修剪和延伸" 对话框。在 "类型" 下拉列表中选择 "制作拐角" 选项，在工作区中选择目标面和工具面，如图4-147所示。

图4-147 制作拐角

16 创建相交曲线1。选择 "曲线" → "派生的曲线" → "相交曲线" 选项 🔲，弹出 "相交曲线" 对话框。在工作区中选择网格曲面为第一组面，选择XC-YC基准平面为第二组面，如图4-148所示。

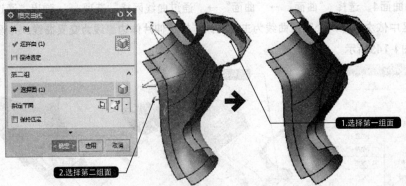

图4-148 创建相交曲线

17 桥接曲线3。选择 "曲线" → "派生的曲线" → "桥接曲线" 选项 🔲，弹出 "桥接曲线" 对话框。在工作区中选择上步骤绘制的相交曲线和对应的边缘曲线，并在对话框 "形状控制" 选项组中设置参数，如图4-149所示。

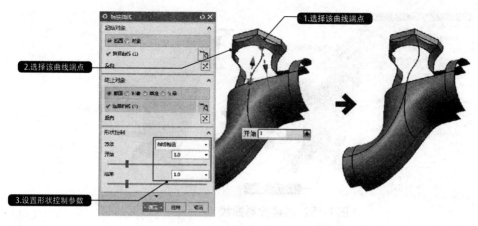

图4-149 桥接曲线3

18 创建网格曲面5。选择 "曲面"→"曲面"→"通过曲线网格"选项 ，弹出"通过曲线网格"对话框。在工作区中依次选择拉伸片体的边缘线和桥接曲线为主曲线，选择网格曲面边缘线为交叉曲线，并设置与相应面G1相切连续，如图4-150所示。

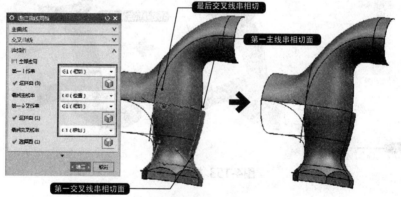

图4-150 创建网格曲面5

19 延长曲线1。选择"曲线"→"编辑曲线"→"曲线长度"选项 ，弹出"曲线长度"对话框。在工作区中选择要延长的曲线，并设置"限制"选项组中的参数，如图4-151所示。

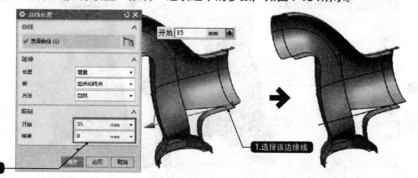

图4-151 延长曲线

20 创建投影曲线。选择"曲线"→"派生的曲线"→"投影曲线"选项 ，弹出"投影曲线"对话框。在工作区中选择上步骤创建的延长曲线为要投影的曲线，将其投影到Y轴方向的网格曲面上，如图4-152所示。

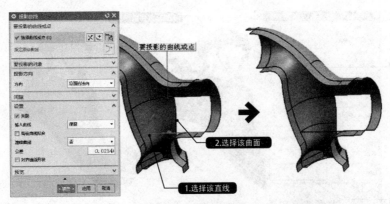

图4-152 创建投影曲线

21 桥接曲线4。选择 "曲线" → "派生的曲线" → "桥接曲线" 选项 📉，弹出 "桥接曲线" 对话框。在工作区中选择上步骤创建的投影曲线和对应的直线，并在对话框 "形状控制" 选项组中设置参数，如图4-153所示。

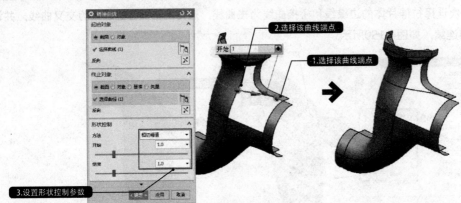

图4-153 桥接曲线4

22 创建网格曲面6。选择 "曲面" → "曲面" → "通过曲线网格" 选项 🔲，弹出 "通过曲线网格" 对话框。在工作区中依次选择拉伸片体和网格曲面的边缘线为主曲线，选择桥接曲线和网格曲面边缘线为交叉曲线，并设置与相应面G1相切连续，如图4-154所示。

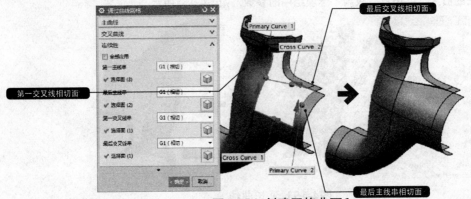

图4-154 创建网格曲面6

23 桥接曲线5。选择 "曲线" → "派生的曲线" → "桥接曲线" 选项 📉，弹出 "桥接曲线" 对话框。在工作区中选择如图4-155所示的两条边缘线端点，在 "桥接曲线属性" 选项组中分别设置 "U向百分比"

参数，并设置"形状控制"选项组中的参数。

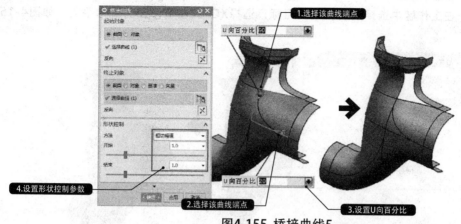

图4-155 桥接曲线5

24 修剪片体2。选择"曲面"→"曲面工序"→"修剪片体"选项，弹出"修剪片体"对话框。在工作区中选择步骤（22）创建的网格曲面6为目标片体，选择上步骤创建的桥接曲线5为边界对象，如图4-156所示。

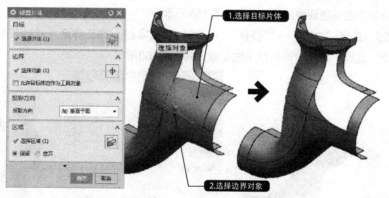

图4-156 修剪片体2

25 创建网格曲面7。选择"曲面"→"曲面"→"通过曲线网格"选项，弹出"通过曲线网格"对话框。在工作区中依次选择拉伸片体和修剪片体的边缘线为主曲线，选择网格曲面和拉伸片体的边缘线为交叉曲线，并设置与相应面G1相切连续，如图4-157所示。

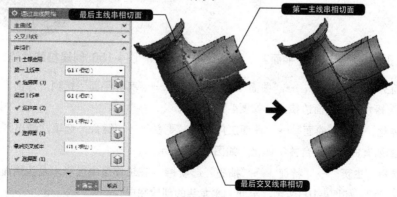

图4-157 创建网格曲面7

26 创建镜像体。选择"主页"→"特征"→"关联复制"→"镜像几何体"选项,弹出"镜像几何体"对话框。在工作区中选择所有曲面为目标,选择XC-ZC基准平面为镜像平面,如图4-158所示。

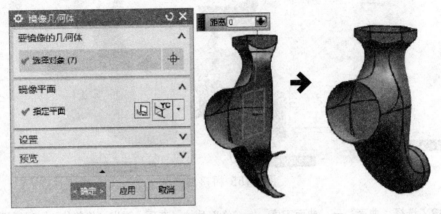

图4-158 创建镜像体

27 创建有界平面2。选择"曲面"→"曲面"→"更多"→"有界平面"选项,弹出"有界平面"对话框。在工作区中选择水龙头端面的边缘线,如图4-159所示。

28 创建拉伸片体5。选择"主页"→"特征"→"拉伸"选项⬚,在工作区中选择带有螺母结构一端的端面边缘线为截面,设置"限制"选项组中的参数,如图4-160所示。

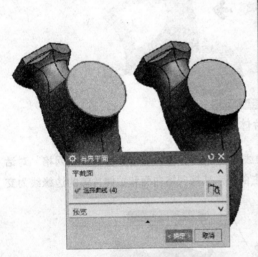

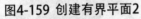

图4-159 创建有界平面2

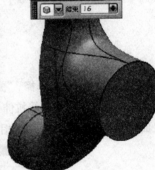

图4-160 创建拉伸片体5

29 创建有界平面3。选择"曲面"→"曲面"→"更多"→"有界平面"选项,弹出"有界平面"对话框。在工作区中选择水管的端面边缘线,如图4-161所示。

30 缝合曲面实体化。选择"曲面"→"曲面工序"→"更多"→"缝合"选项,弹出"缝合"对话框。将工作区中选择的所有曲面,缝合并实体化,如图4-162所示。

31 创建壳体。选择"主页"→"特征"→"抽壳"选项⬚,在工作区中选择水龙头端面为要穿透的面,设置壳体"厚度"为3,如图4-163所示。至此,水龙头的创建完成。

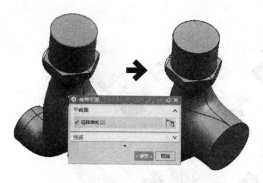

图4-161 创建有 界平面3

图4-162 缝合曲面实体化

图4-163 创建壳体

4.4.4 扩展实例：操作杆

最终文件：素材\第4章\4.4\操作杆.prt

视频文件：素材\第4章\4.4\操作杆-OK.prt

本实例将创建一个如图4-164所示的操作杆外壳。在创建本实例时，可以先利用"拉伸""桥接曲线""通过曲线网格"等曲线工具创建出操作杆外壳1/4曲面，并利用"拉伸""修剪体""替换面"等工具将操作杆实体化；然后利用"镜像几何体"工具镜像其他的实体，并创建圆角；最后利用"扫掠""修剪的片体""镜像几何体""补片"等工具创建操作杆顶端的实体，并利用"合并""壳"等工具将实体抽壳，即可创建出该操作杆外壳模型。其建模流程如图4-165所示。

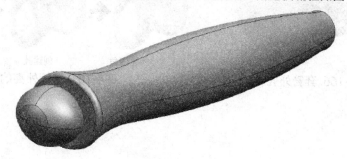

图4-164 操作杆外壳

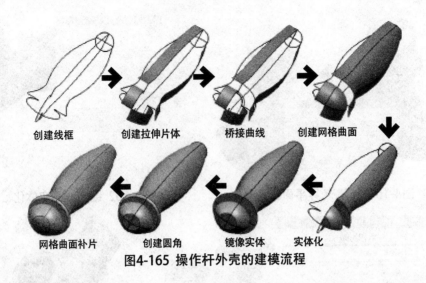

创建线框　　　　创建拉伸片体　　　　桥接曲线　　　　创建网格曲面

网格曲面补片　　　　创建圆角　　　　镜像实体　　　　实体化

图4-165 操作杆外壳的建模流程

4.4.5 扩展实例：套管外壳

最终文件：素材\第4章\4.4\套管外壳.prt

视频文件：素材\第4章\4.4\套管外壳-OK.prt

　　本实例将创建一个如图4-166所示的套管外壳。在创建本实例时，可以先利用"剖切曲线""桥接曲线"等工具创建出套管的基本线框，以及利用"通过曲线网格""缝合""镜像几何体"等工具创建壳体的网格曲面；然后利用"修剪片体""抽取几何体""缝合""加厚"等工具创建出基本的套管基本壳体，并创建出剪切拉伸孔；最后利用"边倒圆"工具创建出壳体上的边倒圆，即可创建出该套管外壳模型。其建模流程如图4-167所示。

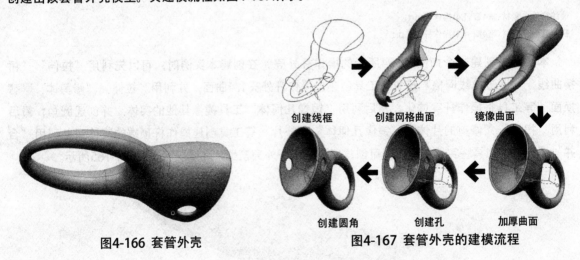

创建线框　　　　创建网格曲面　　　　镜像曲面

创建圆角　　　　创建孔　　　　加厚曲面

图4-166 套管外壳　　　　图4-167 套管外壳的建模流程

第**5**章

装配设计

　　装配设计是UG NX 12.0中集成的一个重要的应用模块。装配图用于表达机器或部件的工作原理及零件、部件间的装配关系，是机械设计和生产中的重要技术文件之一，并且在产品制造中，装配图是指定装配工艺流程、进行装配和检验的技术依据。可在UG NX 12.0装配模块中模拟真实的装配操作，并可创建装配工程图，通过装配图来了解机器的工作原理和构造。

　　UG NX装配建模模块提供自顶而下和自底向上的产品开发方法，所生成的装配模型中零件数据是对零件的链接映像，可对装配模型进行间隙分析、质量管理等操作，保证装配模型和零件设计完全关联；并改进了软件的操作性能，减少了对存储空间的需求。此外为查看装配体中各部件之间的装配关系，可建立爆炸视图，并可将其引入到装配工程图中；同时，在装配工程图中可自动产生装配明细表，并能对轴测图进行局部剖切。

5.1 | 装配油泵

| 原始文件：素材\第5章\5.1\油泵\ |
| 最终文件：素材\第5章\5.1\油泵\ 油泵 .prt |
| 视频文件：视频\5.1装配油泵.mp4 |

　　本实例是装配一个油泵，效果如图5-1所示。该油泵由泵盖、轴、圆键、内（外）转子、泵体、垫片、螺栓、螺母等组件构成。通过本实例可以学习创建装配的一般步骤，以及"平行约束""接触对齐约束""距离约束"等装配工具的使用方法。

图5-1 油泵装配效果

5.1.1 装配流程图

　　装配该实例时，可以先将泵盖通过绝对原点的方式定位在工作区中；然后通过约束的方式约束装配其他的组件。装配顺序依次为轴、圆键、内转子、外转子、泵体、垫圈、螺栓和螺母。该实例基本上可以通过"接触对齐"工具来完成，对于轴向的轴和转子要用到"距离约束"工具。其中的圆键由于在开始装配时没有参考对象，需要新建参考平面，这将在装配步骤中详细讲解。其装配流程如图5-2所示。

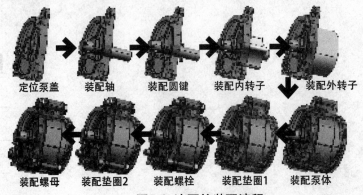

定位泵盖　　装配轴　　装配圆键　　装配内转子　　装配外转子

装配螺母　　装配垫圈2　　装配螺栓　　装配垫圈1　　装配泵体

图5-2 油泵的装配流程

5.1.2 相关知识点

1. 添加组件

装配的首要工作是将现有的组件导入装配环境，才能对组件进行约束，从而完成整个部件装配。UG NX提供多种添加组件的方式和放置组件的方式，并对装配体所需的相同组件采用多重添加方式，避免烦琐的添加操作。

要添加组件，可选择"装配"→"组件"→"添加"选项，弹出"添加组件"对话框，如图5-3所示。在该对话框的"部件"选项组中，可通过4种方式指定现有组件，第一种是单击"选择部件"按钮，直接在绘图区选取组件执行装配操作；第二种是选择"已加载的部件"列表框中的组件名称执行装配操作；第三种是选择"最近访问的部件"列表框中的组件名称执行装配操作；第四种是单击"打开"按钮，然后在弹出的"部件名"对话框中指定路径选择部件。

2. 距离约束

选择"装配"→"组件位置"→"装配约束"选项，弹出"装配约束"对话框。在"约束类型"列表框中选择"距离"选项，该约束类型用于指定两个组件对应参照面之间的最小距离，距离可以是正值也可以是负值，正负号确定相配组件在基础组件的哪一侧，如图5-4所示。

图5-3 "添加组件"对话框

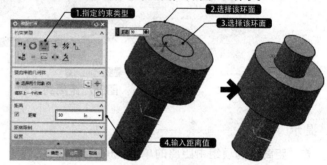

图5-4 设置距离约束

5.1.3 具体装配步骤

01 新建装配文件。新建一个名为"油泵"的装配文件。进入装配界面，系统自动弹出"添加组件"对话框，在弹出的对话框中单击"打开"按钮，打开"部件名"对话框。

01 定位泵盖。打开"部件名"对话框，浏览本书的素材，选择"泵盖.prt"文件，返回"添加组件"对话框。指定"装配位置"为"绝对坐标系-工作部件"，如图5-5所示。

03 添加轴。选择"装配"→"组件"→"添加"选项，在弹出的对话框中单击"打开"按钮，弹出"部件名"对话框。选择本书素材中的"轴.prt"文件，指定"放置"方式为"约束"，如图5-6所示。

04 距离约束轴。在"约束类型"列表框中选择"距离"选项，选择"组件预览"对话框中轴的端面，然后在工作区中选择泵盖外侧的端面，设置"距离"为-10，单击对话框中的"应用"按钮，即可定位两组件的距离约束，如图5-7所示。

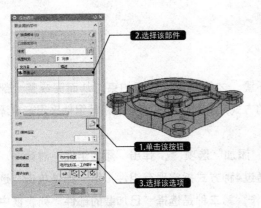

图5-5 定位泵盖 图5-6 添加轴

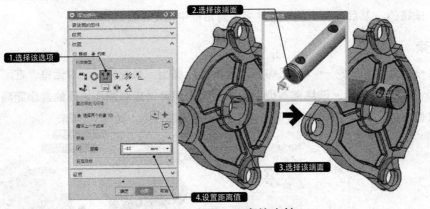

图5-7 距离约束轴

> **提示**
>
> 　　若"距离"选项组中距离的单位为in（英寸），选择"分析"→"更多"→"定制单位"
> →"g-mm"选项，将单位转换为mm。如果创建的距离约束与预想方向相反，选择"要约束的
> 几何体"选项组中的"循环上一个约束"选项 圖 即可。

05 中心对齐约束轴。在"约束类型"列表框中选择"接触对齐"选项，在"方位"下拉列表中选择"自动判断中心/轴"选项，分别选择轴和对应孔的中心线，单击对话框中的"确定"按钮，即可完成轴的装配，如图5-8所示。

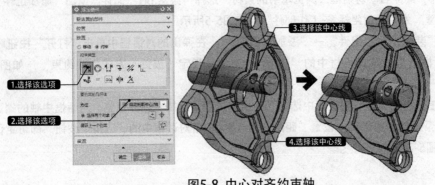

图5-8 中心对齐约束轴

06 抽取曲线。选择"曲线"→"更多"→"派生的曲线"→"抽取曲线"选项，在弹出的"抽取曲线"对话框中单击"边曲线"按钮，选择工作区中轴上的两条直线，如图5-9所示。

07 创建基准平面。单击选项卡"主页"→"特征"→"基准平面"选项，弹出"基准平面"对话框。在"类型"下拉列表中选择"两直线"选项，在工作区中选择上步骤创建的两条直线，如图5-10所示。

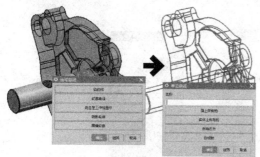

图5-9 抽取曲线

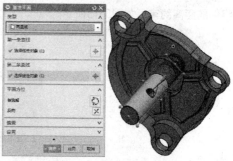

图5-10 创建基准平面

08 添加圆键。选择"装配"→"组件"→"添加"选项，在弹出的对话框中单击"打开"按钮，弹出"部件名"对话框。选择本书素材中的"圆键.prt"文件，指定"放置"方式为"约束"。

09 距离约束圆键。在"约束类型"列表框中选择"距离"选项，选择"组件预览"对话框中圆键的端面，然后在工作区中选择基准平面，设置"距离"为-7.8，单击对话框中的"应用"按钮，即可定位两组件的距离约束，如图5-11所示。

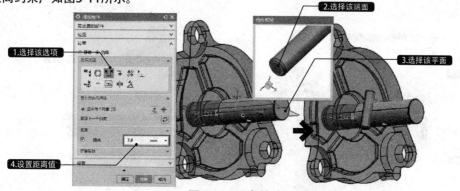

图5-11 距离约束圆键

10 中心对齐约束圆键。在"约束类型"列表框中选择"接触对齐"选项，在"方位"下拉列表中选择"自动判断中心/轴"选项，分别选择圆键和对应孔的中心线，单击对话框中的"确定"按钮，即可完成圆键的装配，如图5-12所示。

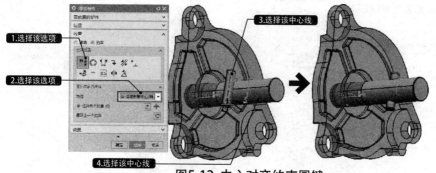

图5-12 中心对齐约束圆键

11 添加内转子。选择"装配"→"组件"→"添加"选项 🖳，在弹出的对话框中单击"打开"按钮 🗐，弹出"部件名"对话框，选择本书素材中的"内转子.prt"文件，指定"放置"方式为"约束"。

12 距离约束内转子。在"约束类型"列表框中选择"距离"选项，选择"组件预览"对话框中内转子的端面，然后在工作区中选择泵盖内侧的端面，设置"距离"为1，单击对话框中的"应用"按钮，即可定位两组件的距离约束，如图5-13所示。

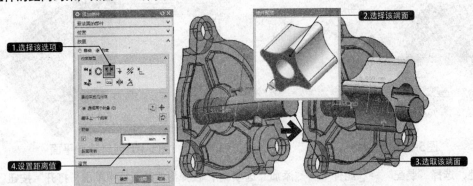

图5-13 距离约束内转子

13 中心对齐约束内转子。在"约束类型"列表框中选择"接触对齐"选项，在"方位"下拉列表中选择"自动判断中心/轴"选项，分别选择轴和内转子的中心线，单击对话框中的"应用"按钮，即可，如图5-14所示。

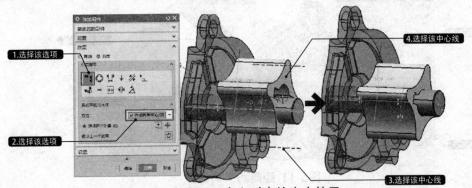

图5-14 中心对齐约束内转子

14 平行约束内转子。在"添加组件"对话框的"约束类型"列表框中选择"平行"选项，在工作区中选择转子键槽边缘线和圆键的中心线，单击对话框中的"确定"按钮，即可完成内转子的装配，如图5-15所示。

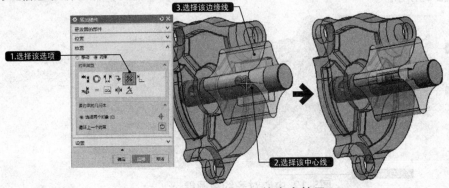

图5-15 平行约束内转子

15 添加外转子。选择"装配"→"组件"→"添加"选项 ![icon]，在弹出的对话框中单击"打开"按钮 ![icon]，弹出"部件名"对话框。选择本书素材中的"外转子.prt"文件，指定"放置"方式为"约束"。

16 接触对齐约束外转子。在"约束类型"列表框中选择"接触对齐"选项，在"方位"下拉列表中选择"首选接触"选项，在"组件预览"对话框中选择外转子的端面，然后在工作区中选择内转子的端面，单击对话框中的"应用"按钮，即可定位两组件的对齐约束，如图5-16所示。

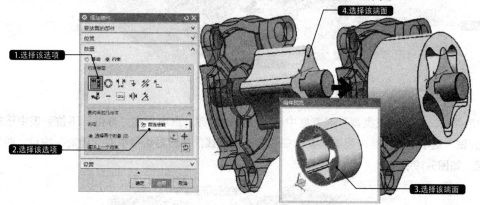

图5-16 接触对齐约束外转子

提 示

如果创建的对齐约束与预想方向相反，选择"要约束的几何体"选项组中的"返回上一个约束"选项 ![icon] 即可。

17 接触约束外转子。在"约束类型"列表框中选择"接触对齐"选项，在"方位"下拉列表中选择"首选接触"选项，在工作区中选择内、外转子相对的接触表面，单击对话框中的"确定"按钮，即可完成内、外转子的装配，如图5-17所示。

18 添加泵体。选择"装配"→"组件"→"添加"选项 ![icon]，在弹出的对话框中单击"打开文件"按钮 ![icon]，弹出"部件名"对话框。选择本书素材中的"泵体.prt"文件，指定"放置"方式为"约束"。

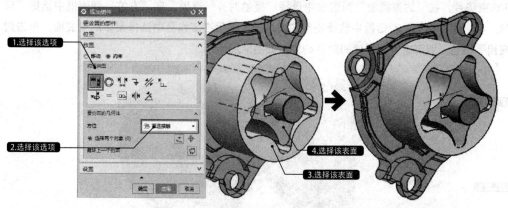

图5-17 接触约束外转子

19 接触对齐约束泵体。在"约束类型"列表框中选择"接触对齐"选项，在"方位"下拉列表中选择"首选接触"选项，在"组件预览"对话框中选择泵体的安装面，然后在工作区中选择泵盖的安装面，单击对话框中的"应用"按钮，即可定位两组件的对齐约束，如图5-18所示。

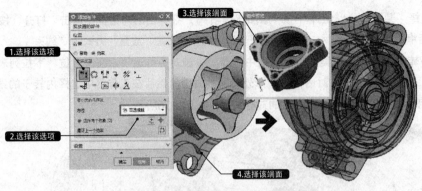

图5-18 对齐约束泵体

20 中心对齐约束泵体。在"约束类型"列表框中选择"接触对齐"选项，在"方位"下拉列表中选择"自动判断中心/轴"选项，分别选择泵盖和泵体安装孔的中心线，单击对话框中的"确定"按钮，即可完成泵体的装配，如图5-19所示。

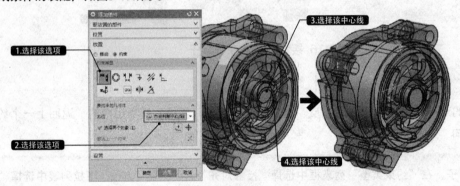

图5-19 中心对齐约束泵体

21 添加垫片。选择"装配"→"组件"→"添加"选项，在弹出的对话框中单击"打开"按钮，弹出"部件名"对话框。选择本书素材中的"垫片.prt"文件，指定"放置"方式为"约束"。

22 接触对齐约束垫片。在"约束类型"列表框中选择"接触对齐"选项，在"方位"列表框中选择"首选接触"选项，在"组件预览"对话框中选择垫片的安装面，然后在工作区中选择泵体的安装面，单击对话框中的"应用"按钮，即可定位两组件的对齐约束，如图5-20所示。

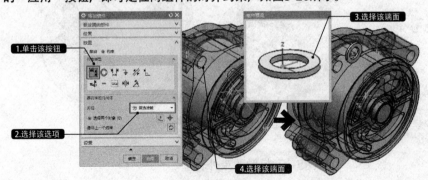

图5-20 接触对齐约束垫片

23 中心对齐约束垫片。在"约束类型"列表框中选择"接触对齐"选项，在"方位"下拉列表中选择

"自动判断中心/轴"选项,分别选择泵体和垫片的中心线,单击对话框中的"确定"按钮,即可完成垫片的装配,按同样方法装配其他的垫片,如图5-21所示。

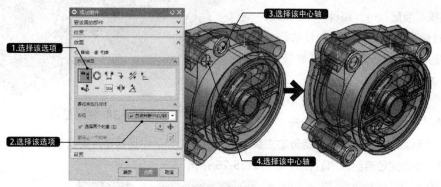

图5-21 中心对齐约束垫片

24 添加螺栓。选择"装配"→"组件"→"添加"选项🔧,在弹出的对话框中单击"打开"按钮📁,弹出"部件名"对话框。选择本书素材中的"螺栓.prt"文件,指定"放置"方式为"约束"。

25 接触对齐约束螺栓。在"约束类型"列表框中选择"接触对齐"选项,在"方位"下拉列表中选择"首选接触"选项,在"组件预览"对话框中选择螺栓的安装面,然后在工作区中选择垫片的安装面,单击对话框中的"应用"按钮,即可定位两组件的对齐约束,如图5-22所示。

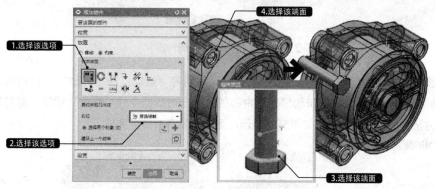

图5-22 接触对齐约束螺栓

26 中心对齐约束螺栓。在"约束类型"列表框中选择"接触对齐"选项,在"方位"下拉列表中选择"自动判断中心/轴"选项,分别选择螺栓和泵体安装孔的中心线,单击对话框中的"确定"按钮,即可完成螺栓的装配,按同样方法装配其他的螺栓,如图5-23所示。

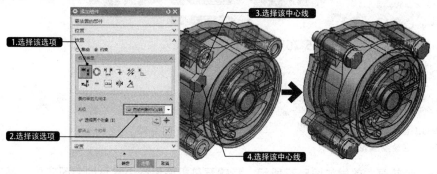

图5-23 中心对齐约束螺栓

27 装配垫片。按照步骤21、步骤22和步骤23的方法安装泵盖上的垫片，如图5-24所示。

28 添加螺母。选择"装配"→"组件"→"添加" 选项，在弹出的对话框中单击"打开"按钮 ，弹出"部件名"对话框。选择本书素材中的"螺母.prt"文件，指定"放置"方式为"约束"。

29 对齐约束螺母。在"约束类型"列表框中选择"接触对齐"选项，在"方位"下拉列表中选择"首选接

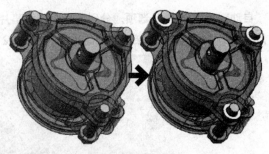

图5-24 装配垫片

触"选项，在"组件预览"对话框中选择螺母的安装面，然后在工作区中选取垫片的安装面，单击对话框中的"应用"按钮，即可定位两组件的对齐约束，如图5-25所示。

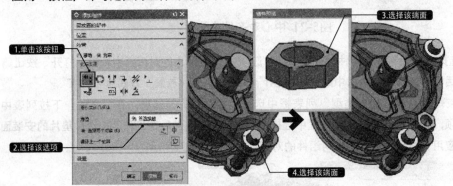

图5-25 接触对齐约束螺母

30 中心对齐约束螺母。在"约束类型"列表框中选择"接触对齐"选项，在"方位"下拉列表中选择"自动判断中心/轴"选项，分别选择螺母和螺栓的中心线，单击对话框中的"确定"按钮，即可完成螺母的装配。按同样方法装配其他的螺母，如图5-26所示。至此，油泵的装配完成。

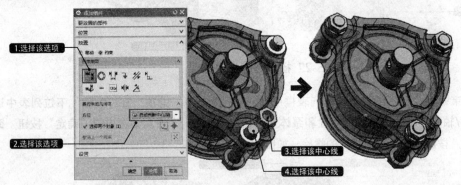

图5-26 中心对齐约束螺母

5.1.4 扩展实例：装配齿轮泵

原始文件：素材\第5章\5.1\齿轮泵\

最终文件：素材\第5章\5.1\齿轮泵\齿轮泵.prt

本实例装配一个齿轮泵，效果如图5-27所示。齿轮泵是机械设备中常见的装配实体，其工作原

理是：通过调整泵缸与啮合齿轮间所形成的工作容积，从而达到输送液体或增压作用。该齿轮泵由泵体、长轴齿轮、短轴齿轮、端盖、泵盖及带轮等组成。装配该实例时，可以先将泵体固定在工作区中。然后以泵体为工作部件，通过接触对齐约束、中心约束依次将长轴齿轮、短轴齿轮、端盖、泵盖和带轮装配到工作区中，即可完成齿轮泵的装配。其装配流程如图5-28所示。

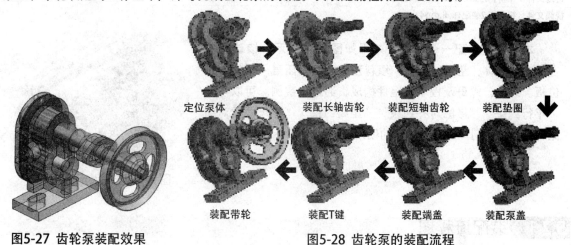

图5-27 齿轮泵装配效果　　　　　图5-28 齿轮泵的装配流程

5.1.5 扩展实例：装配柱塞泵

原始文件：素材\第5章\5.1\柱塞泵\
最终文件：素材\第5章\5.1\柱塞泵\柱塞泵.prt

　　本实例装配一个柱塞泵，效果如图5-29所示。该柱塞泵由泵体、轴套、压盖、端盖、柱塞、阀体及阀盖等组成。装配该实例时，可以先将泵体固定在工作区中；然后以泵体为工作部件，通过接触对齐、中心约束依次将轴套、柱塞、端盖装配到泵体上；最后通过接触对齐、中心约束、垂直约束和距离约束依次将阀体、阀盖和其他的部件装配到工作区中，即可完成柱塞泵的装配。其装配流程如图5-30所示。

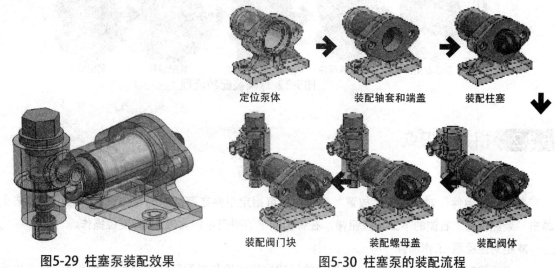

图5-29 柱塞泵装配效果　　　　　图5-30 柱塞泵的装配流程

199

5.2 装配球阀

原始文件：素材\第5章\5.2\球阀\
最终文件：素材\第5章\5.2\球阀\球阀 .prt
视频文件：视频\5.2装配球阀.mp4

　　本实例是装配一个球阀，效果如图5-31所示。该球阀由左（右）阀体、垫片、填料、填料垫、压套、压盖、阀杆、定位板、螺栓、螺母及扳手等组件构成。通过本实例，可以学习"平行约束""接触对齐约束""距离约束""等尺寸配对约束""组件阵列"等装配工具的使用方法。

图5-31 球阀装配效果图

5.2.1 装配流程图

　　装配该实例时，可以先将右阀体通过绝对原点的方式定位在工作区中；然后通过约束的方式约束装配其他的组件。装配顺序依次为填料垫、填料压盖、阀杆、球体、密封圈、左阀体、螺栓螺母及扳手。对于相对复杂的零件，规划装配顺序非常有必要。在一些处于组件里面的部件，可以通过隐藏部分组件来装配。其装配流程如图5-32所示。

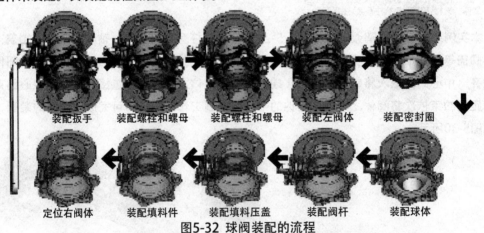

装配扳手　　装配螺栓和螺母　　装配螺柱和螺母　　装配左阀体　　装配密封圈

定位右阀体　　装配填料件　　装配填料压盖　　装配阀杆　　装配球体

图5-32 球阀装配的流程

5.2.2 相关知识点

1. 组件定位

　　在"添加组件"对话框的"放置"选项中，可指定组件在装配中的定位方式。其设置方法是：单击"装配位置"右侧的下三角按钮 ，在弹出的下拉列表中包含以下4种定位操作。

　　》绝对坐标系-工作部件

　　使用"绝对坐标系-工作部件"定位指执行定位的组件与装配环境坐标系位置保持一致，也就是说，按照绝对原点定位的方式确定组件在装配中的位置。通常将执行装配的第一个组件设置为"绝对坐标系工作部件"方式，其目的是将该基础组件固定在装配体环境中，这里所讲的固定并非真正的固定，仅仅是一种定位方式。

>> 绝对坐标系-显示部件

使用"绝对坐标系-显示部件"定位，系统将通过指定原点定位的方式确定组件在装配中的位置，这样该组件的坐标系原点将与选择的点重合。通常情况下添加第一个组件都是通过选择该选项确定组件在装配体中的位置，即选择该选项并单击"确定"按钮，指定点位置，如图5-33所示。

>> 约束

通过约束方式定位组件就是选择参照对象并设置约束方式，即通过组件参照约束来显示当前组件在整个装配中的自由度，从而获得组件定位效果。其中约束方法包括接触对齐、中心、平行和距离等。

>> 移动

将组件加到装配中后，需要相对于指定的基点移动，以将其定位。选择该选项，将打开"点"对话框，此时指定移动基点，单击"确定"按钮确认操作。在打开的对话框中进行组件移动定位操作，其设置方法将在实例中具体介绍。

2. 平行约束

该约束方式定义两个组件保持平行的关系，可选择两组件对应参照面，使其面与面平行；为更准确显示组件间的关系，可定义面与面之间的距离参数，从而显示组件在装配体中的自由度。

要创建平行约束，可以在"约束类型"列表框中选择"平行"选项，设置平行约束使两组件的装配对象的方向矢量彼此平行。该约束方式与对齐约束相似，不同之处在于：平行装配操作使两平面的法矢量同向，但对齐约束对其操作不仅使两平面法矢量同向，并且能够使两平面位于同一个平面上，如图5-34所示。

图5-33 设置原点定位组件

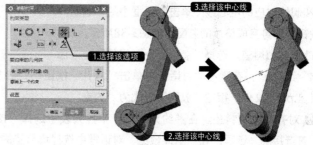

图5-34 设置平行约束

5.2.3 >> 具体装配步骤

01 新建装配文件。新建一个名为"球阀"的装配文件，进入装配界面，系统自动弹出"添加组件"对话框，在弹出的对话框中单击"打开"按钮⬚，弹出"部件名"对话框。

02 定位右阀体。打开"部件名"对话框，浏览本书的素材，选择"右阀体.prt"文件，返回"添加组件"对话框，指定装配位置为"绝对坐标系-工作部件"，如图5-35所示。

03 添加垫片2。选择"装配"→"组件"→"添加"选项⬚，在弹出的对话框中单击"打开文件"按钮⬚，弹出"部件名"对话框。选择本书素材中的"垫片2.prt"文件，指定"放置"方式为"约束"，如图5-36所示。

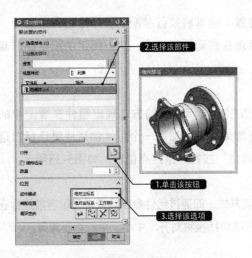

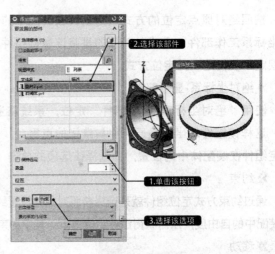

图5-35 定位右阀体

图5-36 添加垫片2

04 接触对齐约束垫片2。在"约束类型"列表框中选择"接触对齐"选项，在"方位"下拉列表中选择"接触"选项，在"组件预览"对话框中选择垫片的安装面，然后在工作区中选择对应的垫片的安装面，单击对话框中的"应用"按钮，即可定位两组件的对齐约束，如图5-37所示。

05 中心对齐约束垫片2。在"约束类型"列表框中选择"接触对齐"选项，在"方位"下拉列表中选择"自动判断中心/轴"选项，分别选择垫片2和阀体对应的中心线，单击对话框中的"确定"按钮，即可完成垫片的装配，如图5-38所示。

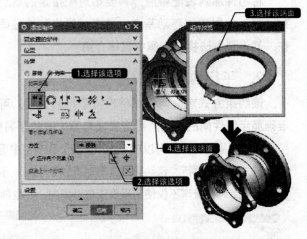

图5-37 接触对齐约束垫片2

06 添加填料垫。选择"装配"→"组件"→"添加"选项，在弹出的对话框中单击"打开"按钮，弹出"部件名"对话框。选择本书素材中的"填料垫.prt"文件，指定"放置"方式为"约束"。

07 对齐约束填料垫。在"约束类型"下拉列表中选择"接触对齐"选项，在"方位"下拉列表中选择"首选接触"选项，在"组件预览"对话框中选择填料垫的安装面，然后在工作区中选择阀体对应的安装面，单击对话框中的"应用"按钮，即可定位两组件的对齐约束，如图5-39所示。

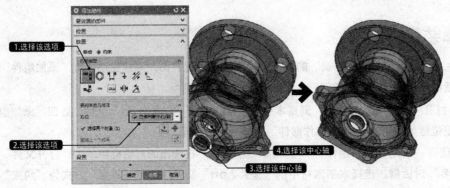

图5-38 中心对齐约束垫片2

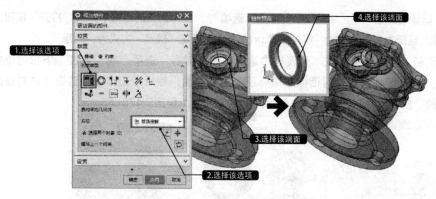

图5-39 对齐约束填料垫

08 中心对齐约束填料垫。在"约束类型"列表框中选择"接触对齐"选项，在"方位"下拉列表中选择"自动判断中心/轴"选项，分别选择填料垫和阀体对应的中心线，单击对话框中的"确定"按钮，即可完成填料垫的装配，如图5-40所示。

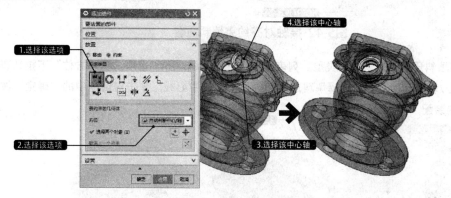

图5-40 中心对齐约束填料垫

09 添加中填料。选择"装配"→"组件"→"添加"选项 ，在弹出的对话框中单击"打开"按钮 ，弹出"部件名"对话框。选择本书素材中的"中填料.prt"文件，指定放置方式为"约束"。

10 等尺寸配对约束中填料。在"约束类型"列表框中选择"等尺寸配对"选项，在"组件预览"对话框中选择填料要配对的面，然后在工作区中选取填料垫对应的配对面，单击对话框中的"确定"按钮，即可定位两组件的等尺寸配对约束，如图5-41所示。按照同样的方法再重复装配另一个中填料。

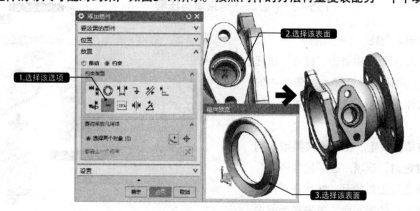

图5-41 等尺寸配对约束中填料

11 添加填料压套。选择"装配"→"组件"→"添加"选项 🔧，在弹出的对话框中单击"打开"按钮 📂，弹出"部件名"对话框。选择本书素材中的"填料压套.prt"文件，指定"放置"方式为"约束"。

12 对齐约束填料压套。在"约束类型"列表框中选择"接触对齐"选项，在"方位"下拉列表中选择"首选接触"选项，在"组件预览"对话框中选择压套的安装面，然后在工作区中选取阀体对应的安装面，单击对话框中的"应用"按钮，即可定位两组件的对齐约束，如图5-42所示。

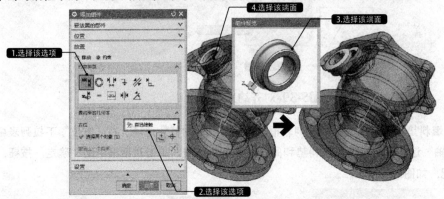

图5-42 接触对齐约束填料压套

13 中心对齐约束填料压套。在"约束类型"列表框中选择"接触对齐"选项，在"方位"下拉列表中选择"自动判断中心/轴"选项，分别选择填料压套和阀体对应的中心线，单击对话框中的"确定"按钮，即可完成填料垫的装配，如图5-43所示。

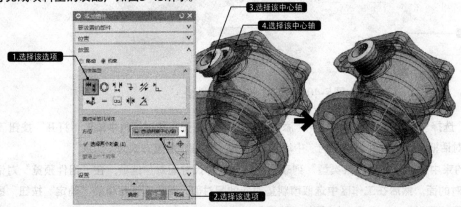

图5-43 中心对齐约束填料压套

14 添加填料压盖。选择"装配"→"组件"→"添加"选项 🔧，在弹出的对话框中单击"打开"按钮 📂，弹出"部件名"对话框。选择本书素材中的"填料压盖.prt"文件，指定"放置"方式为"约束"。

15 等尺寸配对约束填料压盖。在"约束类型"列表框中选择"等尺寸配对"选项，在"组件预览"对话框中选择填料压盖要配对的面，然后在工作区中选择填料垫压套上对应的配对面，单击对话框中

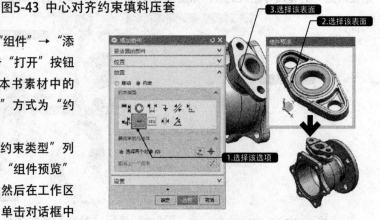

图5-44 等尺寸配对约束填料压盖

的"确定"按钮，即可完成两组件的配对，如图5-44所示。

16 添加阀杆。选择"装配"→"组件"→"添加"选项🔧，在弹出的对话框中单击"打开"按钮🖼，弹出"部件名"对话框。选择本书素材中的"阀杆.prt"文件，指定放置方式为"约束"。

17 对齐约束阀杆。在"约束类型"列表框中选择"接触对齐"选项，在"方位"下拉列表中选择"首选接触"选项，在"组件预览"对话框中选择阀杆的安装面，然后在工作区中选取阀体对应的安装面，单击对话框中的"应用"按钮，即可定位两组件的对齐约束，如图5-45所示。

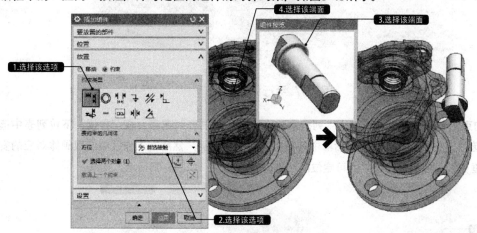

图5-45 接触对齐约束阀杆

18 中心对齐约束阀杆。在"约束类型"列表框中选择"接触对齐"选项，在"方位"下拉列表中选择"自动判断中心/轴"选项，分别选择阀杆和阀体对应的中心线，单击对话框中的"应用"按钮，即可，如图5-46所示。

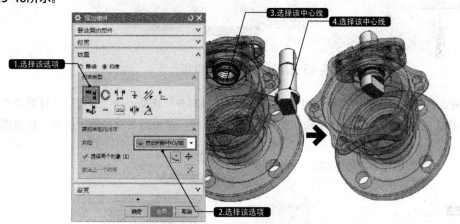

图5-46 中心对齐约束阀杆

19 平行约束阀杆。在"约束类型"列表框中选择"平行"选项，在工作区中选择填料压盖定位边缘线和阀杆切割平面，单击对话框中的"确定"按钮，即可完成阀杆的装配，如图5-47所示。

20 添加定位块。选择"装配"→"组件"→"添加"🔧选项，在弹出的对话框中单击"打开"按钮🖼，弹出"部件名"对话框。选择本书素材中的"定位板.prt"文件，指定"放置"方式为"约束"。

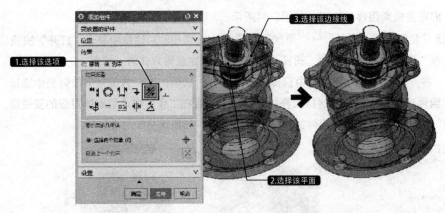

图5-47 平行约束阀杆

21 接触对齐约束定位板。在"约束类型"列表框中选择"接触对齐"选项，在"方位"下拉列表中选择"首选接触"选项，在"组件预览"对话框中选择定位块的安装面，然后在工作区中选取阀体对应的安装面，单击对话框中的"应用"按钮，即可定位两组件的对齐约束，如图5-48所示。

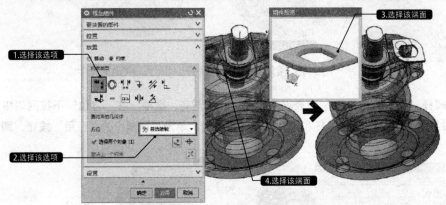

图5-48 接触对齐约束定位板

22 中心对齐约束定位板。在"约束类型"列表框中选择"接触对齐"选项，在"方位"下拉列表中选择"自动判断中心/轴"选项，分别选择定位块和阀体对应的中心线，单击对话框中的"应用"选项即可，如图5-49所示。

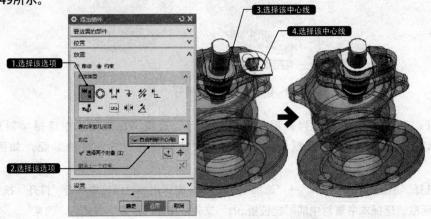

图5-49 中心对齐约束定位板

23 接触约束定位板。在"约束类型"列表框中选择"接触对齐"选项,在"方位"下拉列表中选择"首选接触"选项,在"组件预览"对话框中选择定位块孔内侧的安装面,然后在工作区中选择阀杆上对应的安装面,单击对话框中的"确定"按钮,即可完成定位板的装配,如图5-50所示。

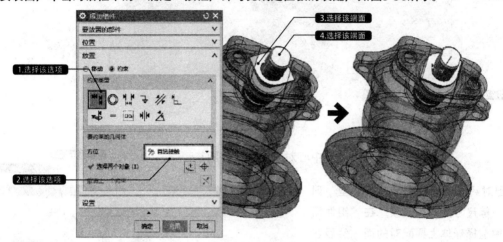

图5-50 接触约束定位板

24 添加密封圈1。选择"装配"→"组件"→"添加"选项 🔧,在弹出的对话框中单击"打开"按钮 🔲,弹出"部件名"对话框。选择本书素材中的"密封圈1.prt"文件,指定"放置"方式为"约束"。

25 对齐约束密封圈1。在"约束类型"列表框中选择"接触对齐"选项,在"方位"下拉列表中选择"首选接触"选项,在"组件预览"对话框中选择密封圈1的安装面,然后在工作区中选择阀体对应的安装面,单击对话框中的"应用"按钮,即可定位两组件的对齐约束,如图5-51所示。

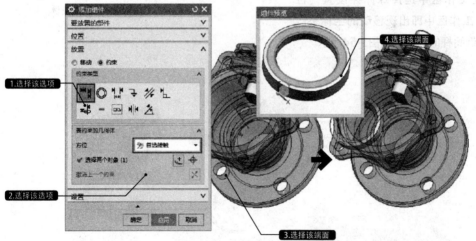

图5-51 接触对齐约束密封圈1

26 中心对齐约束密封圈1。在"约束类型"列表框中选择"接触对齐"选项,在"方位"下拉列表中选择"自动判断中心/轴"选项,分别选择密封圈1和阀体对应的中心线,单击对话框中的"确定"按钮,即可,如图5-52所示。

27 添加球体。选择"装配"→"组件"→"添加"选项 🔧,在弹出的对话框中单击"打开"按钮 🔲,弹出"部件名"对话框。选择本书素材中的"球体.prt"文件,指定"放置"方式为"约束"。

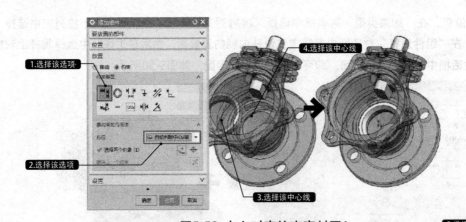

图5-52 中心对齐约束密封圈1

28 等尺寸配对约束球体。在"约束类型"列表框中选择"等尺寸配对"选项，在"组件预览"对话框中选择球体上要配对的面，然后在工作区中选择阀杆上对应的配对面，单击对话框中的"确定"按钮，即可完成位两组件的等尺寸配对约束，如图5-53所示。

29 移动球体。选择"装配"→"组件位置"→"移动组件"选项 🔧，弹出"移动组件"对话框。在"运动"下拉列表中选择"动态"选项，在工作区中选择球体并设置"位置"选项组，工作区中即出现移动的坐标系，移动球体到靠近阀杆的位置，如图5-54所示。

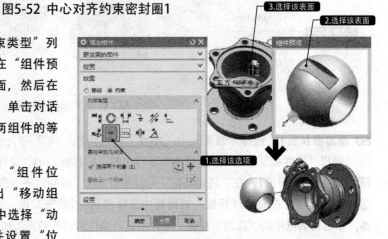

图5-53 等尺寸配对约束球体

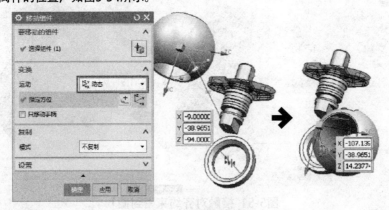

图5-54 移动球体

30 接触对齐约束球体。选择"装配"→"组件位置"→"装配约束"选项 🔧，弹出"装配约束"对话框。在"约束类型"列表框中选择"接触对齐"选项，在"方位"下拉列表中选择"首选接触"选项，在工作区中选择阀杆和球体对应的贴合面，单击对话框中的"应用"按钮，即可定位两组件的对齐约束，如图5-55所示。

31 垂直约束球体。在"约束类型"下拉列表中选择"垂直"选项，在工作区中选择球体上孔盒阀杆的中心线，单击"确定"按钮，即可定位两组件的垂直约束，如图5-56所示。

图5-55 接触对齐约束球体

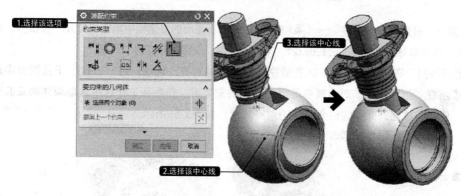

图5-56 垂直约束球体

32 添加垫片1。选择"装配"→"组件"→"添加"选项 ，在弹出的对话框中单击"打开"按钮 ，弹出"部件名"对话框。选择本书素材中的"垫片1.prt"文件，指定"放置"方式为"约束"。

33 接触对齐约束垫片1。在"约束类型"列表框中选择"接触对齐"选项，在"方位"下拉列表中选择"首选接触"选项，在"组件预览"对话框中选择垫片的安装面，然后在工作区中选择阀体的安装面，单击对话框中的"应用"按钮，即可定位两组件的对齐约束，如图5-57所示。

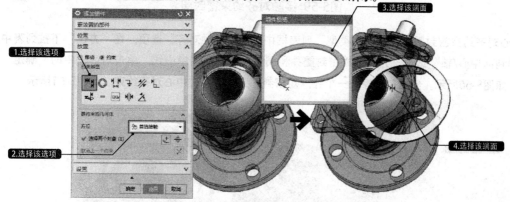

图5-57 接触对齐约束垫片1

34 中心对齐约束垫片1。在"约束类型"列表框中选择"接触对齐"选项，在"方位"下拉列表中选择"自动判断中心/轴"选项，分别选择垫片和阀体对应的中心线，单击对话框中的"确定"按钮，即可，如图5-58所示。

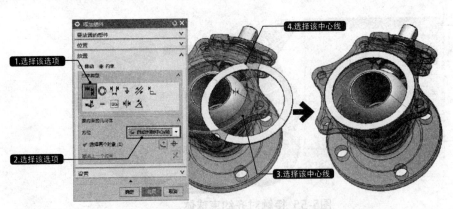

图5-58 中心对齐约束垫片1

35 添加密封圈。选择"装配"→"组件"→"添加"选项 ，在弹出的对话框中单击"打开"按钮 ，弹出
"部件名"对话框。选择本书素材中的"密封圈.prt"文件，指定"放置"方式为"约束"。

36 接触对齐约束密封圈。在"约束类型"列表框中选择"接触对齐"选项，在"方位"下拉列表中选择
"首选接触"选项，在"组件预览"对话框中选择密封圈的安装面，然后在工作区中选取泵体的安装面，
单击对话框中的"应用"按钮，即可定位两组件的对齐约束，如图5-59所示。

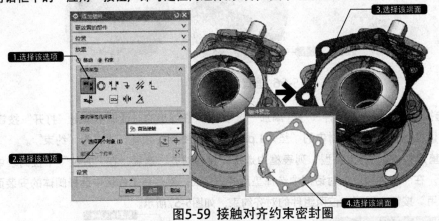

图5-59 接触对齐约束密封圈

37 中心对齐约束密封圈。在"约束类型"列表框中选择"接触对齐"选项，在"方位"下拉列表中选择
"自动判断中心/轴"选项，分别选择密封圈孔和阀体上孔对应的中心线，单击对话框中的"确定"按钮
即可，如图5-60所示。然后在选择另一个孔，对密封圈进行第二次中心对齐约束，如图5-61所示。

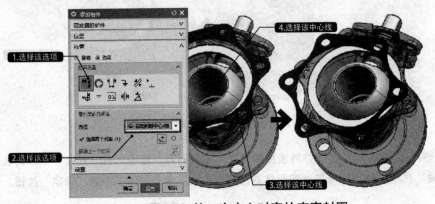

图5-60 第一次中心对齐约束密封圈

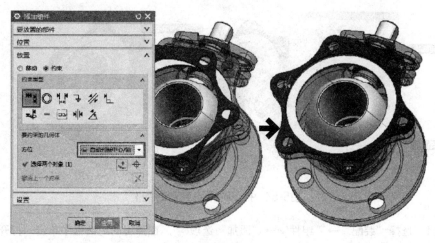

图5-61 第二次中心对齐约束密封圈

38 装配左阀体。按照装配右阀体的方法，添加左阀体
组件"左阀体.prt"，对其进行对齐和中心对齐约束，
如图5-62所示。

39 添加密封圈1。将工作区中右阀体以及右阀体上的组
件隐藏，选择"装配"→"组件"→"添加"选项 ，
，在弹出的对话框中单击"打开"按钮 ，弹出"部
件名"对话框。选择本书素材中的"密封圈1.prt"文
件，指定"放置"方式为"约束"。

40 接触对齐约束密封圈1。在"约束类型"下拉列表
中选择"接触对齐"选项，在"方位"下拉列表中选

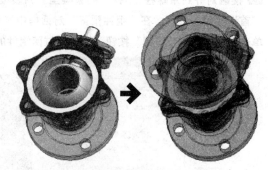

图5-62 装配左阀体

择"首选接触"选项，在"组件预览"对话框中选择密封圈1的安装面，然后在工作区中选择阀体的安装
面，单击对话框中的"应用"按钮，即可定位两组件的对齐约束，如图5-63所示。

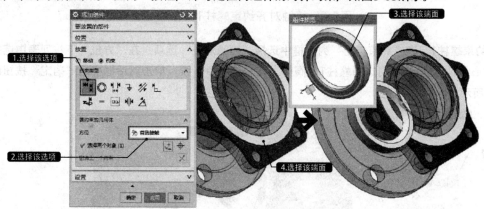

图5-63 对齐约束密封圈1

41 中心对齐约束密封圈1。在"约束类型"列表框中选择"接触对齐"选项，在"方位"下拉列表中选
择"自动判断中心/轴"选项，分别选择密封圈和左阀体对应的中心线，单击对话框中的"确定"按钮即
可，如图5-64所示。

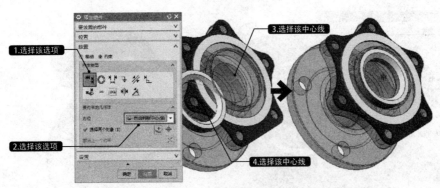

图5-64 中心对齐约束密封圈1

42 添加螺柱1。选择"装配"→"组件"→"添加"选项 📑，在弹出的对话框中单击"打开"按钮 📁，弹出"部件名"对话框。选择本书素材中的"螺柱1.prt"文件，指定"放置"方式为"约束"。

43 接触对齐约束螺柱1。在"约束类型"列表框中选择"接触对齐"选项，在"方位"下拉列表中选择"首选接触"选项，在"组件预览"对话框中选择螺柱1的安装面，然后在工作区中选择阀体的安装面，单击对话框中的"应用"按钮，即可定位两组件的对齐约束，如图5-65所示。

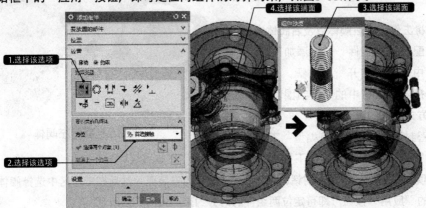

图5-65 接触对齐约束螺柱1

44 中心对齐约束螺柱1。在"约束类型"列表框中选择"接触对齐"选项，在"方位"下拉列表中选择"自动判断中心/轴"选项，分别选择螺柱1和阀体上孔对应的中心线，单击对话框中的"确定"按钮即可，如图5-66所示。

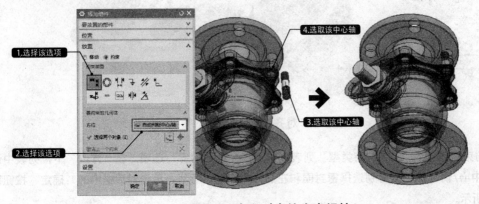

图5-66 中心对齐约束密螺柱1

45 添加螺母1。选择"装配"→"组件"→"添加"选项 ，在弹出的对话框中单击"打开"按钮 ，弹出"部件名"对话框。选择本书素材中的"螺母1.prt"文件，指定"放置"方式为"约束"。

46 接触对齐约束螺母1。在"约束类型"列表框中选择"接触对齐"选项，在"方位"下拉列表中选择"首选接触"选项，在"组件预览"对话框中选择螺母1的安装面，然后在工作区中选择阀体对应的安装面，单击对话框中的"应用"按钮，即可定位两组件的对齐约束，如图5-67所示。

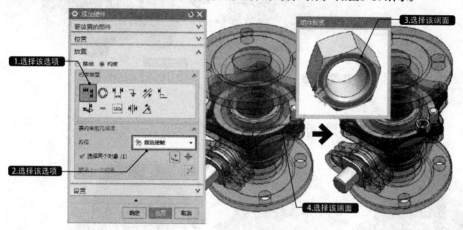

图5-67 接触对齐约束螺母1

47 中心对齐约束螺母1。在"约束类型"列表框中选择"接触对齐"选项，在"方位"下拉列表中选择"自动判断中心/轴"选项，分别选择螺母1和螺柱1对应的中心线，单击对话框中的"确定"按钮即可，如图5-68所示。

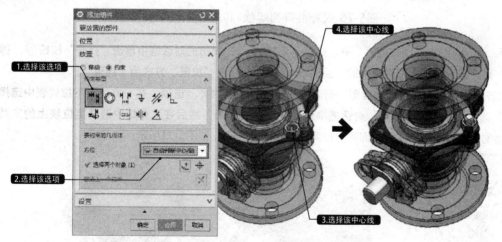

图5-68 中心对齐约束密螺母1

48 阵列螺母1和螺柱1。选择"装配"→"组件"→"阵列组件"选项 ，弹出"阵列组件"对话框。在工作区中选择要阵列的螺母和螺柱，选择阵列"布局"方式为"圆形"，并设置阵列参数，如图5-69所示。

49 装配并阵列螺栓1和螺母1。按照步骤42～步骤48同样的方法，添加"螺母1.prt"和"螺栓1.prt"组件，装配并阵列螺栓1和螺母1，如图5-70所示。

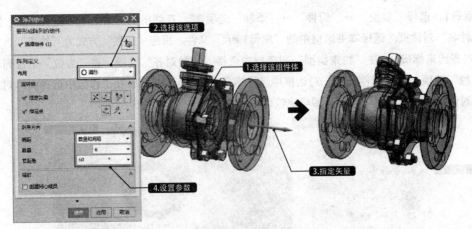

图5-69 阵列螺母1和螺柱1

图5-70 装配并阵列螺栓1和螺母1

50 添加扳手。选择"装配"→"组件"→"添加"选项 ，在弹出的对话框中单击"打开"按钮 ，弹出"部件名"对话框。选择本书素材中的"扳手.prt"文件，指定"放置"方式为"约束"。

51 第一次对齐约束扳手。在"约束类型"列表框中选择"接触对齐"选项，在"方位"下拉列表中选择"首选接触"选项，在"组件预览"对话框中选择扳手的安装面，然后在工作区中选择定位块上的安装面，单击对话框中的"应用"按钮，即可定位两组件的对齐约束，如图5-71所示。

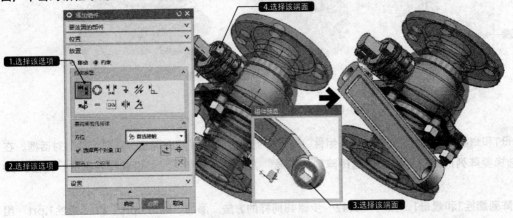

图5-71 第一次对齐约束扳手

52 中心对齐约束扳手。在"约束类型"列表框中选择"接触对齐"选项,在"方位"下拉列表中选择"自动判断中心/轴"选项,分别选择扳手和阀杆对应的中心线,单击对话框中的"应用"按钮即可,如图5-72所示。

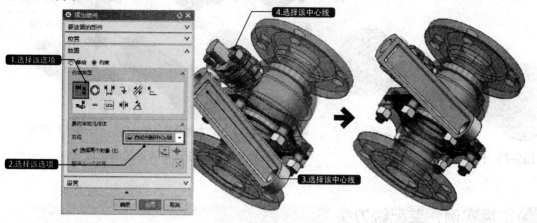

图5-72 中心对齐约束扳手

53 第二次对齐约束扳手。在"约束类型"列表框中选择"接触对齐"选项,在"方位"下拉列表中选择"首选接触"选项,在工作区中选择扳手内侧孔的平面和阀杆的定位平面,如图5-73所示。扳手第二次对齐约束后的效果如图5-74所示。

图5-73 第二次对齐约束扳手　　　　　　图5-74 第二次对齐约束扳手效果

5.2.4 扩展实例:装配十字轴关节联轴器

原始文件: 素材\第5章\5.2\十字轴关节联轴器\

最终文件: 素材\第5章\5.2\十字轴关节联轴器\十字轴关节联轴器.prt

　　本实例装配一个十字轴关节联轴器,效果如图5-75所示。该联轴器由连接杆、十字轴和法兰盘等组件组成。装配该实例时,可以先将连接杆A通过绝对原点的方式定位在工作区中;然后通过约束的方式约束装配其他的组件。装配顺序依次为连接杆B、十字轴A、十字轴B、法兰盘A、法兰盘B。该实例的装配较为简单,通过接触对齐、距离、中心等约束工具即可完成,其装配流程如图5-76所示。

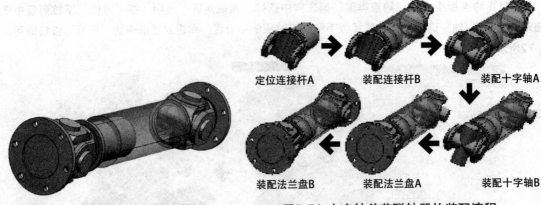

图5-75 十字轴关节联轴器效果

图5-76 十字轴关节联轴器的装配流程

5.2.5 扩展实例：装配铣刀头

原始文件：素材\第5章\5.2\铣刀头\
最终文件：素材\第5章\5.2\铣刀头\铣刀头.prt

本实例装配一个铣刀头，效果如图5-77所示。该铣刀头由连接杆、钻头、刀片及螺钉等组件组成。装配该实例时，可以先将连接杆通过绝对原点的方式定位在工作区中。然后通过约束的方式约束装配其他的组件。装配顺序依次为钻头、刀片、螺钉。该实例的装配较为简单，通过接触对齐、距离、中心等约束工具即可完成，其装配流程如图5-78所示。

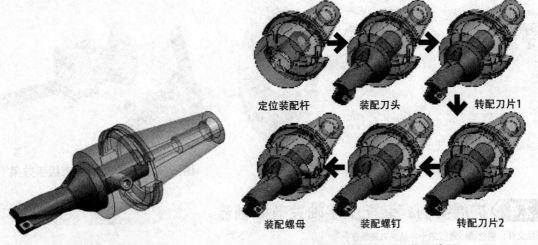

图5-77 铣刀头装配效果

图5-78 铣刀头的装配流程

5.3 装配万向节

原始文件：素材\第5章\5.3\万向节\
最终文件：素材\第5章\5.3\万向节\万向节.prt
视频文件：视频\5.3装配万向节.mp4

本实例是装配一个万向节，效果如图5-79所示。该万向节由十字轴、密封圈、轴承滚子、轴承盖及U型接头等组件构成。通过本实例可以学习"中心约束""接触对齐""组件阵列""旋转组件"等工具的使用方法。

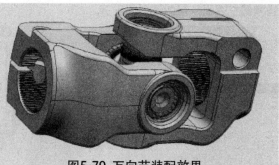

图5-79 万向节装配效果

5.3.1 装配流程图

装配该实例时，可以先将十字轴通过绝对原点的方式定位在工作区中；然后通过约束的方式约束装配其他的部件，依次接触对齐密封圈、轴承滚子和轴承盖，并利用组件阵列的"圆形阵列"工具阵列其他的轴承滚子和轴承盖；最后利用"移动组件""中心约束"和"距离约束"工具装配U型接头，即可完成万向节的装配。其装配流程如图5-80所示。

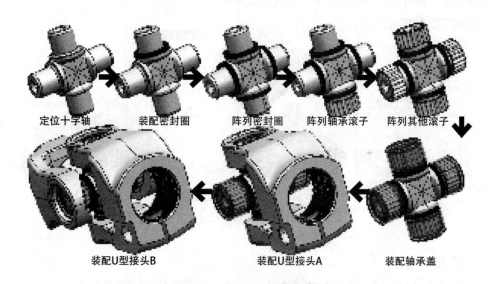

图5-80 万向节的装配流程

5.3.2 相关知识点

1. 接触对齐约束

在"约束类型"列表框中选择"接触对齐"约束类型后，系统默认接触方式为"首选接触"方式，首选接触和接触属于相同的约束类型，即指定关联类型定位两个同类对象相一致。

其中指定两平面对象为参照时，共面且法线方向相反，如图5-81所示。对于锥体，系统首先检查其角度是否相等，如果相等，则对齐轴线；对于曲面，系统先检验两个面的内外直径是否相等，若相等则对齐两个面的轴线和位置；对于圆柱面，要求相配组件直径相等才能对齐轴线。对于边缘、线和圆柱表面，接触类似于对齐。

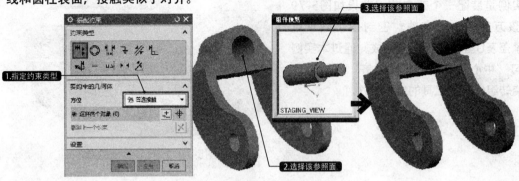

图5-81 接触对齐约束

2. 自动判断中心/轴约束

"自动判断中心/轴"约束方式指对于选择的两回转体对象，系统将根据选择的参照自动判断，从而获得接触对齐约束效果。在"方位"下拉列表中选择"自动判断中心/轴"方式后，依次选择两个组件对应参照，即可获得该约束效果，如图5-82所示。

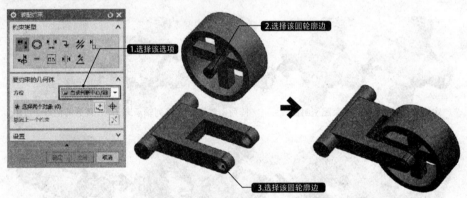

图5-82 设置自动判断中心/轴约束

3. 圆周阵列组件

圆周阵列同样用于创建一个二维组件阵列，也可以创建正交或非正交的主组件阵列。与线性阵列不同之处在于：圆周阵列是将对象沿轴线执行圆周均匀阵列操作。要创建组件圆周阵列，选择"装配"→"组件"→"阵列组件"选项，弹出"阵列组件"对话框。在"布局"下拉列表中选择"圆形"选项，指定旋转轴和旋转中心之后，设置阵列的数量和节距角，如图5-83所示。单击"确定"按钮，即可完成组件的圆周阵列。

图5-83 圆形阵列组件

5.3.3 具体装配步骤

01 新建装配文件。新建一个名为"万向节"的装配文件，进入装配界面，系统自动弹出"添加组件"对话框。在弹出的对话框中单击"打开"按钮，弹出"部件名"对话框。

02 定位十字轴。打开"部件名"对话框，浏览本书的素材，选择"十字轴.prt"文件，返回"添加组件"对话框。指定"装配位置"为"绝对坐标系-工作部件"，如图5-84所示。

03 添加密封圈。选择"装配"→"组件"→"添加"选项，在弹出的对话框中单击"打开"按钮，弹出"部件名"对话框。选择本书素材中的W19048.prt文件，指定"放置"方式为"约束"，如图5-85所示。

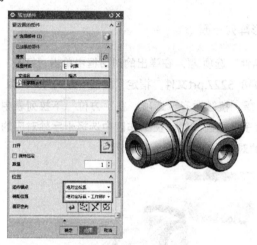

图5-84 定位十字轴

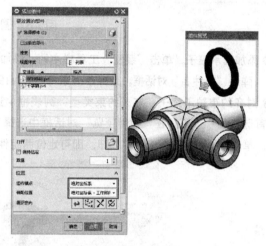

图5-85 添加密封圈

04 接触对齐约束密封圈。在"约束类型"列表框中选择"接触对齐"选项，在"方位"下拉列表中选择"首选接触"选项，在"组件预览"对话框中选择密封圈的安装面，然后在工作区中选择十字轴上对应的安装面，单击对话框中的"确定"按钮，即可定位两组件的对齐约束，如图5-86所示。

图5-86 基础对齐约束密封圈

05 阵列密封圈。选择"装配"→"组件"→"阵列组件"选项，弹出"阵列组件"对话框。选择要阵列的密封圈，选择"布局"方式为"圆形"，选择ZC轴为阵列轴，指定十字轴中心点作为阵列轴通过点，设置阵列参数，如图5-87所示。

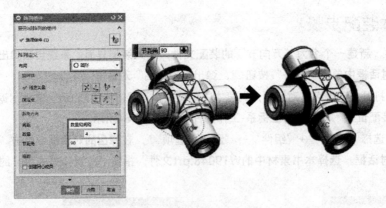

图5-87 圆形阵列垫圈

06 添加轴承滚子。单击"装配"工具栏中的"添加组件"选项 📷，在弹出的对话框中单击"打开"按钮 📁，弹出"部件名"对话框。选择本书素材中的W19048_5227.prt文件，指定"放置"方式为"约束"。

07 对齐约束轴承滚子。在"约束类型"列表框中选择"接触对齐"选项，在"方位"下拉列表中选择"首选接触"选项，在"组件预览"对话框中选择滚子的端面，然后在工作区中选择十字轴对应的安装面，单击对话框中的"应用"按钮，即可定位两组件的对齐约束，如图5-88所示。

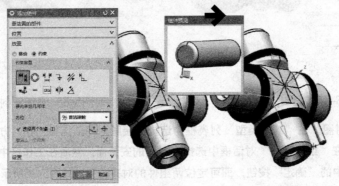

图5-88 对齐约束轴承滚子

08 接触约束轴承滚子。在"约束类型"列表框中选择"接触对齐"选项，在"方位"下拉列表中选择"首选接触"选项，在工作区中选择滚子和十字轴的圆柱面，单击对话框中的"确定"按钮，即可完成轴承滚子的装配，如图5-89所示。

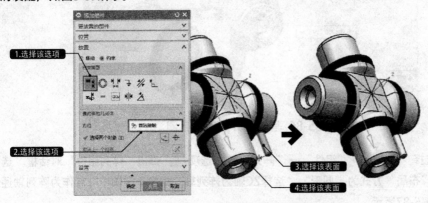

图5-89 接触约束轴承滚子

09 圆形阵列轴承滚子。选择"装配"→"组件"→"阵列组件"选项 🔧，弹出"阵列组件"对话框。选择要阵列的轴承滚子，选择"布局"方式为"圆形"，选择十字轴圆柱面为阵列轴参考，指定圆形边线中心点作为阵列轴通过点，设置"阵列"参数如图5-90所示。

10 阵列轴承滚子。选择"装配"→"组件"→"阵列组件"选项 🔧，弹出"阵列组件"对话框。选择要阵列的轴承滚子，选择"布局"方式为"圆形"，选择ZC轴为阵列轴参考，指定十字轴中心点作为阵列轴通过点，设置"阵列"参数如图5-91所示。

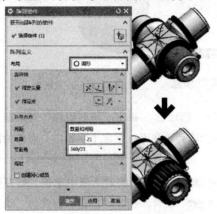

图5-90 圆形阵列轴承滚子　　　　　　　　　图5-91 组件阵列轴承滚子

11 添加轴承盖。选择"装配"→"组件"→"添加"选项 🔧，在弹出的对话框中单击"打开"按钮 🔧，弹出"部件名"对话框。选择本书素材中的W19048_4971.prt文件，指定"放置"方式为"约束"。

12 接触对齐约束轴承盖。在"约束类型"列表框中选择"接触对齐"选项，在"方位"下拉列表中选择"首选接触"选项，在"组件预览"对话框中选择轴承盖的安装面，然后在工作区中选取十字轴对应的安装面，单击对话框中的"应用"按钮，即可定位两组件的对齐约束，如图5-92所示。

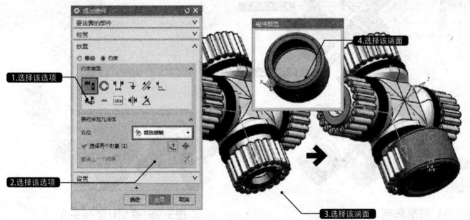

图5-92 接触对齐约束轴承盖

13 中心对齐约束轴承盖。在"约束类型"列表框中选择"接触对齐"选项，在"方位"下拉列表中选择"自动判断中心/轴"选项，分别选择螺柱和阀体上孔对应的中心线，单击对话框中的"确定"按钮即可，如图5-93所示。

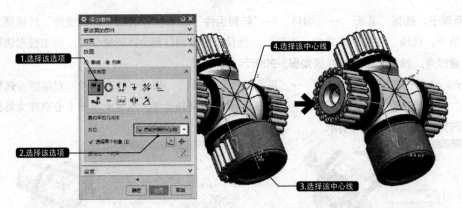

图5-93 中心对齐约束轴承盖

14 圆形阵列轴承盖。选择"装配"→"组件"→"阵列组件"选项，弹出"阵列组件"对话框。选择要阵列的轴承盖，选择"布局"方式为"圆形"，选择ZC轴为阵列轴参考，指定十字轴中心点作为阵列轴通过点，设置阵列参数，如图5-94所示。

15 添加U型接头A。选择"装配"→"组件"→"添加"选项，在弹出的对话框中单击"打开"按钮，弹出"部件名"对话框。选择本书素材中的"U型接头A.prt"文件，指定"放置"方式为"约束"，单击"确定"按钮，弹出"添加组件"对话框。

16 装配U型接头A。在"约束类型"列表框中选择"中心"选项，在"子类型"下拉列表中选择"2对1"选项，选择工作区中十字轴和U型接头的中心线，单击"应用"按钮；然后在对话框的"约束类型"列表框中选择"距离"选项，选择工作区中十字轴和U型接头的端面，设置"距离"约束值为3.05，单击对话框中的"确定"按钮即可，如图5-95所示。

图5-94 圆形阵列轴承盖　　　　　图5-95 装配U型接头A

17 旋转U型接头A。选择"装配"→"组件位置"→"移动组件"选项，弹出"移动组件"对话框。在"运动"下拉列表中选择"角度"选项。

18 在工作区中选择上步骤添加的U型接头，并在工作区中选择X轴为旋转轴，设置旋转"角度"为90，如图5-96所示。

19 添加U型接头B。选择"装配"→"组件"→"添加"选项，在弹出的对话框中单击"打开"按钮，弹出"部件名"对话框。选择本书素材中的"U型接头B.prt"文件，指定"放置"方式为"约

束", 单击"确定"按钮, 弹出"装配约束"对话框。不设置任何约束, 单击"确定"按钮, 将U型
接头B添加到组件中, 如图5-97所示。

图5-96 旋转U型接头A

图5-97 添加U型接头B

20 第一次旋转U型接头B。选择"装配"→"组件位置"→"移动组件"选项 , 弹出"移动组件"对话
框, 在"运动"下拉列表中选择"角度"选项, 在工作区中选择上步骤添加的U型接头B, 并在工作区中
选择Z轴为旋转轴, 设置旋转"角度"为90, 如图5-98所示。

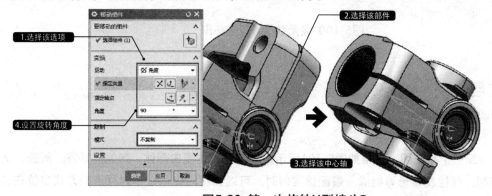

图5-98 第一次旋转U型接头B

21 第二次旋转U型接头B。选择"装配"→"组件位置"→"移动组件"选项 , 弹出"移动组件"对话
框。在"运动"下拉列表中选择"角度"选项, 在工作区中选择添加的U型接头B, 并在工作区中选择Y轴
为旋转轴, 设置旋转"角度"为90, 如图5-99所示。

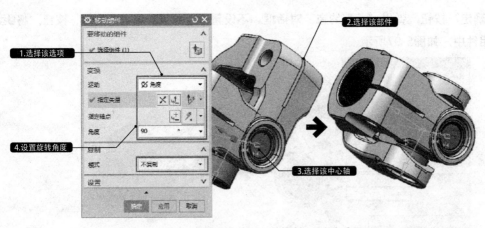

图5-99 第二次旋转U型接头B

22 装配U型接头B。在"约束类型"列表框中选择"中心"选项，在"子类型"下拉列表中选择"2对1"选项，选择工作区中十字轴和U型接头的中心线，单击"应用"按钮；然后在对话框的"类型"列表框中选择"距离"选项，选择工作区中十字轴和U型接头B的端面，设置"距离"约束值为3.05，单击对话框中的"确定"按钮即可，如图5-100所示。

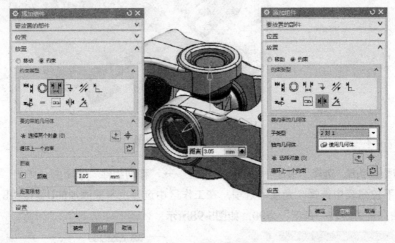

图5-100 装配约束U型接头B

5.3.4 扩展实例：装配减压阀

原始文件：素材\第5章\5.3\减压阀\

最终文件：素材\第5章\5.3\减压阀\减压阀.prt

本实例将装配一个减压阀，效果如图5-101所示。该减压阀主要由阀体、弹簧、端盖、阀盖、活塞、阀盘、旋柄、螺栓及螺母等组成。装配该实例时，可以先将阀体通过绝对原点的方式定位在工作区中；然后通过接触约束、中心约束和距离约束将弹簧、活塞、阀盘、阀盖、旋柄装配到工作区中；最后通过组件圆形阵列将螺栓和螺母阵列到减压阀的螺栓孔中，即可完成减压阀的装配。其装配流程如图5-102所示。

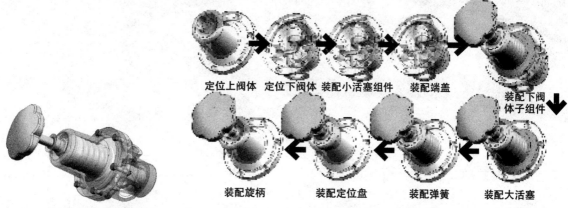

图5-101 减压阀装配效果

图5-102 减压阀的装配流程

5.3.5 扩展实例：装配二级齿轮减速器

原始文件：素材\第5章\5.3\二级齿轮减速器\

最终文件：素材\第5章\5.3\二级齿轮减速器\二级齿轮减速器.prt

　　本实例将装配一台二级齿轮减速器，效果如图5-103所示。该减速器由缸体、端盖、轴承、齿轮、轴、齿轮轴、缸盖、观察盖板、通气器、油标螺杆及螺栓螺母等组成。装配该实例时，可以分别装配输出轴、中间轴子组件、输入轴子组件、密封圈、端盖、缸盖及观察盖板，即可完成二级齿轮减速器的装配。其装配流程如图5-104所示。

图5-103 二级齿轮减速器装配效果

图5-104 二级齿轮减速器的装配流程

第6章

运动仿真

利用UG NX 12.0对设计的模型进行运动仿真，能够模拟真实环境中的工作状况并对其进行分析和判断，尽早发现设计的缺陷和潜在的失败可能，提前进行改善和修正，达到了优化设计的目的，从而减少后期修改付出的昂贵代价，并且缩短产品设计的周期。NX运动仿真模块（NX/Motion Simulation）用于建立运动机构模型，它能对任何二维或三维机构进行复杂的运动分析、静力分析。

UG NX 12.0的运动仿真的功能赋予模型的各个部件一定的运动学特性，再在各个部件之间设立一定的连接关系即可建立一个运动仿真模型。本章通过4个精选实例，详细介绍了创建连杆、创建运动副以及相关运动分析工具的使用。

6.1　椭圆仪运动仿真

原始文件：素材\第6章\6.1\椭圆仪\装配体.prt
最终文件：素材\第6章\6.1\椭圆仪\装配体\motion_1.sim
视频文件：视频\6.1椭圆仪运动仿真.mp4

本实例是创建一个椭圆仪的运动仿真，效果如图6-1所示。该椭圆仪由导轨盘、滑块、插销、运动杆及旋转杆等部件组成。椭圆仪是根据椭圆曲线形成规律设计的，运动杆上固定点的扫描轨迹即为一个椭圆轮廓。通过本实例可以学习"连杆""旋转副""滑块""标记""追踪"等工具的使用方法。

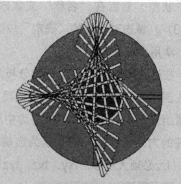

图6-1　椭圆仪运动仿真效果

6.1.1　机构运动要求

椭圆仪运动杆两端通过滑块固定在导轨盘上，反面的旋转杆一端插销连接在运动杆中间，另一端连接在导轨盘中央。从理论上分析，旋转驱动位于旋转连杆的任何一端，都可以使运动杆上任意一点扫描出椭圆。对于机构的稳定性来说，旋转驱动应该选择旋转连杆与导轨盘中央连接的一端，如图6-2所示。

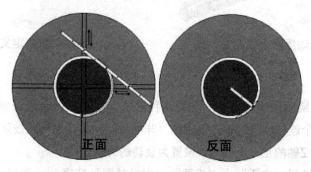

正面　　　　　　反面

图6-2　椭圆仪运动分析

6.1.2 相关知识点

1. 创建连杆

创建连杆的对象包含三维有质量、体积的实体及二维的曲线和点。每个连杆均可以包含多个对象（可以是二维与三维的混合），对象之间可有干涉和间隙。连杆定义时应注意以下几点：

◆ 对象不能重复使用，如果第一个连杆已经定义，第二个就不能再选择该对象。

◆ 如果连杆不需要运动，可以选择"无运动副固定连杆"复选框，使几何体固定。

◆ 整个运动机构模型必须有一个固定连杆或固定运动副，否则将不能对其模型进行解算。

» 自动质量方式

在三维实体连杆中，几何体具有体积和质量，对于反作用力、动力学分析等，必须考虑质量。质量特性包括质量、质心和惯性距，在定义连杆时可以在相应的文本框输入参数。

要创建连杆，可选择"主页"→"设置"→"连杆"选项 ，或选择"菜单"→"插入"→"链接"选项，弹出"连杆"对话框，如图6-3所示。在工作区中选择几何体作为连杆对象，可以是一个或多个对象（点、线、片体、实体）。默认对话框中"质量属性选项"选项组中的"自动"状态，然后在"名称"文本框输入连杆名称，也可以采用默认名称（格式为L001、L002、L003），单击对话框的"确定"按钮，即可完成连杆的创建。

» 用户定义质量方式

在进行反作用力、动力学分析时，需要采用用户定义质量方式创建连杆。当用户选择定义质量方式创建连杆需将"质量属性选项"选项组设置为"用户定义"状态，此时会展开"质量和力矩"选项组。其中对于直线，质心为中点，圆的质心为原点，比较复杂的曲线、片体一般在几何中心。连杆的力矩坐标系一般默认为当前的绝对坐标系。"质量"文本框中即为实际的质量，其中I_{xx}、I_{yy}、I_{zz}必须大于零，I_{xy}、I_{xz}、I_{yz}可以是任意值，如图6-4所示。

图6-3 自动质量方式

图6-4 用户定义质量方式

2. 创建旋转副

旋转副可以使部件绕轴做旋转运动。它有两种形式：一种是两个连杆绕同一轴作相对的转动（啮合），另一种是一个连杆绕固定轴进行旋转（非啮合）。旋转副一共被限制了5个自由度，物体只能沿方位的Z轴旋转，Z轴的正、反向可以设置为旋转的方向。

要创建旋转副，可选择"主页"→"设置"→"运动副"选项 ，弹出"运动副"对话框，在

"类型"下拉列表中选择"旋转副"选项，在工作区中选择已经创建好的连杆，并指定转动的原点和方位。如果需要啮合连杆，可选择"啮合连杆"复选框，在工作区中选择另一连杆为啮合连杆，并指定同样的转动原点和方位。如果需要设置该旋转副为驱动，可以选择"驱动"选项卡，设置驱动参数。创建方法如图6-5所示。

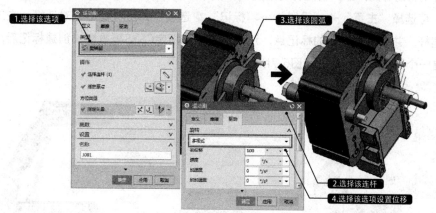

图6-5 创建旋转副的方法

3. 创建滑块

滑块可以连接两个部件，并保持接触和相对的滑动。在滑块中一共被限制了5个自由度，物体只能沿方位的Z轴方向运动，Z轴正反方向可以设置运动的方向。

要创建旋转副，可选择"主页"→"设置"→"运动副"选项 🔧，弹出"运动副"对话框。在"类型"下拉列表中选择"滑块"选项，在工作区中选择创建好的连杆，并指定转动的原点和方位。如果需要啮合连杆，选择"啮合连杆"复选框，在工作区中选择另一连杆为啮合连杆，并指定同样的滑动的原点和方位。如果需要设置该滑块为驱动，可以单击"驱动"选项卡，设置驱动参数，如图6-6所示。

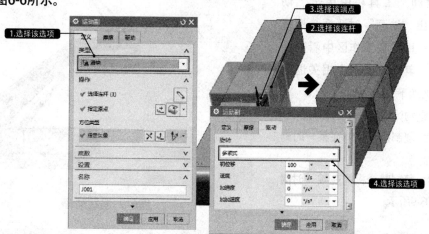

图6-6 创建滑块

4. 创建标记和追踪

标记功能常和追踪功能一起使用，可以通过这两个工具追踪连杆上的某点的运动，并可以创建某一点的位移、速度和加速度图标,甚至可以构成运动轨迹的点集。

>> 创建标记

标记用于定义在连杆上的某个点,标记和智能点相比有明确的方向定义。标记的方向特性在复杂的运动力学分析中特别有用,如分析连杆的速度、位移等。

要创建标记,可选择"主页"→"设置"→"标记" 选项,弹出"标记"对话框。在工作区中选择要标记的连杆,并指定连杆上的标记点,注意指定点和指定CSYS要重合。创建标记后,系统在标记的点处创建一个绿色的坐标系,如图6-7所示。

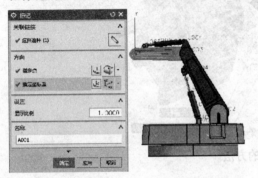

图6-7 创建标记

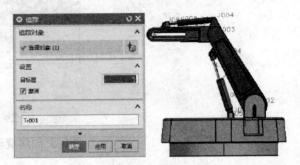

图6-8 创建追踪

>> 创建追踪

"追踪"命令可以复制模型在某个位置的备份,通过追踪可以记录机构重要的动作或对比模型之间的区别。追踪命令不仅可以手动追踪在某一时刻的模型备份,还可以自动追踪在每一步的模型备份。

要创建追踪,可选择"主页"→"分析"→"追踪"选项 ,弹出"追踪"对话框。在工作区中选择创建好的标记,并选择"激活"复选框,如图6-8所示。

追踪创建完成之后,就可通过解算求解;然后在"运动"工具栏中单击"动画"按钮 ,弹出"动画"对话框。选择"追踪"复选框,即可在工作区中看到标记点的追踪轨迹,其中对话框中相关追踪选项的具体的含义如下:

◆ 追踪:复制指定物体在每一步的模型。

◆ 追踪当前位置:复制指定物体在某一时刻的模型的模型。

◆ 追踪整个机构:复制整个机构在某一时刻的模型,如图6-9所示。

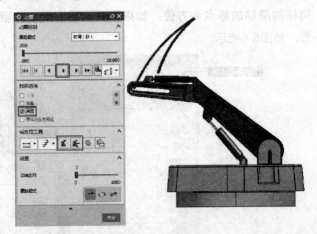

图6-9 追踪动画

6.1.3 具体创建步骤

01 进入运动仿真模块。打开本书素材中的"装配体.prt"文件,选择"文件"→"应用模块"→"运动仿真"选项,进入运动仿真模块。

02 新建仿真项目。在"运动导航器"中选择"装配体",单击鼠标右键,在弹出的快捷菜单中选择"新建仿真"选项，如图6-10所示。在弹出的"环境"对话框中选择"动力学"单选按钮，单击"确定"按钮，如图6-11所示。弹出"机构运动副向导"对话框，取消系统自动创建运动副，如图6-12所示。

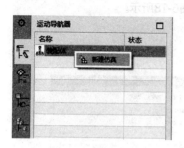

图6-10 新建仿真 　　　　　　图6-11 设置仿真环境 　　　　　　图6-12 取消运动副向导

03 创建连杆1（固定连杆）。选择"主页"→"设置"→"连杆"选项 ，弹出"连杆"对话框。在工作区中选择内外两个导轨盘，在"质量属性选项"选项组中设置质量的创建方式为"自动"，并选择"无运动副固定连杆"复选框，如图6-13所示。

04 创建连杆2。选择"主页"→"设置"→"连杆"选项 ，弹出"连杆"对话框。在工作区中选择导轨盘背面的连杆和两根转轴，在"质量属性选项"选项组中设置质量的创建方式为"自动"，并取消选择"无运动副固定连杆"复选框，如图6-14所示。

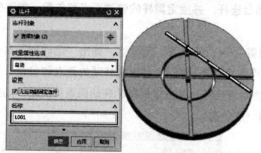

图6-13 创建连杆1（固定连杆） 　　　　　　　图6-14 创建连杆2

05 创建连杆3。选择"主页"→"设置"→"连杆"选项 ，弹出"连杆"对话框。在工作区中选择运动杆，在"质量属性选项"选项组中设置质量的创建方式为"自动"，如图6-15所示。

06 创建连杆4。选择"主页"→"设置"→"连杆"选项 ，弹出"连杆"对话框。在工作区中选择垂直的滑块和转轴，在"质量属性选项"选项组中设置质量的创建方式为"自动"，如图6-16所示。按同样的方法创建另一滑块和转轴为连杆5。

图6-15 创建连杆3 　　　　　　　　　图6-16 创建连杆4

07 创建运动副1（旋转驱动）。选择"主页"→"设置"→"运动副"选项 🔧，弹出"运动副"对话框。在"类型"下拉列表中选择"旋转副"选项，在工作区中选择连杆2，并指定转动的原点和矢量，如图6-17所示。然后选择"驱动"选项卡，设置恒定的旋转速度，如图6-18所示。

图6-17 创建运动副1（旋转驱动）

图6-18 设置旋转速度

08 创建运动副2（旋转副）。选择"主页"→"设置"→"运动副"选项 🔧，弹出"运动副"对话框。在"类型"下拉列表中选择"旋转副"选项，在工作区中选择连杆3，并指定转动的原点和矢量；然后选择"啮合连杆"复选框，在工作区中选择连杆2为啮合连杆，并指定同样的转动原点和矢量，如图6-19所示。

09 创建运动副3（旋转副）。选择"主页"→"设置"→"运动副"选项 🔧，弹出"运动副"对话框。在"类型"下拉列表中选择"旋转副"选项，在工作区中选择连杆3，并指定转动的原点和矢量；然后选择"啮合连杆"复选框，在工作区中选择水平滑块为啮合连杆，并指定同样的转动原点和矢量，如图6-20所示。按照同样的方法创建另一个滑块上的运动副4（旋转副）。

图6-19 创建运动副2（旋转副）

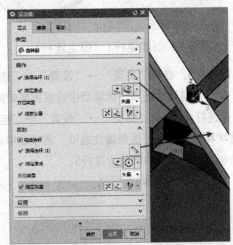

图6-20 创建运动副3（旋转副）

10 创建运动副5（滑块）。选择"主页"→"设置"→"运动副"选项 🔧，弹出"运动副"对话框。在"类型"下拉列表中选择"滑块"选项，在工作区中选择垂直滑块，并指定转动的原点和矢量，如图6-21所示。按同样的方法创建另一滑块上的运动副6（滑块）。

11 创建标记。选择主页"→"设置"→"标记"选项，弹出"标记"对话框。在工作区中选择要标记的连杆，并指定连杆上的标记点；然后指定CSYS为绝对CSYS，如图6-22所示。按同样的方法创建运动杆另一端的标记点。

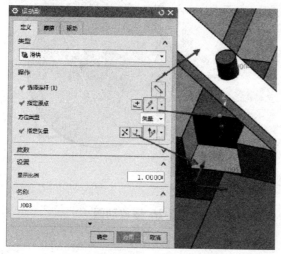

图6-21 创建运动副6（滑块）

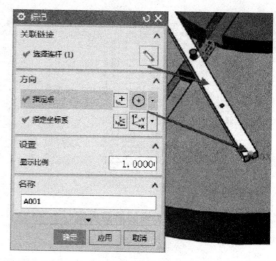

图6-22 创建标记

12 创建追踪。选择"主页"→"分析"→"追踪"选项，弹出"追踪"对话框。在工作区中选择上一步骤创建的两个标记，并启用"激活"复选框，如图6-23所示。

13 创建解算方案。选择"主页"→"设置"→"解算方案"选项，弹出"解算方案"对话框。在对话框中设置解算"时间"和"步数"参数，并在"重力"选项组中设置重力方向，如图6-24所示。

图6-23 创建追踪

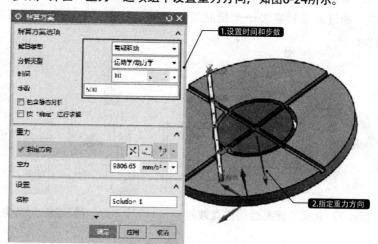

图6-24 创建解算方案

14 求解解算方案。选择"主页"→"分析"→"求解"选项，系统将会对上步骤创建的解算方案进行求解，并会弹出"信息"对话框，求解完成后关闭"信息"对话框即可，如图6-25所示。

15 创建动画。选择"主页"→"分析"→"动画"选项，弹出"动画"对话框。单击对话框中的"环"按钮和"播放"按钮，并选择"追踪"复选框，即可在工作区中看到椭圆仪的两个追踪点扫描出了两个椭圆，如图6-26所示。

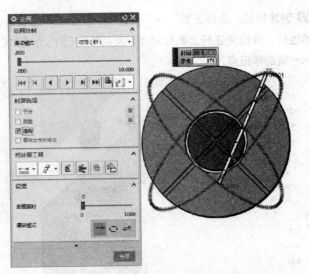

图6-25 求解解算方案　　　　　　　　图6-26 播放动画

6.1.4 扩展实例：立式快速夹运动仿真

原始文件：素材\第6章\6.1\立式快速夹\立式快速夹.prt

最终文件：素材\第6章\6.1\立式快速夹\立式快速夹\ motion_1.sim

本实例创建一个立式快速夹运动仿真，效果如图6-27所示。快速夹由底架、手柄、连板、夹臂、螺栓及螺母等组成。该实例需要定义4个连杆和4个旋转副，其中包括底座插销上的旋转驱动。通过对手柄施加一个绕底座插销的旋转驱动，该手柄即可完成松开和压紧的动作，如图6-28所示。

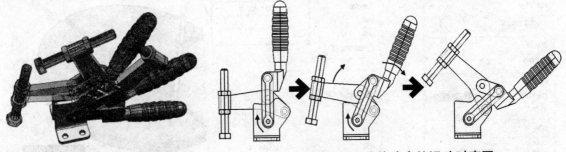

图6-27 立式快速夹运动仿真效果　　　　图6-28 立式快速夹的运动时序图

6.1.5 扩展实例：玻璃切割机运动仿真

原始文件：素材\第6章\6.1\玻璃切割机\玻璃切割机.prt

最终文件：素材\第6章\6.1\玻璃切割机\玻璃切割机\ motion_1.sim

本实例将创建一个玻璃切割机运动仿真，效果如图6-29所示。它是一个典型的三坐标运动机构，切割头能够在X、Y、Z方向任意移动，从而完成切割机在玻璃平面内的切割动作。本实例完成的是一个正弦线的切割动作，玻璃切割机的运动时序图如图6-30所示。

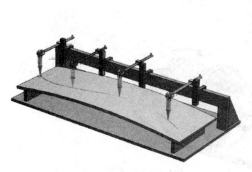

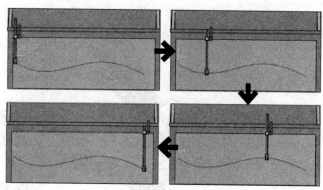

图6-29 玻璃切割机运动仿真效果　　　　　图6-30 玻璃切割机的运动时序图

6.2 夹板装置运动仿真

原始文件：素材\第6章\6.2\夹板装置\夹板装置.prt
最终文件：素材\第6章\6.2\夹板装置\夹板装置\motion_1.sim
视频文件：视频\6.2夹板装置运动仿真.mp4

　　本实例是创建一个夹板装置的运动仿真，效果如图6-31所示。该夹板装置由固定支架、架臂、压板、摆动杆、旋转杆、手柄连杆及U型连杆等部件组成。在手柄连杆处添加旋转驱动，通过曲柄连杆机构，可以使装置完成夹持工件成形。通过本实例，可以学习"3D接触""弹簧""旋转副""滑块"等工具的使用方法。

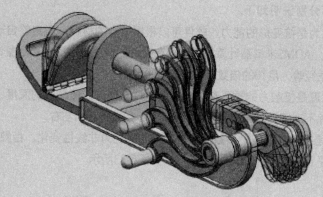

图6-31 夹板装置运动仿真效果

6.2.1 机构运动要求

　　本实例的夹板装置主要由曲柄连杆机构构成。工件放置于固定支架的槽中，通过压板的开合，压住槽中的工件，使其压制成形。其中，U型连杆在固定支架中做往复的直线运动，其他连杆在旋转的手柄作用下做摆动运动。为使得压板能够在U型连杆伸出后恢复到打开状态，其旋转副中需要设置弹簧。其运动分析如图6-32所示。

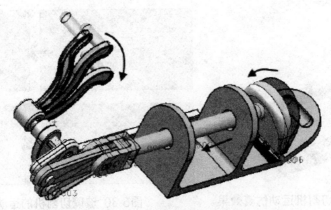

图6-32 夹板装置的运动分析

6.2.2 相关知识点

1. 3D接触

在UG NX运动仿真中，如果没有定义接触单元，连杆在发生碰撞时并不会反弹，而是直接穿透而过。3D接触是运动仿真中的一个特征，它可以创建实体与实体之间的接触。一个物体和多个物体碰撞或接触时产成的接触力运动响应由刚度、力指数、穿透深度、阻尼和摩擦这5个因素决定。它们之间有一定的关系。接触力原理方程公式如下：

$$F(contact) = k * x^e$$

式中的k、x、e由用户定义和控制，F的大小就可以确定。要注意的是，接触力方程还可以使用阻尼、摩擦修正，下面分别说明如下。

◆ 刚度k：可以简单认为是抗变形的能力。软件可以根据指定的材料、质量等自动计算，如钢和钢接触约为10^7。刚度太大，ADMS求解器计算很困难，在允许的情况下刚度值应尽量设大些。设定刚度时，如果没有，可以根据经验，用10的倍数增加值或减少值。

◆ 穿透深度x：穿透深度是接触力的重要参数，它是允许物体进入接触面的深度。在最大深度时会出现最大阻尼，为了消除不连续性，通常穿透值设置很小，在0.01mm左右。

◆ 力指数e：力指数e是接触力的一个参数，使接触力的响应为非线性变化。指数小于1，降低接触力和运动响应；指数大于1，增加接触力和运动响应，如图6-33所示。

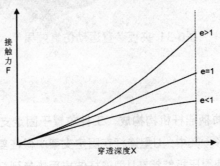

图6-33 力指数

◆ 阻尼：它对接触运动的响应起负作用。阻尼由用户定义，它作为穿透深度的函数起作用。当穿透深度为零时，阻尼也为零；当穿透深度为最大时，阻尼也为最大。

◆ 摩擦：摩擦对接触表面之间的滑动或滑动趋势起阻碍作用。在接触的瞬间，静摩擦（较大的摩擦因数）作用在接触表面，物体运动后为动摩擦（较小的摩擦因数）

要创建3D接触，可选择"主页"→"连接器"→"3D接触" 📧 选项，弹出"3D接触"对话框。在工作区中选择两个接触的连杆，按照收集材料的各种性能设置参数，还需要根据经验分析处理，如图6-34所示。

2. 弹簧

弹簧是一种弹性元件，如螺旋线弹簧、载重汽车减震钢板、钟表发条等，它的最大的特点是在受力时会发生变形，撤销力之后恢复原形。弹簧的弹力和形变的大小有关，形变越大弹力也就越大，形变为零弹力也就为零。在UG NX 12.0中，变形有两种情况：扭转形变和弯曲形变，具体说明如下。

◆ 弯曲形变：物体弯曲时发生的形变，如弹簧的伸长和缩短。

◆ 扭转形变：物体扭转时发生的形变，如扭转的发条，扭转的角度越大弹力就越大。

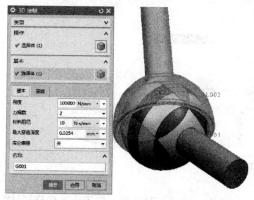
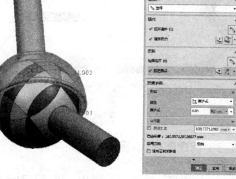

图6-34 创建3D接触

图6-35 创建弹簧

根据胡克定律弹簧弹力的大小F与弹簧的变形量X成正比，公式为 $F = k * x$。其中，k是比例常数，为弹簧的刚度，弹簧刚度的国际单位为N/m。物体的弹性形变有一定的范围，超出范围即使撤销外力，物体就不能回复原状了。

要创建弹簧，可选择"主页"→"连接器"→"弹簧" 📧 选项，弹出"弹簧"对话框。在"连接件"下拉列表中选择"连杆"选项，在工作区中选择已经创建好的连杆，选择弹簧的原点，并在"刚度"选项组中设置刚度参数，如图6-35所示。

6.2.3 具体创建步骤

01 进入运动仿真模块。打开本书素材中的"夹板装置.prt"文件，选择"应用模块"→"运动仿真"选项，进入运动仿真模块。

02 新建仿真项目。在"运动导航器"中选择"夹板装置"，单击鼠标右键，在快捷菜单中选择"新建仿真"选项，如图6-36所示。在弹出的"环境"对话框中选择"动力学"单选按钮，单击"确定"按钮，如图6-37所示。弹出"机构运动副向导"对话框，取消系统自动创建运动副，如图6-38所示。

图6-36 新建仿真　　　　　　　　图6-37 设置仿真环境　　　　　　图6-38 取消运动副向导

03 创建连杆1（固定连杆）。选择"主页"→"设置"→"连杆"选项 ✎，弹出"连杆"对话框。在工作区中选择固定的支架和架臂，在"质量属性选项"选项组中设置质量的创建方式为"自动"，并选择"无运动副固定连杆"复选框，如图6-39所示。

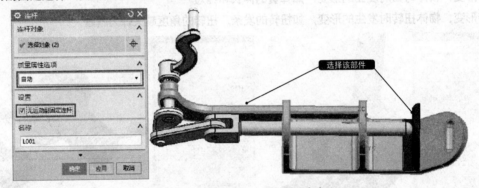

图6-39 创建连杆1（固定连杆）

04 创建连杆2。选择"主页"→"设置"→"连杆"选项 ✎，弹出"连杆"对话框。在工作区中选择U型连杆和插销，在"质量属性选项"选项组中设置质量的创建方式为"自动"，并取消选择"无运动副固定连杆"复选框，如图6-40所示。

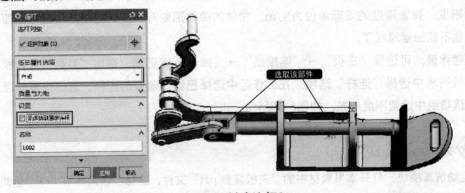

图6-40 创建连杆2

05 创建连杆3。选择"主页"→"设置"→"连杆"选项 ✎，弹出"连杆"对话框。在工作区中选择压板和弹簧合页运动的一端，在"质量属性选项"选项组中设置质量的创建方式为"自动"，如图6-41所示。

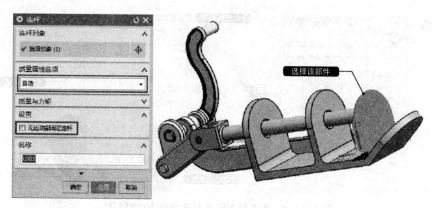

图6-41 创建连杆3

06 创建连杆4。选择"主页"→"设置"→"连杆"选项 ，弹出"连杆"对话框。在工作区中选择摆动的连杆，在"质量属性选项"选项组中设置质量的创建方式为"自动"，如图6-42所示。

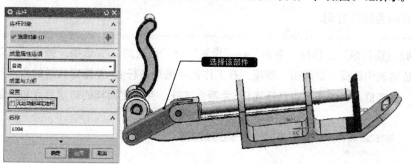

图6-42 创建连杆4

07 创建连杆5。选择"主页"→"设置"→"连杆"选项 ，弹出"连杆"对话框。在工作区中选择手柄连杆、插销和旋转连杆，在"质量属性选项"选项组中设置质量的创建方式为"自动"，如图6-43所示。

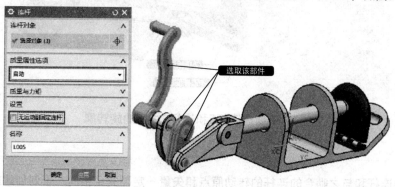

图6-43 创建连杆5

08 创建运动副1（旋转驱动）。选择"主页"→"设置"→"运动副"选项 ，弹出"运动副"对话框。在"类型"下拉列表中选择"旋转副"选项，在工作区中选择连杆5，并指定转动的原点和矢量；然后选择"驱动"选项卡，设置恒定的旋转速度，如图6-44所示。

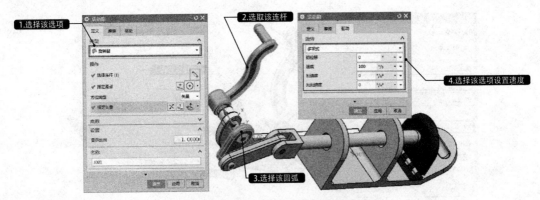

图6-44 创建连杆1和连杆5之间的旋转副

> **提示**
>
> NX中创建的旋转副遵循"右手定则",即用右手握住旋转轴,大拇指方向为指定旋转轴的方向,四指方向为旋转方向。

09 创建运动副2(旋转)。选择"主页"→"设置"→"运动副" 选项,弹出"运动副"对话框。在"类型"下拉列表中选择"旋转副"选项,在工作区中选择连杆4,并指定转动的原点和矢量;然后选择"啮合连杆"复选框,在工作区中选择连杆5为啮合连杆,并指定同样的转动原点和矢量,如图6-45所示。

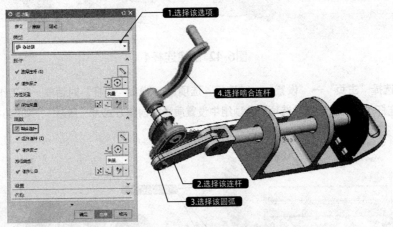

图6-45 创建连杆5和连杆4之间的旋转副

> **注意**
>
> 旋转副中连杆和与之啮合的连杆的转动原点和矢量一定要完全相同,否则创建旋转副不会啮合。

10 创建运动副3(旋转副)。选择"主页"→"设置"→"运动副"选项 ,弹出"运动副"对话框。在"类型"下拉列表中选择"旋转副"选项,在工作区中选择连杆4,并指定转动的原点和矢量;然后选择"啮合连杆"复选框,在工作区中选择连杆2为啮合连杆,并指定同样的转动原点和矢量,如图6-46所示。

11 创建运动副4（滑块）。选择"主页"→"设置"→"运动副"选项，弹出"运动副"对话框。在"类型"下拉列表中选择"滑块"选项，在工作区中选择连杆2，并指定转动的原点和矢量；系统默认连杆1为啮合连杆，如图6-47所示。

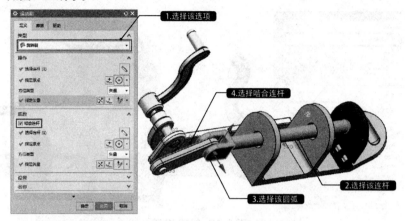

图6-46 创建连杆2和连杆4之间的旋转副

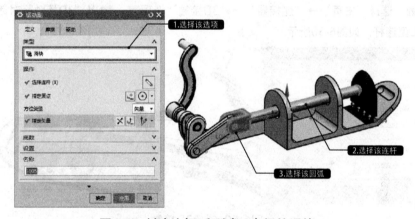

图6-47 创建连杆1和连杆2之间的滑块

12 创建运动副6（旋转副）。选择"主页"→"设置"→"运动副"选项，弹出"运动副"对话框。在"类型"下拉列表中选择"旋转副"选项，在工作区中选择连杆3，并指定转动的原点和矢量。啮合连杆可以不指定，系统默然连杆1为啮合连杆，如图6-48所示。

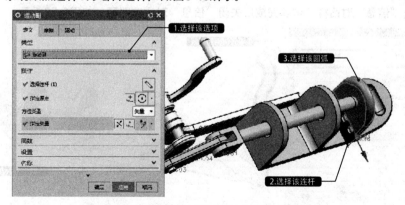

图6-48 创建连杆1和连杆3之间的旋转副

🔟 创建弹簧。选择"主页"→"设置"→"弹簧"选项 ✏️，弹出"弹簧"对话框。在"附着"下拉列表
中选择"旋转副"选项，在工作区中选择上步骤创建的运动副5，并在"刚度"选项组中设置刚度参数，
如图6-49所示。

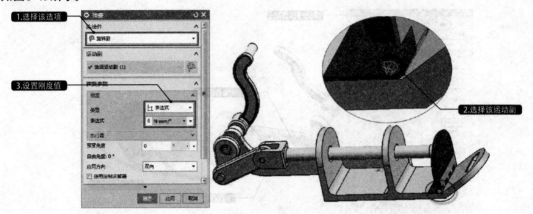

图6-49 创建弹簧

🔟 创建3D接触。选择"主页"→"连接器"→"3D接触"选项 📦，弹出"3D接触"对话框。在工作区
中选择压板和U型连杆，如图6-50所示。

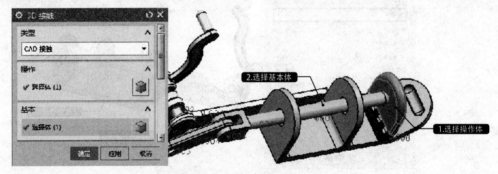

图6-50 创建3D接触

🔟 创建解算方案。选择"主页"→"设置"→"解算方案"选项 📝，弹出"解算方案"对话框。在对话
框中设置解算"时间"和"步数"参数，并在"重力"选项组中设置重力方向，如图6-51所示。
🔟 求解解算方案。选择"主页"→"分析"→"求解"选项 🔲，系统将会对上步骤创建的解算方案进行
求解，并会弹出"信息"对话框。求解完成后关闭"信息"对话框即可，如图6-52所示。

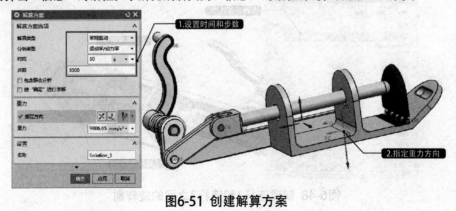

图6-51 创建解算方案

图6-52 求解解算方案

17 创建动画。选择"主页"→"分析"→"动画"选项，弹出"动画"对话框。单击对话框中的"环"按钮和"播放"按钮，即可在工作区中看到夹板装置的运动仿真，如图6-53所示。

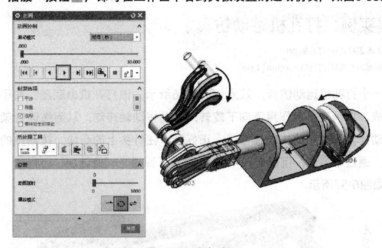

图6-53 创建动画

6.2.4 扩展实例：多米诺骨牌运动仿真

原始文件：素材\第6章\6.2\多米诺骨牌\多米诺骨牌.prt

最终文件：素材\第6章\6.2\多米诺骨牌\多米诺骨牌\motion_1.sim

本实例创建一个多米诺骨牌运动仿真，效果如图6-54所示。其中的第一个骨牌没有竖立，在重力的作用下倒下，从而形成连锁的撞击，最后撞击到凸台上的滚珠，如图6-54所示。该实例的仿真看起来非常有趣，但其中设置的3D接触并不容易掌握，所以3D接触参数的设置是本实例的关键。在实际的仿真过程中，材料的刚度、阻尼等参数是需要经过精确测试得到的。其运动时序图如图6-55所示。

图6-54 多米诺骨牌运动仿真效果

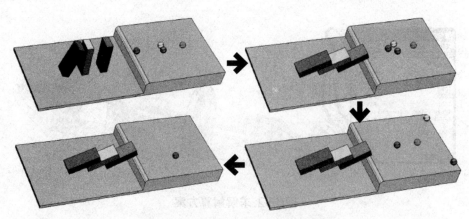

图6-55 多米诺骨牌的运动时序图

6.2.5 扩展实例：打孔机运动仿真

原始文件：素材\第6章\6.2\打孔机\打孔机.prt

最终文件：素材\第6章\6.2\打孔机\打孔机\motion_1.sim

本实例创建一个打孔机运动仿真，效果如图6-56所示。该打孔机由底座、曲柄、拨动轴、针头及针架等部件组成。曲柄在压力作用下向下旋转，带动拨动轴转动，从而拨动针架中的针头上下滑动，完成打孔的动作。针架中的拨动轴有槽，正好能卡住针头上的凸块，拨动轴的转动使得针头在针架中上下活动。通过本实例，可以回顾"3D接触""弹簧""旋转副""滑块"等工具的使用方法。针头的运动如图6-57所示。

图6-56 打孔机运动仿真效果

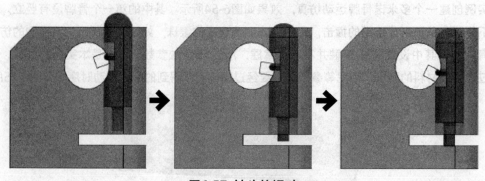

图6-57 针头的运动

6.3 轨道专用车辆运动仿真

原始文件：素材\第6章\6.3\轨道专用车辆\轨道专用车辆.prt

最终文件：素材\第6章\6.3\轨道专用车辆\轨道专用车辆\ motion_1.sim

视频文件：视频\6.3轨道专用车辆运动仿真.mp4

　　本实例是创建一个轨道专用车辆的运动仿真，效果如图6-58所示。该模型由支撑架、支撑板、连杆和车轮组成。通过本实例可以学习"齿轮齿条副""运动函数""旋转副""滑块"等工具的使用方法。

6.3.1 机构运动要求

图6-58 轨道专用车辆运动仿真效果图

　　该轨道专用车辆是嵌入在上、下轨道中前行，其中下轨道中嵌入两个轮子，上轨道中嵌入一个轮子。该机构运行分为两个阶段，第一阶段为车辆的升降，第二阶段为车辆在轨道中前行。对于不存在连续运动的机构，可以通过STEP（）函数来实现。其中车辆的升降通过其中连杆的滑动驱动，使得支架带动下面的小轮向前滑动，整个机构也随之上升，直到车辆压紧在轨道中；车辆的前行为纯滚动，其重点是定义了一个虚拟连杆连接轨道和轮子，详细的步骤在创建步骤中详解，该机构的运动要求及运动时序图如图6-59所示。

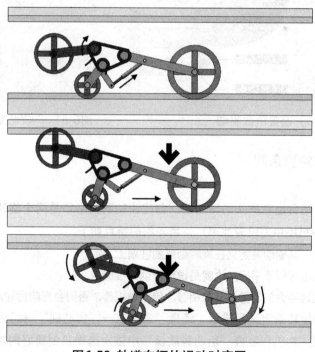

图6-59 轨道车辆的运动时序图

6.3.2 相关知识点

1. 运动函数STEP

运动函数是基于时间的复杂数学函数，可以定义为运动驱力、施加力、扭矩等函数。在UG NX运动仿真中，间歇函数STEP（x，x0，h0，x1，h1）用于控制复杂机构按时间顺序动作。各参数的定义说明如下。

◆ x是自变量，一般定义为时间time。
◆ x0是STEP函数自变量的开始值，如果x定义为time，X0即为开始的时间常数或变量或表达式。
◆ x1是STEP函数自变量的结束值，如果x定义为time，X1即为结束的时间常数或变量或表达式。
◆ h0是STEP的初始值，一般定义为位移值，可以是位移的常数或变量或表达式。
◆ H1是STEP的最终值，一般定义为位移值，可以是位移的常数或变量或表达式。

运动副创建完成后，选择"运动副"对话框中"驱动"选项卡，在"旋转"或"平移"下拉列表中选择"函数"选项，单击"函数"文本框右端的选项▣，在弹出的下拉列表中选择"函数管理器"选项，如图6-60所示。弹出"XY函数管理器"对话框，单击对话框中"新建"按钮▨，如图6-61所示。在打开的"XY函数编辑器"中创建STEP运动函数，如图6-62所示。

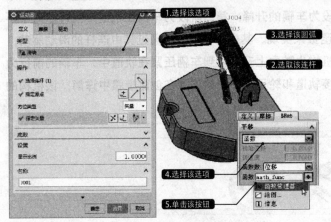

图6-60 设置函数驱动

图6-61 "XY函数管理器"对话框

2. 齿轮副和齿轮齿条副

》齿轮副

齿轮副即两个齿轮啮合运动产生的传动副。创建齿轮副时必须是两个旋转副或圆柱副，并要计算两个齿轮的传动比（在UG中需设置比率）。齿轮副的特点如下：

◆ 齿轮副不能定义驱动，其驱动需定义在旋转副或圆柱副上。
◆ 齿轮副两旋转副的轴心可以不平行，也就是说可以创建锥齿轮。
◆ 对于渐开线齿轮，正确啮合的条件是模数相等、传动角相等，否则会影响齿轮副仿真的精度。

在两个齿轮各自的旋转副定义完成后，选择"主页"→"传动副"→"齿轮副"选项▨，弹出"齿轮耦合副"对话框。在工作区或"运动导航器"中依次选择已创建好的旋转副，指定两齿轮的接触点，设置两齿轮的比例，如图6-63所示。

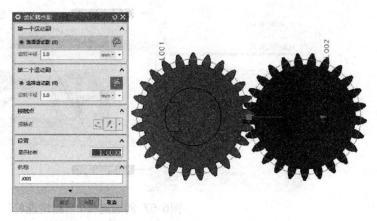

图6-62 创建运动函数　　　　　　　　　　图6-63 "齿轮耦合副"对话框

》齿轮齿条副

　　齿轮齿条副即为齿轮和齿条之间的啮合运动产生的运动副。创建时需要选择一个旋转副和一个滑块，并定义齿轮齿条之间的传动比。齿轮齿条副的设置与齿轮副的设置一样，不同的是前者选择的是一个旋转副和滑块，其具体设置步骤将在实例中详细讲解。

6.3.3 》具体创建步骤

01 进入运动仿真模块。打开本书素材中的"轨道专用车辆.prt"文件，选择"应用模块"→"运动仿真"选项，进入运动仿真模块。

02 新建仿真项目。在"运动导航器"中选择"轨道专用车辆"，单击鼠标右键，在快捷菜单中选择"新建仿真"选项，如图6-64所示。在弹出的"环境"对话框中选择"动力学"单选按钮，单击"确定"按钮，如图6-65所示。弹出"机构运动副向导"对话框，取消系统自动创建运动副，如图6-66所示。

图6-64 新建仿真　　　　　　图6-65 设置仿真环境　　　　　图6-66 取消运动副向导

03 创建连杆1（固定连杆）。选择"主页"→"设置"→"连杆"选项，弹出"连杆"对话框。在工作区中选择轨道和下轨道上与轮子相切的直线，在"质量属性选项"选项组中设置质量的创建方式为"自动"，并选择"无运动副固定连杆"复选框，如图6-67所示。

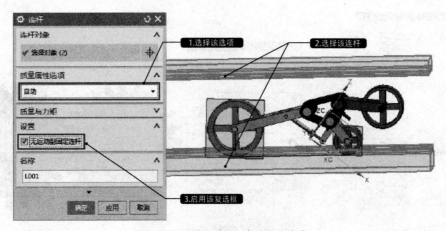

图6-67 创建连杆1（固定连杆）

04 创建连杆2。选择"主页"→"设置"→"连杆"选项 ，弹出"连杆"对话框。在工作区中选择前轮上与轨道垂直的直线，在"质量属性选项"选项组中设置质量的创建方式为"用户定义"，并取消选择"无运动副固定连杆"复选框，设置好参数，如图6-68所示。

05 创建其他连杆。按照步骤3和步骤4的方法，参照图6-69所示的连杆示意图，创建其他的连杆。此处连杆的创建并非每个装配部件为一个连杆，对于连接在一个部件上相对不动的连杆，要划分为一个连杆。

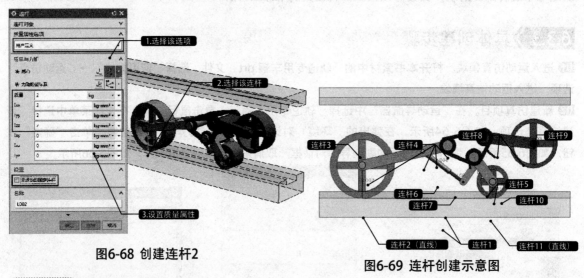

图6-68 创建连杆2

图6-69 连杆创建示意图

> **提示**
>
> 在UG NX中可以定义直线等二维图形为连杆，同样可以进行运动仿真。此处定义的L002为一辅助连杆，轮子和轨道通过该连杆连接，形成滑块和旋转副，从而使得轮子在轨道上做纯滚动。同样，后轮也通过辅助连杆L011与轨道连接。

06 创建运动副1（旋转副）。选择"主页"→"设置"→"运动副"选项 ，弹出"运动副"对话框。在"类型"下拉列表中选择"旋转副"选项，在工作区中选择连杆L003，指定转动的原点和矢量，并选择连杆L002为啮合连杆，如图6-70所示。

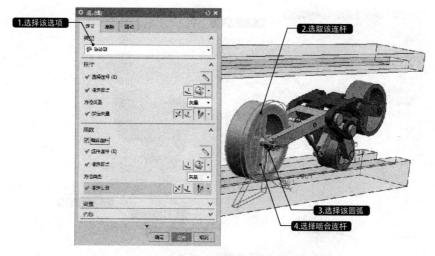

图6-70 创建运动副1（旋转副）

07 设置运动副1（旋转副）驱动。选择"运动副"对话框中"驱动"选项卡，在"旋转"下拉列表中选择"函数"选项，单击"函数"文本框最右端的选项 ⊡，在弹出的下拉列表中选择"函数管理器"选项，弹出"XY函数管理器"对话框.单击对话框中"新建"按钮 ⬚，在打开的"XY函数编辑器"中创建STEP运动函数，如图6-71所示。

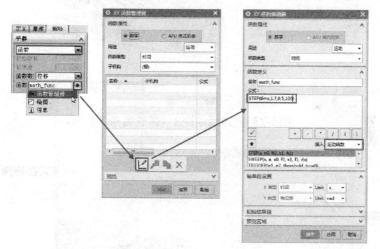

图6-71 设置运动副1（旋转副）驱动

08 创建运动副2（滑块）。选择"主页"→"设置"→"运动副"选项 ⬚，弹出"运动副"对话框。在"类型"下拉列表中选择"滑块"选项，在工作区中选择轨道L001为操作连杆，指定原点和矢量，并指定连杆L002为啮合连杆，如图6-72所示。

09 创建运动副3（齿轮齿条副）。选择"主页"→"传动副"→"齿轮副"选项 ⬚，弹出"齿轮耦合副"对话框。在工作区或"运动导航器"中依次选择上两个步骤创建的"滑块"和"旋转副"，并指定轮子与轨道的相切点为接触点，如图6-73所示。

10 创建运动副4（旋转副）。选择"主页"→"设置"→"运动副"选项 ⬚，弹出"运动副"对话框。在"类型"下拉列表中选择"旋转副"选项，在工作区中选择连杆L004，指定转动的原点和矢量，并选择连杆L003为啮合连杆，如图6-74所示。

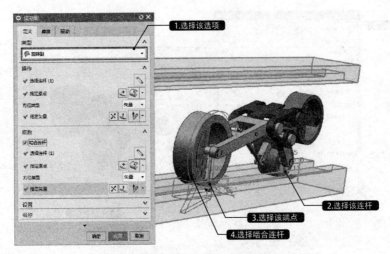

1.选择该选项

2.选择该连杆

3.选择该端点

4.选择啮合连杆

图6-72 创建运动副2（滑块）

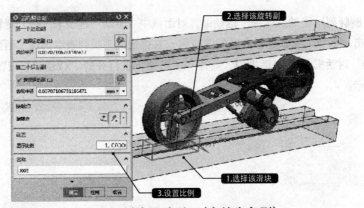

2.选择该旋转副

3.设置比例

1.选择该滑块

图6-73 创建运动副3（齿轮齿条副）

1.选择该选项

2.选择该连杆

3.选择该圆弧

4.选择啮合连杆

图6-74 创建运动副4（旋转副）

11 创建运动副5（旋转副）。选择"主页"→"设置"→"运动副"选项 🔧，弹出"运动副"对话框。在"类型"下拉列表中选择"旋转副"选项，在工作区中选择连杆L006，指定转动的原点和矢量，并选择连杆L004为啮合连杆，如图6-75所示。

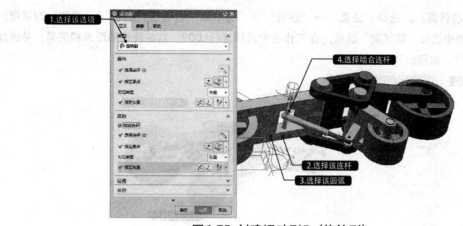

图6-75 创建运动副5（旋转副）

12 创建运动副6（旋转副）。选择"主页"→"设置"→"运动副"选项 ，弹出"运动副"对话框。在"类型"下拉列表中选择"旋转副"选项，在工作区中选择连杆L005，指定转动的原点和矢量，并选择连杆L004为啮合连杆，如图6-76所示。

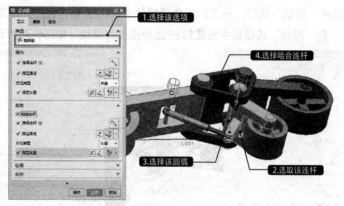

图6-76 创建运动副6（旋转副）

13 创建运动副7（旋转副）。选择"主页"→"设置"→"运动副"选项 ，弹出"运动副"对话框。在"类型"下拉列表中选择"旋转副"选项，在工作区中选择连杆L008，指定转动的原点和矢量，并选择连杆L004为啮合连杆。在"驱动"选项需中创建STEP运动函数为驱动，如图6-77所示。

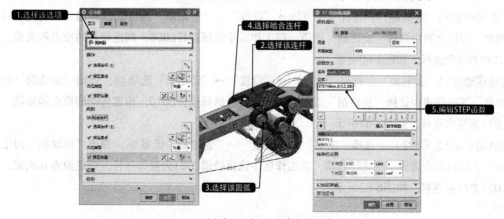

图6-77 创建运动副7（旋转副）

14 创建运动副8（旋转副）。选择"主页"→"设置"→"运动副"选项 🔧，弹出"运动副"对话框。在"类型"下拉列表中选择"旋转副"选项，在工作区中选择连杆L007，指定转动的原点和矢量，并选择连杆L005为啮合连杆，如图6-78所示。

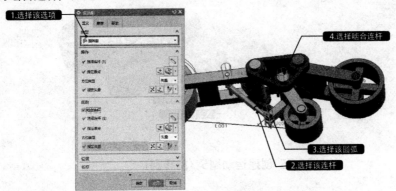

图6-78 创建运动副8（旋转副）

15 创建运动副9（滑块）。选择"主页"→"设置"→"运动副"选项 🔧，弹出"运动副"对话框。在"类型"下拉列表中选择"滑块"选项，在工作区中选择轨道L001为操作连杆，指定原点和矢量，并指定连杆L011为啮合连杆。在"驱动"选项组中创建STEP运动函数为驱动，如图6-79所示。

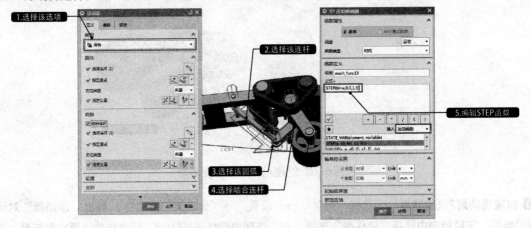

图6-79 创建运动副9（滑块）

16 创建运动副10（旋转副）。选择"主页"→"设置"→"运动副"选项 🔧，弹出"运动副"对话框。在"类型"下拉列表中选择"旋转副"选项，在工作区中选择连杆L008，指定转动的原点和矢量，并选择连杆L009为啮合连杆，如图6-80所示。

17 创建运动副11（旋转副）。选择"主页"→"设置"→"运动副"选项 🔧，弹出"运动副"对话框。在"类型"下拉列表中选择"旋转副"选项，在工作区中选择连杆L010，指定转动的原点和驱动，并选择连杆L011为啮合连杆，如图6-81所示。

18 创建运动副12（滑块）。选择"主页"→"设置"→"运动副"选项 🔧，弹出"运动副"对话框。在"类型"下拉列表中选择"滑块"选项，在工作区中选择轨道L001为操作连杆，指定原点和矢量，并指定连杆L011为啮合连杆，如图6-82所示。

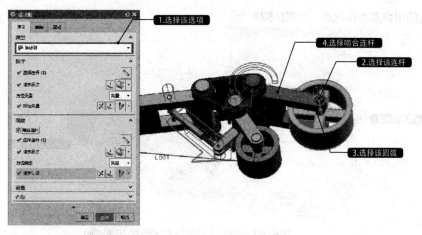

图6-80 创建运动副10（旋转副）

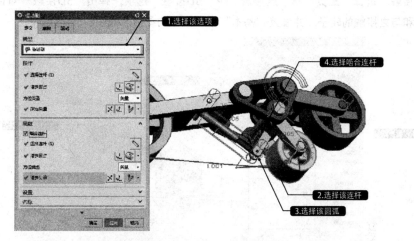

图6-81 创建运动副11（旋转副）

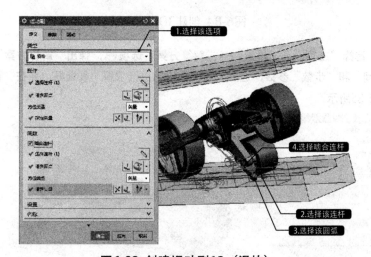

图6-82 创建运动副12（滑块）

⑲ 创建运动副13（齿轮齿条副）。选择"主页"→"传动副"→"齿轮副" ▓选项，弹出"齿轮耦合副"对话框。在工作区或"运动导航器"中依次选择步骤18和17创建的"滑块"和"旋转副"，并指定轮

子与轨道的相切点为接触点，如图6-83所示。

图6-83 创建运动副13（齿轮齿条副）

20 创建3D接触。选择"主页"→"连接器"→"3D接触"选项，弹出"3D接触"对话框。在工作区中选择上导轨和与之接触的轮子，并设置"基本"选项卡中的参数，如图6-84所示。

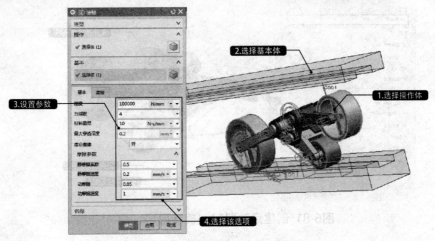

图6-84 创建3D接触

21 创建解算方案。选择"主页"→"设置"→"解算方案"选项 🖼，弹出"解算方案"对话框。在对话框中设置解算"时间"和"步数"参数，选择"按'确定'进行求解"复选框，并在"重力"选项组中设置重力方向，如图6-85所示。

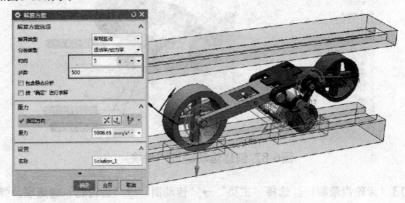

图6-85 创建解算方案

22 创建动画。选择"主页"→"分析"→"动画"选项 ![图标]，弹出"动画"对话框。单击对话框中的"播放"按钮 ▶，即可在工作区中看到轨道专用车辆运动仿真动画，如图6-86所示。

图6-86 创建动画

6.3.4 ▷扩展实例：齿轮泵运动仿真

原始文件：素材\第6章\6.3\齿轮泵\齿轮泵.prt

最终文件：素材\第6章\6.3\齿轮泵\齿轮泵\motion_1.sim

本实例创建一个齿轮泵运动仿真，效果如图6-87所示。该齿轮泵由泵体、长轴齿轮、短轴齿轮、端盖、泵盖及带轮等组成。齿轮泵的运动仿真相对比较简单，齿轮副的创建是在两个旋转副的基础上创建的，其关键是齿轮啮合，比率即啮合齿轮的齿数比要设置正确，如图6-88所示。

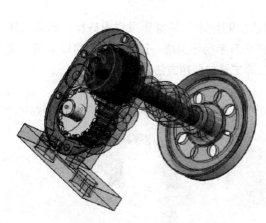

图6-87 齿轮泵运动仿真效果

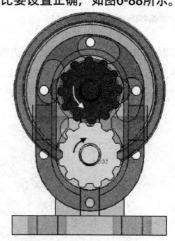

图6-88 齿轮泵的齿轮传动

6.3.5 ▷扩展实例：钻床钻孔运动仿真

原始文件：素材\第6章\6.3\钻床\钻床.prt

最终文件：素材\第6章\6.3\钻床\钻床\motion_1.sim

本实例将创建一个钻床钻孔运动仿真，效果如图6-89所示。钻床是一个典型的三坐标运动机构、其操作平台可以在X、Y平面内任意移动，钻头可以在Z轴向移动。创建本实例的重点是STEP（）的设置，因为工件上确定了需要钻孔的位置，所以需要编制三个轴向在某个时间段的动作以及移动距离，钻床钻孔的运动时序图如图6-90所示。

图6-89 钻床钻孔运动仿真效果

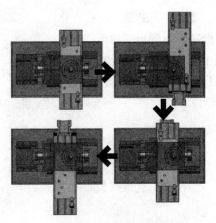

图6-90 钻床钻孔的运动时序图

6.4 磨床虎钳运动仿真

原始文件：素材\第6章\6.4磨床虎钳\磨床虎钳.prt
最终文件：素材\第6章\6.4磨床虎钳\磨床虎钳 \ motion_1.sim
视频文件：视频\6.4磨床虎钳运动仿真.mp4

　　本实例是创建一个磨床虎钳运动仿真，效果如图6-91所示。该磨床虎钳由底座、支架、转座、横轴、心轴、固定钳口、活动钳口、螺杆、螺杆头及手柄等组成。通过本实例可以学习"旋转副""滑块""柱面副""运动函数""点重合"等工具的使用方法。

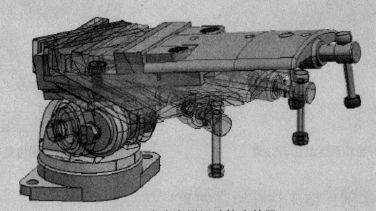

图6-91 磨床虎钳运动仿真效果

6.4.1 机构运动要求

　　该实例的磨床虎钳也是一个典型的三坐标运动机构，其可以夹住有限范围内不同方位的工件，其底座可以绕Z轴旋转，转座可以绕心轴旋转。为了验证该磨床虎钳，以及显示其灵活性。本实例设计了一个运动方案：其底座先绕Z轴旋转30°，然后转座向上旋转10°，最后活动钳口开合压紧工件，其运动时序图如图6-92所示。

图6-92 磨床虎钳的运动时序图

6.4.2 相关知识点

1. 柱面副

柱面副连接实现了一个部件绕另一个部件（或机架）的相对转动，以及沿轴线方向的移动。在圆柱副中一共限制了4个自由度，连杆只能在轴心方向上线性运动和旋转。它与旋转副不同的是可以在轴心方向上线性运动。

要创建柱面副，可选择"主页"→"设置"→"运动副" ![icon] 选项，弹出"运动副"对话框。在"类型"下拉列表中选择"柱面副"选项，在工作区中选择连杆，指定转动的原点和方位。一个柱面副即有平移又有转动，所以在"驱动"选项卡中可以设置"平移"和"旋转"两个驱动，如图6-93所示。

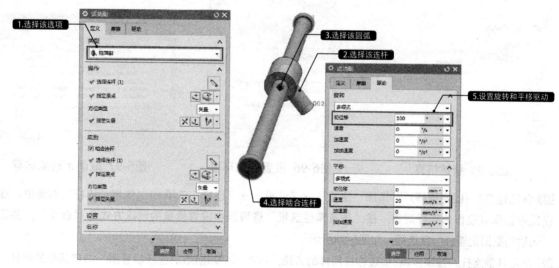

图6-93 创建柱面副

2. 共点

共点严格意义上不属于运动副，但UG NX将其归为一类。共点实际上是一种约束，其定义了两连杆的重合点处链接，所以它不需要定义驱动。要创建共点，可以在"运动"工具栏中单击"运动副"选项 ，弹出"运动副"对话框。在"类型"下拉列表中选择"共点运动副"选项，在工作区中选择连杆和啮合连杆，指定重合的原点和矢量，如图6-94所示。

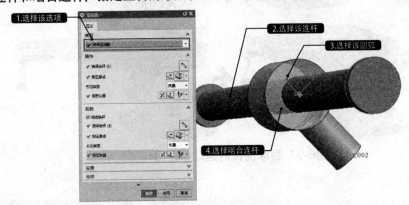

图6-94 创建共点

6.4.3 具体创建步骤

01 进入运动仿真模块。打开本书素材中的Grinder Clamp.prt文件，选择"应用模块"→"运动仿真"选项，进入运动仿真模块。

02 新建仿真项目。在"运动导航器"中选择"Grinder Clamp"，单击鼠标右键，在快捷菜单中选择"新建仿真"选项，如图6-95所示。在弹出的"环境"对话框中选择"动力学"单选按钮，单击"确定"按钮，如图6-96所示。弹出"机构运动副向导"对话框，取消系统自动创建运动副，如图6-97所示。

图6-95 新建仿真　　　　图6-96 设置仿真环境　　　　图6-97 取消运动副向导

03 创建连杆1（固定连杆）。选择"主页"→"设置"→"连杆"选项 ，弹出"连杆"对话框。在工作区中选择底座作为连杆对象，在"质量属性选项"选项组中设置质量的创建方式为"自动"，并选择"无运动副固定连杆"复选框，如图6-98所示。

04 创建其他连杆。按照步骤3创建连杆同样的方法，按照图6-99所示的连杆示意图，创建其他的连杆，注意其他的连杆均为非固定连杆。

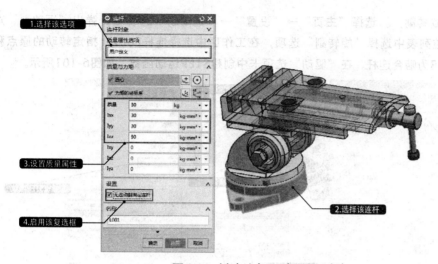

图6-98 创建连杆1（固定连杆）

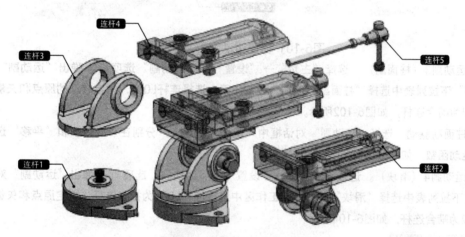

图6-99 连杆划分示意图

05 创建运动副1（旋转副）。选择"主页"→"设置"→"运动副"选项 🔧，弹出"运动副"对话框。在"类型"下拉列表中选择"旋转副"选项，在工作区中选择连杆L003，指定转动的原点和矢量，并选择连杆L001为啮合连杆。在"驱动"选项卡中创建STEP运动函数，如图6-100所示。

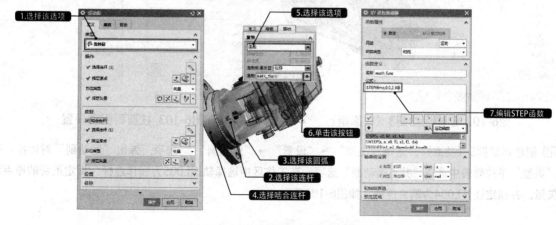

图6-100 创建运动副1（旋转副）

06 创建运动副2（旋转副）。选择"主页"→"设置"→"运动副"选项 🔧，弹出"运动副"对话框。在"类型"下拉列表中选择"旋转副"选项，在工作区中选择连杆L002，指定转动的原点和矢量，并选择连杆L003为啮合连杆。在"驱动"选项卡中创建STEP运动函数，如图6-101所示。

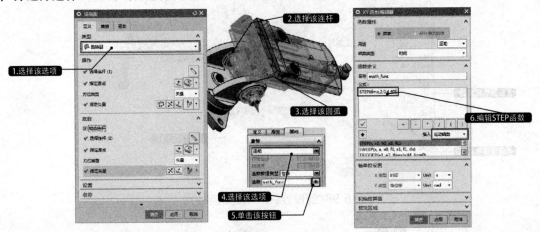

图6-101 创建运动副2（旋转副）

07 创建运动副3（柱面副）。选择"主页"→"设置"→"运动副"选项 🔧，弹出"运动副"对话框。在"类型"下拉列表中选择"柱面副"选项，在工作区中选择连杆L005，指定转动的原点和矢量，并选择连杆L002为啮合连杆，如图6-102所示。

08 设置柱面副驱动。选择"运动副"对话框中"驱动"选项卡，分别在"旋转"和"平移"选项卡中创建STEP运动函数，如图6-103所示。

09 创建运动副4（滑块）。选择"主页"→"设置"→"运动副"选项 🔧，弹出"运动副"对话框。在"类型"下拉列表中选择"滑块"选项，在工作区中选择连杆L004为操作连杆，指定原点和矢量，并指定连杆L002为啮合连杆，如图6-104所示。

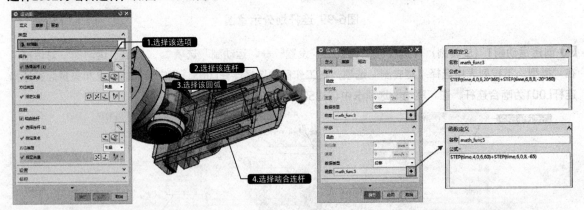

图6-102 创建运动副3（柱面副）　　　　　　　　图6-103 柱面副驱动设置

10 创建运动副5（共点）。选择"主页"→"设置"→"运动副"选项，弹出"运动副"对话框。在"类型"下拉列表中选择"共点运动副"选项，在工作区中选择轨道L005为操作连杆，指定重合的原点和矢量，并指定连杆L004为啮合连杆，如图6-105所示。

图6-104 创建运动副4（滑块）　　　　图6-105 创建运动副5（共点）

11 创建解算方案。选择"主页"→"设置"→"解算方案"选项，弹出"解算方案"对话框。在对话框中设置解算"时间"和"步数"参数，选择"按'确定'进行求解"复选框，并在"重力"选项组中设置重力方向，如图6-106所示。

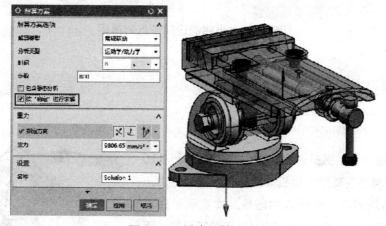

图6-106 创建解算方案

12 创建动画。选择"主页"→"分析"→"动画"选项，弹出"动画"对话框。单击对话框中的"播放"按钮，即可在工作区中看到磨床虎钳运动仿真动画，如图6-107所示。

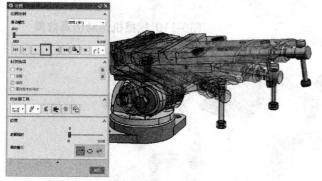

图6-107 创建动画

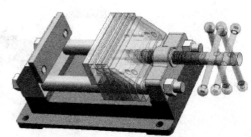

图6-108 台虎钳运动仿真动画

6.4.4 扩展实例：台虎钳运动仿真

原始文件：素材\第6章\6.4\台虎钳\台虎钳.prt

最终文件：素材\第6章\6.4\台虎钳\台虎钳\motion_1.sim

本实例创建一个台虎钳运动仿真，效果如图6-108所示。台虎钳的运动仿真涉及"柱面副"的创建，当旋转手柄时，钳口要对应滑动，以便锁紧物体。所以在螺栓和钳口之间还有一个"点重合"的运动副约束，这个约束也可以通过一个旋转副啮合约束，读者可以自己试试。该实例的运动时序图如图6-109所示。

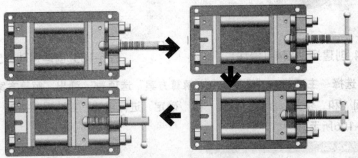

图6-109 台虎钳的运动仿真时序图

6.4.5 扩展实例：挖掘机运动仿真

原始文件：素材\第6章\6.4\挖掘机\挖掘机.prt

最终文件：素材\第6章\6.4\挖掘机\挖掘机\motion_1.sim

本实例将创建一个挖掘机的运动仿真，效果如图6-110所示。该实例仿真是在现挖掘机机体旋转一定角度挖土，并将所挖的土移动到另一个地方的场景。本实例是通过"旋转副"和"滑块"，并结合STEP（）函数实现的，而"圆柱副"就是这两个运动副的合成，所以读者也可以全部通过"圆柱副"来完成本实例运动仿真的场景。本实例的运动时序图如图6-111所示。

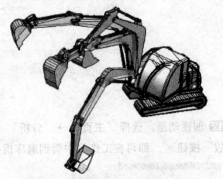

图6-110 挖掘机运动仿真效果

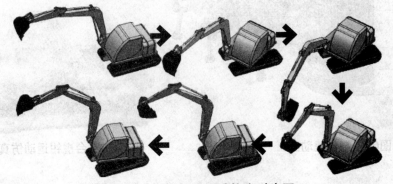

图6-111 挖掘机的运动仿真时序图

第**7**章

结构分析

UGNX中的结构分析是在"高级仿真"模块下完成的。"高级仿真"模块提供一个集成化的有限元建模及计算的工具，能对UG NX的零件和装配件进行完整的前/后处理，仿真能力十分强大；该模块创建的文件与主模型全关联，并可无缝支持多种标准解算器，如Nastran、ANSYS和ABAQUS等；该模块具有非常强大的网格管理和划分能力，并可以方便地切换多种不同模式的仿真演算；对于设计工程师和分析人员来说，相对于其他软件，可更加直观、快捷地获得结构分析效果；具有很好的文件数据管理能力，分析人员不必离开当前进行结构分析的零件，就可以启动"高级仿真模块"，并且如果几何模型修改，相关的结构分析数据可自动更新，将重复工作减到最少。

本章根据"高级仿真"模块的强大功能，通过3个典型的实例，分别介绍了结构分析中常用的静态分析、模态分析和疲劳分析的分析过程。对于并没有接触过结构分析的读者，本章在每个实例的相关知识点中讲解了相关分析程序中的基础知识点。将每个实例的知识点依次排序（1.确定分析类型。2.创建解算方案。3.模型准备。4.添加材料。5. 划分网格。6. 添加约束类型。7.添加载荷。8.求解和分析。9.后处理控制），这9个步骤即为UGNX结构分析的基本的分析过程。

7.1 转动支架静态分析

原始文件：素材\第7章\7.1\转动支架\转动支架.prt
最终文件：素材\第7章\7.1\转动支架 \Running Kickstand_sim1.sim
视频文件：视频\7.1转动支架静态分析.mp4

本实例是创建一转动支架的线性静态分析，如图7-1所示。线性静态是一种用于解算线性和某些非线性问题（如缝隙和接触单元）的结构解算。线性静态分析用于确定结构或组件中因静态（稳态）载荷而导致的位移、应力、应变和各种力。这些载荷可能是外部应用力和压力、稳态惯性力（重力和离心力）、强制（非零）位移及温度（热应变）。该转动支架由L型连接板、轴架、肋板及轴孔等特征组成，其中的大轴孔一端通过轴销连接在竖直的轴上，可以转动；另一端上连接有其他部件。通过该实例的静态分析，可以确定L型连接板的内侧是否需要增加加强筋。

图7-1 转动支架的线性静态分析

7.1.1 结构受力分析

该转动支架大轴孔的一端连接在轴上，只能转动不能移动，在此端可以设置固定移动的约束。在竖直的轴孔一端的轴孔表面上，有角度为180°、方向垂直地面、大小为1000N的轴承力载荷，其中轴承架上还有其他部件施加给转动支架的重力500N，其受力分析如图7-2所示。

7.1.2 相关知识点

1. UG高级仿真数据结构

在讲解UG结构分析之前，有必要了解UG高级仿真的数据结构，这对于分析的编辑以及结构的优化非常重要。该数据结构可以在"仿真导航器"中的"仿真文件视图"和"窗口"的下拉菜单中看到，如图7-3和图7-4所示。现将UG高级仿真中出现的文件类型说明如下：

◆ 主模型文件（装配文件）——*.prt，修改该文件影响下面文件的数据。

◆ 理想化模型文件——*fem#_i.prt，修改该文件影响下面文件的数据。

◆ FEM文件——*fem#.fem，在该模型下添加材料和划分网格，修改该文件影响下面文件的数据。

◆ SIM文件——*sim#.sim，在该文件中记录约束类型、结算方案以及后处理等数据。

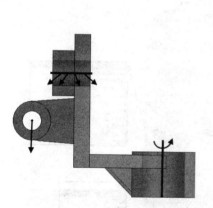

图7-2 转动支架受力分析

图7-3 仿真文件视图

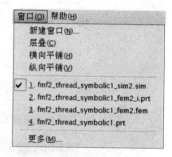

图7-4 创建的仿真文件窗口

UG仿真文件的这种金字塔状的层层隶属结构，方便了分析人员对分析数据的修改和优化，这对于一些大型的分析项目非常重要。对于同一个模型文件，可以创建多种简化模型；对于每种简化模型，又可以创建多种材料和网格以及多种不同解算方案，如图7-5所示。

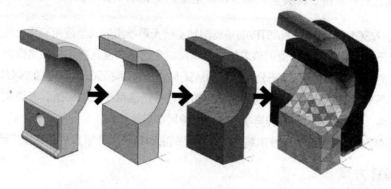

图7-5 UG高级仿真文件结构输出结果

2. 确定分析类型

在UG NX 12.0软件中打开或创建主模型文件后，选择"标准"工具栏中的"开始"选项 开始，在弹出的下拉菜单中选择"仿真"仿真选项,进入高级仿真模块。单击软件界面左侧的"仿真导航器"图标 ，弹出"仿真导航器"界面。在仿真导航器中,右键单击模型名称,在弹出的快捷菜单中选择"新建FEM和仿真"选项,弹出"新建FEM和仿真"对话框,如图7-6所示。系统根据模型名称,默认创建有限元和仿真模型文件(模型名称:model1.prt;简化模型名称:model1_fem1_i.prt;FEM名称:model1_fem1.fem;仿真名称:model1_sim1.sim)。

打开"新建FEM和仿真"对话框,用户根据需要在"解算器"和"分析类型"下拉菜单中选择合适的结算器和分析类型(由于不同的解算器的算法和精度不同,不同解算器同一分析类型也会不同)。通常情况下选择NX NASTRAN求解器,NASTRAN求解器可以对"结构""热""轴对称结构"和"轴对称热"进行求解,如图7-7所示。

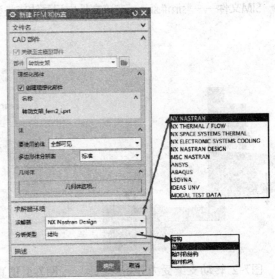

图7-6 新建FEM和仿真   图7-7 "新建FEM和仿真"对话框

> 📎 **提示**
>
> UG NX有限元模块支持多种类型的解算器,这里简要说明主要的3种。

◆ NX NASTRAN、MSC NASTRAN: NASTRAN是美国航空航天局推出的大型应用有限元程序,其卓越的功能在世界有限元方面受到重视。使用该求解器,求解对象的自由度几乎不受数量限制,在求解各个方面都有相当高的精度,其中包括UGS公司开发的MSC NASTRAN和MSC公司开发的NX NASTRAN。

◆ ANSYS: ANSYS求解器是由ANSYS公司开发的,ANSYS广泛应用于机械制造、石油化工及航空航天等领域,是集结构,热,流体,电磁和声学于一体的通用型求解器。

◆ ABAQUS: ABAQUS求解器在非线性求解方面有很高的求解精度,其求解对象也很广泛。

3. 创建解算方案

单击"新建FEM和仿真"对话框中的"确定"按钮后,弹出"创建解算方案"对话框,如图7-8所示。用户根据需要在"解算类型"下拉列表中选择方案类型。表7-1给出了创建线性静态、模态分析、线性屈曲、非线性静态及高级非线性静态等解算方案类型对应的选择项。选择好解算方案类型后,在展开的菜单中设置最长作业时间和温度等参数。

表7-1 解算器支持的分析类型和解法类型

结构分析解算方案类型	支持的解算器			
	NX NASTRAN	MSC NASTRAN	ANSYS	ABAQUS
线性静态	SESTATIC101 - 单个约束 SESTATIC101 - 多个约束 SESTATIC101 - 超单元	SESTATIC101 - 单个约束 SESTATIC101 - 多个约束 SESTATIC101 - 超单元	线性静态	静态摄动
模态分析	SEMODES103	SEMODES103	模态	频率摄动
线性屈曲	SEBUCKL105	SEBUCKL105	屈曲	屈曲摄动
非线性静态	NLSTATIC106	NLSTATIC106	非线性静态	一般
高级非线性静态	ADVNL 601,106			

设置完毕后,单击"确定"按钮,完成创建解法的设置。这时,单击仿真导航器中的选项,即可看到仿真文件中创建的各个参数的层级关系,如图7-9所示。

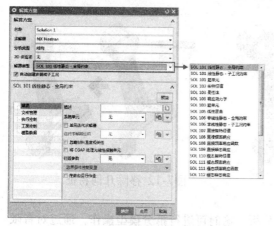

图7-8 "解算方案"对话框

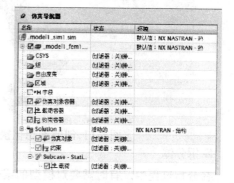

图7-9 参数的层级关系

4. 几何体准备(模型简化)

在UG NX高级仿真模块中进行有限元分析,可以直接引用建立有限元模型,也可以通过几何体准备操作先简化模型。经过几何体准备处理过的仿真模型有助于网格划分,提高分析精度,缩短求解时间。

理想化模型需要在*fem#_i.prt文件中创建,双击"仿真文件视图"中的*fem#_i.prt文件,即可进入几何体准备环境,在工具栏的空白处单击鼠标右键,选择"几何体准备"选项,即可打开"几何体准备"组,如图7-10所示。其中包括抑制特征、理想化几何体、移除几何体、分割模型、拆分体等。下面重点讲解几个常用的几何体准备工具。

图7-10 "几何体准备"组

》理想化模型

在建立仿真模型过程中，为模型划分网格是这一过程中重要的一步。模型中有些诸如小孔、圆角等对分析结果影响并不重要，如果对包含这些不重要特征的整个模型进行自动划分网格，会产生数量巨大的单元，虽然得到的精度可能会高些，但在实际工作中的意义并不大，而且会对计算机产生很高的要求并影响求解速度。通过简化几何体，将一些不重要的细小特征从模型中去掉，而保留原模型的关键特征和用户认为需要分析的特征，可以缩短划分网格时间和求解时间。

在"几何体准备"组中选择"理想化几何体"选项 📷，弹出"理想化几何体"对话框。在工作区中选择要理想化的模型，可以在对话中设置需要删除的"孔"和"圆角"的尺寸范围，也可以手动选择没有包括在范围内的特征，如图7-11所示。

》移除几何特征

"移除几何特征"工具可以通过移除几何特征直接对模型进行操作。在有限元分析中，对模型不重要的特征进行移除，且并不影响主模型的特征。在"几何体准备"组中选择"移除几何特征"选项 📷，弹出"移除几何特征"对话框。可以在工作区中选择主模型中的特征，单击"确定" ☑ 按钮即可，如图7-12所示。

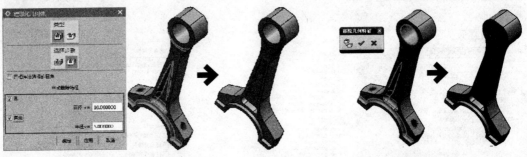

图7-11 创建理想化模型　　　　　　　图7-12 移除几何特征

》拆分体

在分析过程中，有时需要对模型的某一部分进行分析，这时可进行拆分模型操作。通过对有限元模型进行拆分，可以为用户提供所需的各种形状的拆分体，并且系统能够在拆分位置自动创建网格配对条件。在"几何体准备"组中选择"拆分体"选项 📷，弹出"拆分体"对话框。在工作区中选择要拆分的模型和分割面，即可创建拆分体如图7-13所示。

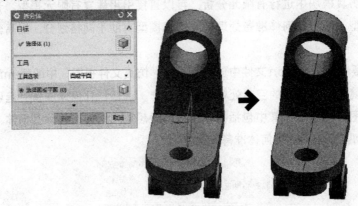

图7-13 创建拆分体

➤ 中面

抽取中面操作常用于对薄壁等模型进行简化，取代对薄壁模型进行三维网格分析而用中面进行二维网格分析，这对于一些钣金零件的展开非常有用。UG NX系统提供3种产生中面的方法。

◆ **面对**：通过指定实体的内表面和外表面，产生中面。

◆ **偏置**：通过指定实体表面，设置中面离指定面的偏置比值，通常为0%~100%。

◆ **自定义方法**：根据需要为实体指定一个中面，操作与上两个类似。

下面以"面对"方法介绍创建中面的具体操作。选择菜单栏中的"插入"→"模型准备"→"中面"→"面对"选择，弹出"按面对的中面"对话框。在工作区中选择"实体""要排除配对的面""配对"，即可创建中面，如图7-14所示。

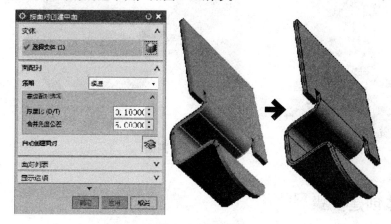

图7-14 创建中面

➤ 缝合

为完成整个实体网格的一致划分，常采用缝合操作，它将各片体或实体表面缝合在一起。选择"几何体准备"组中的"缝合"选项 ▥，弹出"缝合"对话框。缝合操作有两种类型："片体"将两个或多个片体缝合成一个片体；"实体"将两个或多个实体缝合成一个实体。

在缝合操作中，缝合片体或实体间的间隙都不得大于用户给定的缝合公差，否则操作不成功。缝合的操作与建模模块中的操作一样，如图7-15所示。

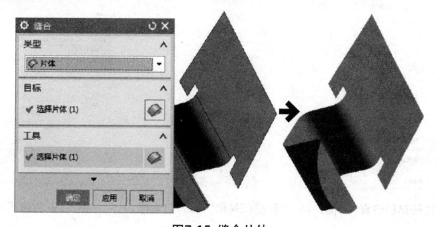

图7-15 缝合片体

»分割面

在有限元分析中，常需要对一个实体的某部分进行重点分析，这时该部分的网格划分就应当细致一些，或者在一个实体表面的不同部分施加不同的表面载荷，这时也需根据要求将一个表面划分为几个表面，分割面可以满足划分表面的要求。

在"几何体准备"组中选择"分割面"选项 ◈，弹出"分割面"对话框。在工作区中选择要分割的片体和分割面，即可像创建拆分体一样将片体分割，如图7-16所示。

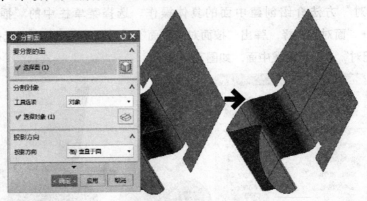

图7-16 创建分割面

7.1.3 具体创建步骤

01 进入高级仿真模块。打开本书素材中的"转动支架.prt"文件，选择"应用模块"→"仿真"→"高级"选项，进入高级仿真模块。

02 新建FEM和仿真。在"仿真导航器"中选择"转动支架"，单击鼠标右键，在快捷菜单中"新建FEM和仿真"选项，如图7-17所示。打开"新建FEM和仿真"对话框中后，在"求解器"下拉列表中选择"NX NASTRAN"选项，在"分析类型"下拉列表中选择"结构"选项，如图7-18。

03 创建解算方案。新建仿真完成后，系统自动弹出"解算方案"对话框。在"解算类型"下拉列表中选择"SOL 101 线性静态 - 全局约束"选项，并选择"单元迭代求解器"复选框，如图7-19所示。

图7-17 新建FEM和仿真　　图7-18 "新建FEM和仿真"对话框　　图7-19 创建解算方案

04 打开"理想化几何体"对话框。在"窗口"中选择"转动支架_fem1_i"文件，切换到理想化模型环

境。选择"主页"→"几何体准备"→"理想化几何体"选项
![icon]，弹出"理想化几何体"对话框（部分模型需要先提升：主
页→开始→提升），如图7-20所示。

05 创建理想化模型。打开"理想化几何体"对话框，在工作
区中选择要理想化的模型，并选择"孔"和"圆角"复选框，
设置需要删除特征的尺寸范围，系统将自动删除在范围内的特
征，如图7-21所示。

06 添加材料。在"窗口"中选择"转动支架_fem1"文件，切
换到FEM文件环境。选择"主页"→"属性"→"更
多"→"指派材料"选项![icon]，弹出"指派材料"对话框。在工
作区中选择要指派材料的模型，并在"材料列表"选项组中选
择"Steel"选项，如图7-22所示。

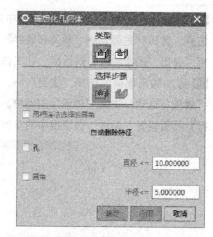

图7-20 打开"理想化几何体"对话框

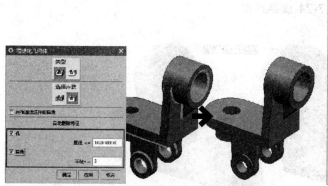

图7-21 创建理想化模型

图7-22 添加材料

07 划分网格。选择"主页"→"网格"→"3D四面体"选项![icon]，弹出"3D四面体网格"对话框。在工
作区中选择要划分网格的模型。在"单元属性"选项组中选择"CTETRA(10)"类型，单击"网格参数"选
项组中的"单元大小"按钮![icon]，系统将自动计算单元格大小；然后选择"网格设置"选项组中的"自动修
复有故障的单元"复选框，如图7-23所示。

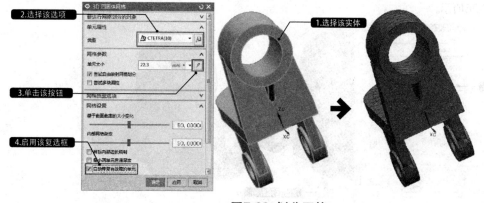

图7-23 划分网格

08 添加固定转动约束。在"窗口"中选择"转动支架_sim1"文件，切换到SIM文件仿真环境，然后激活仿真。选择"主页"→"载荷和条件"→"约束类型"选项![icon]，在弹出的下拉菜单中选择"固定约束"选项，弹出"固定约束"对话框。在工作区中选择大轴孔的表面，如图7-24所示。

09 添加轴承载荷。选择"主页"→"载荷和条件"→"载荷类型"选项![icon]，在弹出的下拉菜单中选择"轴承"选项，弹出"轴承"对话框。在工作区中选择小轴孔的表面，并指定载荷方向与大轴承中心线平行；然后设置"属性"选项组中的参数，如图7-25所示。

图7-24 固定约束

图7-25 添加轴承载荷

10 添加力载荷。选择"主页"→"载荷和条件"→"载荷类型"选项![icon]，在弹出的下拉菜单中选择"力"选项，弹出"力"对话框。在工作区中选择轴承架上的两个轴孔的表面，并设置"幅值"选项组中的参数，如图7-26所示。

图7-26 添加力载荷

11 求解。选择"主页"→"解算环境"→"求解"选项 ![](），弹出"求解"对话框。如图7-27所示。单击"确定"按钮后，系统将对仿真方案进行求解，并会弹出"解算监视""分析作业监视"和"信息"三个窗口。求解作业解算成功后，关闭这3个窗口即可，如图7-28所示。

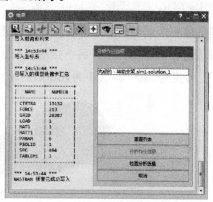

图7-27 "求解"对话框   图7-28 求解过程出现的对话框

12 查看分析结果。单击软件界面左侧的"后处理导航器"图标 ![]，弹出"后处理导航器"界面。双击数据表单中的Structural选项，即会在该选项下列出静态分析下的位移、旋转、应力和反作用力的分析数据表单，双击每个表单项目即可在工作区中看到分析结果，"位移-节点"的分析结果如图7-29所示。图7-30所示"应力-单元"的分析结果。

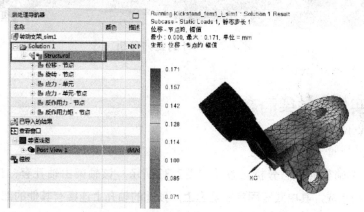

图7-29 "位移-节点"的分析结果

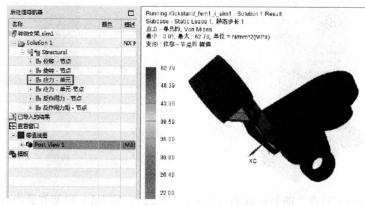

图7-30 "应力-单元"的分析结果

7.1.4 扩展实例: 连杆静态分析

原始文件: 素材\第7章\7.1\连杆\连杆.prt

最终文件: 素材\第7章\7.1\连杆\连杆_sim1.sim

本实例创建一个连杆的静态分析, 效果如图7-31所示。该连杆由螺栓座、轴孔和中间杆组成, 其中螺栓座固定在其他部件上, 另一端的轴孔上连接有其他的部件, 可以在轴孔中转动, 并受到一个方向向下、角度为180°、大小为1000N的轴承载荷, 其受力分析如图7-32所示。

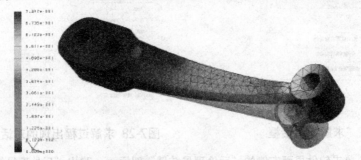

图7-31 连杆的"位移-节点"分析效果

图7-32 连杆的受力分析

7.1.5 扩展实例: 轴架静态分析

原始文件: 素材\第7章\7.1\轴架\轴架.prt

最终文件: 素材\第7章\7.1\轴架\轴架_sim1.sim

本实例创建一个轴架的静态分析, 效果如图7-33所示。该轴架由轴孔套、连接板、肋板、圆台、埋头螺孔等特征组成, 其中底座固定在基座上, 顶部的轴孔上连接有其他的部件, 可以在轴孔中转动, 并受到一个方向向下, 角度为180°, 大小为1200N的轴承载荷, 其受力分析如图7-34所示。

图7-33 轴架"位移-节点"的分析效果

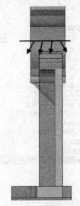

图7-34 轴架的受力分析

7.2 电动机吊座模态分析

原始文件：素材\第7章\7.2\吊座\吊座.prt
最终文件：素材\第7章\7.2\吊座\吊座_sim1.sim
视频文件：视频\7.2电动机吊座模态分析.mp4

本实例是创建一个电动机吊座的模态分析，效果如图7-35所示。模态分析用于评估正常模式和固有频率，阻尼不予考虑，且载荷是不相关的。电动机吊座是用于悬挂大型电动机的，当电动机开始工作后，吊座受到电动机传递的振动，模态分析可以用于计算吊座的固有频率，从而避免吊座与电动机机体产生共振，影响电机的寿命。

图7-35 电动机吊座模态分析效果

7.2.1 结构受力分析

该电动机吊座用于悬挂电动机，重量为6t，其中螺栓连接板固定在其他的机车上，但对于模态分析，载荷是不相关的。也就是是说，在创建仿真时，只要添加约束边界条件，不需要添加载荷，即吊座螺栓板的一侧添加固定约束即可，如图7-36所示。

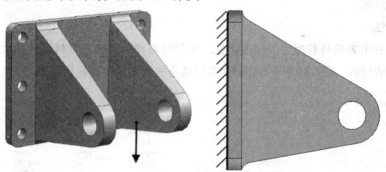

图7-36 电动机吊座受力分析

7.2.2 相关知识点

1. 添加材料

建立结构分析模型时，需要指定材料属性，以便系统根据材料性能计算零件中的应力和变形效果。材料属性可以指定到实体或有限元网格上。如果在实体和网格上分别指定了材料属性，则在分析时，网格的材料属性将高于实体的材料属性。

添加材料属性需要在*fem#.fem文件中创建，双击"仿真文件视图"中的*fem#.fem文件，即可进入FEM文件环境。单击"高级仿真"工具栏中的"材料属性"图标，弹出"指派材料"对话框。如图7-37所示。利用该对话框可指定材料属性到选择的一个或多个网格上，也可指定材料属性到选择的实体或片体上，还可更新网格或实体的材料属性。在该对话框的"材料"列表框中选择需要定义的材料名称，右击，选择"将材料加载到文件中"选项，单击"确定"选项，即可完成材料特性的添加。另外，复制一个相同的材料，还可以对该材料的密度、机械、强度、耐久性、可成形性、热、电等参数进行编辑。同样，单击对话框最右下方的"创建"按钮 ，可以设置材料的质量密度机械、强度、耐久性、可成形性、热、电等参数，创建一种新的材料，如图7-38所示。

图7-37 "指派材料"对话框　　　　　　图7-38 "各向同性材料"对话框

根据材料的物理性能可以将材料类型大致分成4种：各向同性、各向异性、正交各向异性和流体。下面分别介绍。

》各向同性

在材料的各个方向具有相同的物理特性，这种材料称为各向同性材料，如大多数金属和塑料是属于各向同性的材料。图7-39所示为UG NX系统给出的各向同性材料的列表。

图7-39 各向同性材料列表

》各向异性

在材料的各个方向具有不同的物理特性，这种材料称为各向异性材料，这种材料非常少，UG NX也只列出了Aniso_Sample这种材料，一般材料的物理特性都会随温度变化而变化，在要求精确计算时还需给定物理参数的环境温度。若模型的分析环境不是恒定的温度，则需给出在各温度下的物理参数值，这时可以单击各参数旁"温度表"图标▣，在弹出的"表格属性"对话框中输入一定温度下该物理参数值。图7-40列出了材料质量密度的温度表。

》正交各向异性

正交各向异性材料主要常用的物理参数与各向同性材料相同，但是由于正交各向异性材料在各正交方向的物理参数值不同，为方便计算列出了材料在3个正交方向（E1、E2、E3）的物理参数值，这种材料也非常少，UG NX也只列出了Ortho_Sample、Ortho_Sample_Legacy和Ortho_Sample_W_Damping这3种材料。图7-41所示为UG NX中创建正交各向异性材料的对话框。

图7-40 "各向异性材料"对话框

图7-41 "正交各向异性材料"对话框

》流体

在做热或流体分析中，会用到材料的流体特性，系统给出了液态水和气态空气的常用物体特性参数。图7-42所示为UG NX系统给出的流体材料列表。图7-43所示为UG NX中创建流体材料物理参数的对话框。

图7-42 流体材料列表

图7-43 "流体材料"对话框

2. 划分网格

有限元模型是由网格和其他用于分析的相关数据组成的，因此划分网格是建立有限元模型的一个重要环节。划分网格的优劣直接影响分析结果的可靠性和分析所占用的时间。它要求考虑的问题较多，需要的工作量较大。在结构应用中，UG NX中有一种快速有效的网格工具，即网格生成器，可以直接在几何对象上自动划分网格。

根据网格的类型，可在点、曲线、曲面和实体上产生网格，其中最常用的网格类型为三维网格类型。该网格类型用于在实体上划分网格，可在实体上直接划分4节点和10节点的四面体单元。

》 网格类型

图7-44 "连接"和"网格"下拉列表

在"主页"菜单项的"网格"和"连接"组中，可以创建不同的网格类型，如图7-44所示。将这两个下拉菜单进行归类总结，即可将UG NX中的网格类型分为零维网格、一维网格、二维网格、三维网格和连接网格这5种类型，每种类型适用于一定的对象，下面分别介绍。

◆ 零维网格：用于指定产生集中质量单元，这种类型适合在点、线、面、实体或网格节点处产生质量单元，在UG NX中对应的是"0D网格" ∴ 划分网格工具。

◆ 一维网格：一维网格单元由两个节点组成，用于对曲线、边的网格划分（如杆、梁等），在UG NX中对应的是"1D网格" ✔ 和"一维单元截面" ╲ 网格划分工具。

◆ 二维网格：二维网格包括三角形单元（由3节点或6节点组成）、四边形单元（由4节点或8节点组成），适用于对片体、壳体进行划分网格，如图7-45所示。在UG NX中对应的是"2D网格" ◇、"2D相关网格" ✿ 和"2D映射网格" ▦ 网格划分工具。

图7-45 二维网格

◆ 三维网格：三维网格包括四面体单元（由4节点或10节点组成），六面体单元（由8节点或20节点），如图7-46所示。10节点四面体单元是应力单元，4节点四面体单元是应变单元，后者刚性较高。在对模型进行三维网格划分时，使用四面体单元应优先采用10节点四面体单元。在UG NX中对应的是"3D四面体网格" △、"由壳单元生成实体网格" ✿ 和"3D扫描网格" ▦ 网格划分工具。

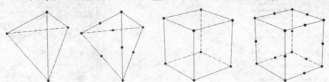

图7-46 三维网格

◆ **连接网格**: 连接单元在两条接触边或接触面上产生点到点的接触单元, 适用于有装配关系模型的有限元分析。UG NX系统提供焊接、边接触、曲面接触和边面接触4类接触单元。

 » 3D四面体网格

在结构分析中, 对于三维的实体模型, 常用"3D四面体网格"工具 来划分网格。不同的解算器能划分不同类型的单元, 在NX NASTRAN、MSC NASTRAN和ANSYS结算器中都包含4节点四面体和10节点四面体单元, 在ABAQUS解算器中, 三维四面体网格包含tet4和tet10两单元。

选择"主页"→"网格"→"3D四面体网格"图标 , 或在菜单栏中选择"插入"→"网格"→"3D四面体网格", 弹出如图7-47所示的"3D四面体网格"对话框。在工作区中选择要划分网格的实体, 选择单元属性类型为"CTETRA(10)"或"CTETRA(4)"类型, 单击"网格参数"选项组中的"单元大小"按钮 , 系统将自动计算单元格的大小; 然后选择"网格设置"选项组中的"最小两单元贯通厚度"复选框, 如图7-47所示。图中显示了4节点和10节点划分的网格, 从两图比较可知, 4节点各面是完全的平面, 不能完全拟合模型曲面, ,10节点各面是分段平面且尽可能地对模型进行拟合。

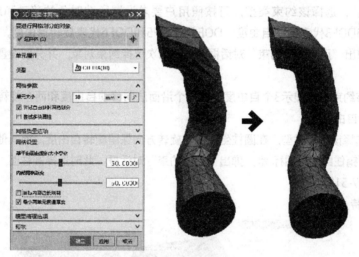

图7-47 创建3D四面体网格

3. 添加约束类型

在结构分析中, 设置约束类型主要用于约束零件在各个方向的平移和旋转自由度。该功能提供了建立、编辑和显示约束工具。约束类型集可用于组织和显示约束方式。一个约束类型集从本质上讲是一组约束方式, 可包含一个或多个约束方式。

 » 约束类型

在UG NX 12.0高级仿真模块中, 添加约束类型需要在*sim#.sim文件中创建, 双击"仿真文件视图"中的*sim#.sim文件, 即可进入SIM文件仿真环境。单击"高级仿真"工具栏中的"约束类型"图标 , 即可弹出各类约束类型图标, 如图7-48所示。下面重点介绍常用的约束类型操作方法。

◆ **固定约束** : 该约束类型设置所选对象的自由度为0, 即该对象被完全限制。单击"固定约束"按钮 , 依次选择约束对象, 即可获得固定约束定义效果。图7-49所示为选择半圆柱面, 则该零件该位置的自由度被完全限制。

◆ 简支约束 ⬡：选择该约束类型，则所选取的对象只能绕平面的法向轴转动。单击"简支约束"图标 ⬡ ，弹出"简支约束"对话框。此时选择约束对象，并设置矢量方向，即可获得该约束类型的定义效果。

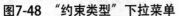

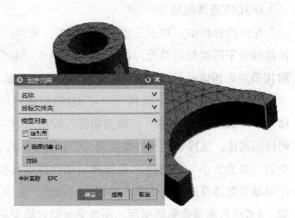

图7-48 "约束类型"下拉菜单　　　　　　图7-49 设置固定约束

◆ 用户定义约束 ⬡：选择该约束类型，可按照用户要求设置所选对象的移动和旋转自由度，其中 DOF1、DOF2和DOF3代表移动自由度，DOF4、DOF5和DOF6代表旋转自由度。单击"用户定义约束"图标 ⬡，弹出"用户定义约束"对话框。此时依次选择约束对象，并分别设置自由度类型，如图 7-50所示。

◆ 对称约束 ⬡：该约束方式显示3个自由度，即一个沿面法向移动自由度和两个旋转自由度，但没有限制在面内转动的自由度。

◆ 销住约束 ⬡：选择该约束类型，在圆柱坐标系的旋转方向保留旋转自由度，而其他的所有自由度都将被限制。单击"销住约束"图标 ⬡，弹出"销住约束"对话框。此时选择圆柱面，即可获得销住约束定义效果，如图7-51所示。

≫ 约束类型的特点

图7-50 用户自定义约束

在上述创建的约束类型中具有共同的约束特点，即显示图形对象的自由度。在UG NX结构分析中，可在图形方式下交互产生和编辑各类约束类型，该约束类型是以参数方式定义，可直接添加到几何对象上。约束类型是UG的参数化对象，与作用的几何对象关联。当模型进行参数化修改时，约束类型将自动更新，而不必重新添加。

约束类型不能添加到单独的有限元单元上，但可映射到各节点位置处，任何约束类型可进行参数化编辑，同时也支持UG的常用操作，如删除、隐藏和编辑显示等。

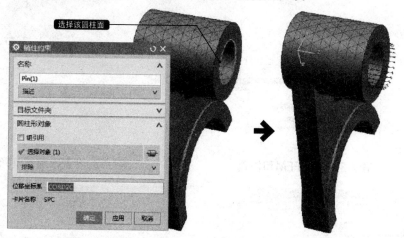

图7-51 销住约束

》约束类型的显示

约束类型使用三维圆盘显示，有单三维圆盘和双三维圆盘两种形式。所有约束类型符号位于作用对象的几何中心上，并自动确定显示比例。约束类型可以设置为显示或隐藏状态，并且为区分不同类型的约束类型，可采用不同的颜色显示。各种类型约束类型的显示符合和颜色可参照表7-2。

表7-2 约束类型的显示符号和颜色

约束类型	显示符号	默认颜色
移动	单三维圆盘	蓝色
旋转	双三维圆盘	蓝色
固定温度	单三维圆盘	橙色
自由对流	单三维圆盘	海蓝色

7.2.3 》具体创建步骤

01 进入高级仿真模块。打开本书素材中的"吊座.prt"文件，选择"应用模块"→"仿真"→"高级"选项，进入高级仿真模块。

02 新建FEM和仿真。在"仿真导航器"中选择"吊座"，单击鼠标右键，在快捷菜单中选择"新建FEM和仿真"选项，如图7-52所示。打开"新建FEM和仿真"对话框中后，在"求解器"下拉列表中选择"NX Nastran Desigh"选项，在"分析类型"下拉列表中选择"结构"选项，如图7-53所示。

03 创建解算方案。新建仿真完成后，系统自动弹出"解算方案"对话框。在"解算类型"下拉列表中选择"SOL 103 响应动力学"选项，如图7-54所示。

04 添加材料。在"窗口"中选择"吊座_fem1"文件，切换到FEM文件环境。单击"高级仿真"工具栏中的"材料属性"按钮，弹出"指派材料"对话框。在工作区中选择要指派材料的模型，并在"材料列表"选项组中选择Steel选项，如图7-55所示。

图7-52 新建FEM和仿真

图7-53 设置求解器环境

图7-54 创建解算方案

图7-55 添加材料

05 划分网格。选择"主页"→"网格"→"3D四面体"选项，弹出"3D四面体网格"对话框。在工作区中选择要划分网格的模型。在"单元属性"选项组中选择"CTETRA(10)"类型，单击"网格参数"选项组中的"单元大小"按钮，系统将自动计算单元格的大小；然后启用"网格设置"选项组中的"最小两单元贯通厚度"复选框，如图7-56所示。

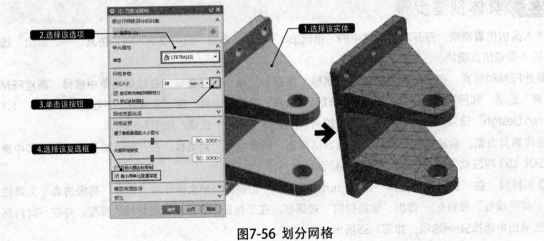

图7-56 划分网格

06 添加销住约束。在"窗口"中选择"吊座_sim1"文件,切换到SIM文件仿真环境。选择"主页"→"载荷和条件"→"约束类型"选项▐,在弹出的下拉菜单中选择"销住约束"选项,弹出"销住约束"对话框。在工作区中选择各销钉的圆柱面,然后单击对话框中"排除"选项组,在工作区中选择座体底面为排除对象,如图7-57所示。

图7-57 固定销住约束

07 添加简支约束。选择"主页"→"载荷和条件"→"约束类型"选项▐,在弹出的下拉菜单中选择"简支约束"选项,弹出"简支约束"对话框。在工作区中选择吊座的底面,并指定与底面垂直的方向为支撑方向,如图7-58所示。

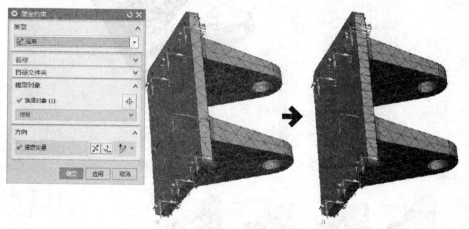

图7-58 添加简支约束

> **提示**
> 该步骤添加排除的销住约束节点对象,是为了避免与下一步骤添加简支约束重合。

08 求解。选择"主页"→"解算环境"→"求解"▐选项,弹出"求解"对话框,如图7-59所示。单击"确定"按钮后,系统将对仿真方案进行求解,并会弹出"解算监视器""分析作业监视"和"信息"三个窗口。求解作业解算成功后,关闭这3个窗口即可,如图7-60所示。

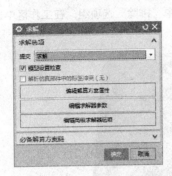

图7-59 "求解"对话框　　　　图7-60 求解过程出现的对话框

09 查看分析结果。单击软件界面左侧的"后处理导航器"图标 ，弹出"后处理导航器"界面，即可在每个模式下看到固定频率。双击数据表单中的"模式1"选项，即会在该选项下看到位移、旋转、应力和反作用力的分析数据表单，双击每个表单项目即可在工作区中看到分析结果。"模式1"的"位移-节点"的分析结果如图7-61所示。图7-62所示为各个模式下"位移-节点"分析结果。

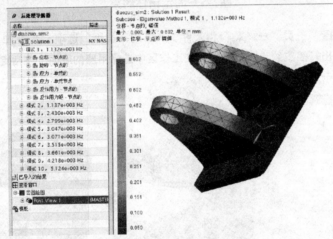

图7-61 "位移-节点"的分析结果

图7-62 各个模式下"位移-节点"的分析结果　　　图7-63 车床拔叉模态分析效果

7.2.4 扩展实例：车床拔叉模态分析

原始文件：素材\第7章\7.2\车床拔叉 \车床拔叉.prt

最终文件：素材\第7章\7.2\车床拔叉 \车床拔叉_sim1.sim

本实例创建一个车床拔叉模态分析，效果如图7-63所示。该拔叉底端的半圆形轴孔端固定在机床上，添加材料为steel，自动划分网格，并在该半圆形圆柱面上添加固定约束即可。通过求解，即可在"后处理导航器"中看到每种模式下的固有频率，各种模式的"位移-节点"的分析结果如图7-64所示。

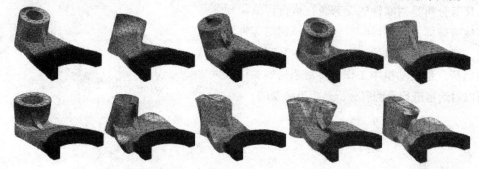

图7-64 各个模式下"位移-节点"的分析结果

7.2.5 扩展实例：斜支架模态分析

原始文件：素材\第7章\7.2\斜支架\斜支架.prt

最终文件：素材\第7章\7.2\斜支架\斜支架_fem1.fem

本实例创建一个斜支架模态分析，效果如图7-65所示。该斜支架由一个L型底板、肋板和轴孔筒组成。其L形底板通过螺栓连接在其他机体上，材料为45钢。该实体模型较为复杂，在创建分析之前，需要将模型简化，删除不需要的圆台，简化沉头孔为直孔。在添加约束类型时，螺栓孔定义为销住约束，底板与机体接触的一侧定义为简支约束，需要排除这三个约束之间的重合节点。通过求解，即可在"后处理导航器"中看到每种模式下的固有频率，各种模式的"位移-节点的"分析结果如图7-66所示。

图7-65 斜支架模态分析效果　　　图7-66 各个模式下"位移-节点"的分析结果

7.3 活塞疲劳度分析

原始文件：素材\第7章\7.3\活塞\活塞.prt
最终文件：素材\第7章\7.3\活塞\活塞_sim1.sim
视频文件：视频\7.3活塞疲劳度分析.mp4

本实例是创建一个活塞疲劳度分析，效果如图7-67所示。疲劳分析是对零件的疲劳特征进行评估和预测是否发生疲劳破坏，也可以和其他分析一起对零件进行优化设计。活塞是发动机的"心脏"，承受交变的机械载荷和热负荷，是发动机中工作条件最恶劣的关键零件之一，所以对活塞进行疲劳度分析是相当必要的。

图7-67 活塞疲劳度分析效果

7.3.1 结构受力分析

该活塞材料为Al5086，顶部受到3000K、18MPa高温气体作用，需要分析在复返一千万次的疲劳安全系数。其受力分析如图7-68所示。活塞通过轴销与曲柄相连，其活塞圆柱面在缸体中做反复运动，需要添加销钉和滑动约束以固定活塞，顶部添加压力载荷即可。

7.3.2 相关知识点

1. 添加载荷

载荷用来模拟零件在工作状态所承受的外力环境。该功能提供了建立、编辑和显示载荷的工具，支持各种结构分析和热分析载荷。由载荷工况对载荷进行组织和管理。由于真实工作状态下零件所承受的外力很多，因此应当仔细分析归纳部件的载荷情况，可适当进行简化，从中查找主要受力因素，省略次要载荷，这样可提高运算效率，又不会导致计算结构偏离实际。

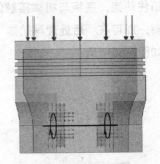

图7-68 活塞结构受力分析

» 载荷类型

在UG NX 12.0"高级仿真"模块中，单击"高级仿真"工具栏中的"约束类型"图标 ，将展开各载荷类型图标。这些载荷类型都属于拓扑载荷，以下将重点介绍常用载荷类型的定义方法。

◆ 力 ：力载荷可以施加在点、曲线、边和面上。当力载荷作用在曲线、边和面上时，系统将自动将其映射到相关节点上。单击"力"图标 ，弹出"力"对话框。在工作区中选择添加载荷的对象，并在"方向"选项组中定义矢量方向，然后在"幅值"选项组中输入力载荷的参数值，如图7-69所示。

◆ 轴承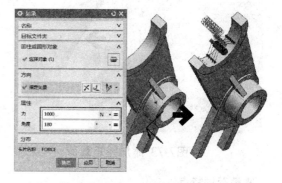：该载荷类型引用一个径向轴承载荷，以仿真加载条件，如滚子轴承、齿轮、凸轮和滚轮等。单击"轴承"图标，弹出"轴承"对话框。此时选择载荷对象，并定义矢量方向，以及设置分布方式和属性参数，如图7-70所示。

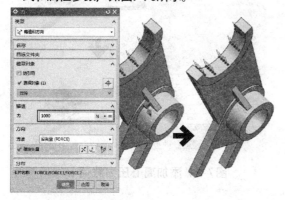

图7-69 添加力载荷

图7-70 添加轴承载荷

◆ 压力：该载荷类型可以作用在边和面上。当压力作用在边上时，将垂直于包含该边的面；当作用到平面上时，将垂直于该面。一个正的压力作用在单元法向量的反方向上，一个负的压力作用在单元法向量的相同方向上，这些单元法向量可以通过检查模型功能验证。单击"压力"图标，将弹出"压力"对话框。此时选择对象并设置压力值，如图7-71所示。

◆ 重力：该载荷类型作用在整个零件上，并显示在工作坐标系的原点位置处。单击"重力"图标，将弹出"重力"对话框。依次定义矢量方向和幅值参数，如图7-72所示。

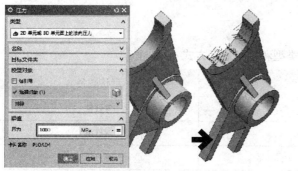

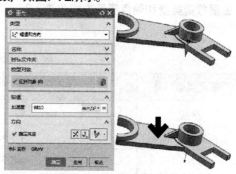

图7-71 添加压力载荷

图7-72 添加重力载荷

◆ 扭矩：当扭矩载荷作用在面上时，则扭矩的方向与面上的任何点相切，否则扭矩按照指定的坐标系用矢量定义，如图7-73所示。如果选择边对象，则扭矩的方向与边上的任何点相切。

◆ 温度载荷：对于热-弹性分析，温度载荷可以作用在点、边、曲线、面和体上。如果施加温度载荷到实体上，应当选择一个或多个实体。指定的温度值将作用于整个实体上，默认温度值为0℃或32°F。

◆ 离心压力：当零件绕轴线旋转时将产生离心力。该载荷类型作用在零件上，其角速度为r/s，加速度单位为r/s^2。单击"离心压力"图标，依次指定矢量方向和参照点，并设置离心压力参数，如图7-74所示。

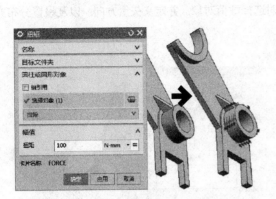

图7-73 添加扭矩载荷

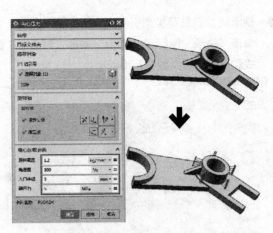

图7-74 添加离心压力载荷

》载荷的特点

在UG NX的结构分析中，产生、编辑和显示载荷很方便，可在图形方式下交互定义各类型载荷，载荷以参数方式定义。可直接添加到几何对象中，载荷与作用的实体模型关联，当修改模型参数时，载荷可自动更新，而不必重新添加。当载荷能够添加到拓扑对象上，而不能添加到单独的有限元单元上时，它通过映射作用到各节点上。任何载荷都可以进行参数化编辑，同时载荷也支持UG NX的常用操作。例如删除、隐藏等。

》载荷的显示

主要载荷类型和颜色显示方式见表7-3。

表7-3 载荷类型和颜色显示方式

载荷类型	显示符号	默认颜色
力	单箭头	深红色
重力	单箭头	深红色
压力	单箭头	深红色
扭矩	双箭头	深红色
离心压力	双箭头	深红色
温度载荷	单箭头	深红色

2. 求解和分析

在完成有限元模型和仿真模型的前处理后，在仿真模型环境中（*sim#.sim）用户就可以进入分析求解阶段。

》"求解"对话框

当有限元模型的前处理完成后，单击"高级仿真"工具栏中的"求解"图标 ，或选择菜单"分析"→"解算"选项，弹出如图7-75所示的"求解"对话框。"求解"对话框根据不同的结算类型会激活不同的选项。对话框中各选项的含义如下。

◆ **提交**：该下拉列表包括"求解""写入求解器输入文件""求解输入文件""写入、编辑和求解输入文件"4选项。在有限元模型前处理完成后一般直接选择"求解"选项。

◆ **编辑求解方案属性**：单击该按钮，弹出如图7-76所示"解算方案"对话框。该对话框包含常规，文件管理和执行控制等5选项。

◆ **编辑求解器参数**：单击该按钮，弹出如图7-77所示的"求解器参数"对话框。该对话框为当前求解器建立一个临时目录。完成各选项后，直接单击"确定"选项，程序开始求解。

图7-75 "求解"对话框　　　图7-76 "编辑解算方案"对话框　　图7-77 "求解器参数"对话框

》分析作业监视

分析作业监视可以在分析完成后查看分析任务信息和检查分析质量，单击"高级仿真"工具栏中的"分析作业监控"图标 或选择菜单"分析"→"分析作业监控"选项，弹出如图7-78所示的"分析作业监视"对话框。该对话框中各选项含义如下。

◆ **分析作业信息**：在图7-78对话框中选择列表框中的完成项，激活"分析作业信息"选项，单击该按钮，弹出如图7-79所示"信息"对话框。在信息对话框中列出了有关分析模型的各种信息，包括分析时间、模型摘要（单元数、节点数及求解方程式个数等）和求解时间等，若采用适应性求解，会给出自适应有关参数等信息。

◆ **检查分析质量**：对分析结果进行综合评定，给出整个模型求解质量水平，是否推荐用户对模型进行更加精细的网格划分。

图7-78 "分析作业监视器"对话框　　　　图7-79 "信息"对话框

3. 后处理控制

将创建好的结构分析任务提交求解器后，有限元程序将进行结构分析。计算完成后，将结果数据形成一个输出文件存储在特定的目录中，同时系统的后处理程序可以读取这些数据并进行显示和分析。分析计算结果以直观的、彩色的图形化方式显示，以利于理解，包含节点和单元的分析结果数据。分析结果还可以通过动画显示（静态分析和模态分析）。不同的分析方案可在一个窗口中直接进行对比。

在求解完成后，右击"仿真导航器"中"Results"图标 ，选择"打开"选项，系统将切换到"后处理导航器"，如图7-80所示。双击"Solution 1"列表选项，将激活显示结果。选择"Solution 1"列表选项下的不同选项，将在屏幕中显示不同的结果。在双击"Solution 1"列表选项的同时，也将激活"后处理"工具栏中的选项，其中包括了动画的播放、暂停、停止等选项，如图7-81所示。以下将介绍各工具的使用方法和技巧。

图7-80 后处理导航器　　　　图7-81 "后处理"工具栏　　　　图7-82 "后处理视图"对话框

》后处理视图

使用该工具栏中的"编辑后处理视图"工具可设置后处理结果的显示方式。选择"后处理视图"选项 ，将弹出"后处理视图"对话框，如图7-82所示。在"显示"选项卡中分别设置颜色显示模式和变形方式，以及执行控制云图的剖面显示方式。图7-83所示显示了8种分析结果的显示方式。

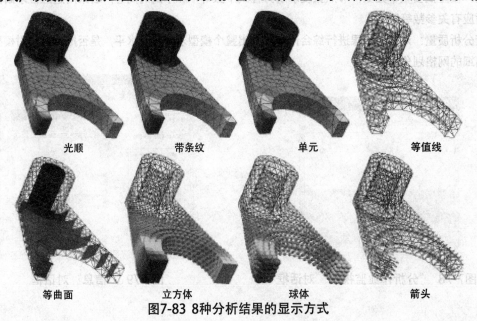

光顺　　　　　　带条纹　　　　　　单元　　　　　　等值线

等曲面　　　　　立方体　　　　　球体　　　　　　箭头

图7-83 8种分析结果的显示方式

》标识结果

该工具栏中的"标识结果"工具用来显示某个数据最大值或者最小值所在的节点，以及单元的ID和该数据值。选择"标识结果"选项，将弹出"标识"对话框，如图7-84所示。该对话框中主要选项的含义说明如下。

◆ 节点结果：用来设置标识数据类型，系统提供6种类型。图7-84所示为选择"从模型中拾取"选项，鼠标将以拾取笔显示，此时选择节点将显示拾取点数据。

◆ 标记选择 在该下拉列表中可选择在云图中显示编辑的方式，其中包括标记结果值、标记ID和无标记。

在设置了标识的数据类型和个数后，在该对话框中单击"确定"按钮，即可在图形窗口中显示所设置的数据，同时对话框的列表框中将显示需要标识的数据。

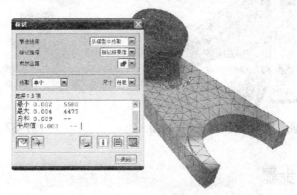

图7-84 添加标识

》标记开/关 和拖动标记

"标记开/关"工具 用来控制视图中显示的标记。选择该选项，屏幕上将显示包括结果数据的最大值和最小值，同时显示该处的单元号。"拖动标记"工具 用来拖动视图中显示的标记，视图中标记显示后，选择该选项，鼠标即变为手状，可以拖动视图中的标记到合适位置，如图7-85所示。

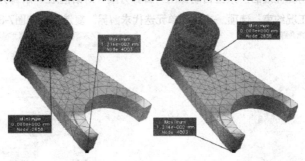

图7-85 拖动标记

》动画

该工具用来对结果显示制作动画，并以动画的形式显示模型的变形情况，以更好地可视化模型显示如何响应特定解算方案。选择"动画"选项 ，将弹出"动画"对话框，如图7-86所示。该对话框中各选项说明如下。

◆ 完整循环：选择该复选框，用于静态类型的动画中，模型动画在振幅的最大和最小值间往复振动，否则只完成从零位置到振幅最大值位置的单程振动。

◆ **帧数**：在该文本框中可输入当前运动的帧数。

◆ **同步帧延迟**：在该文本框中设置相邻两帧之间延迟间隔时间，以ms为单位。

◆ **播放、暂停、停止选项**：单击"播放"按钮 ，系统将按照上述设置播放分析动画；单击"暂停"按钮 ，可暂停分析动画；单击"停止"按钮 ，将停止分析动画，如图7-86所示。

◆ **捕捉动画GIF**：单击该按钮 ，将弹出"动画GIF文件"对话框，如图7-86所示。可在该对话框中命名GIF文件和设置保存的路径，单击"确定"按钮后，系统将当前动画保证到指定路径。

图7-86 "动画"对话框和捕捉GIF动画　　　　　图7-87 新建FEM和仿真

7.3.3 具体创建步骤

01 进入高级仿真模块。打开本书素材中的"活塞.prt"文件，选择"应用模块"→"仿真"→"高级"选项，进入高级仿真模块。

02 新建FEM和仿真。在"仿真导航器"中选择"活塞"，单击鼠标右键，在快捷菜单中选择"新建FEM和仿真"选项，如图7-87所示。打开"新建FEM和仿真"对话框中后，在"求解器"下拉列表中选择"NX Nastran"选项，在"分析类型"下拉列表中选择"结构"选项，如图7-88所示。

03 创建解算方案。新建仿真完成后，系统自动弹出"解算方案"对话框.在"解算方案类型"下拉列表中选择"SOL 101 线性静态－子工况约束"选项，并xz"单元迭代求解器"复选框，如图7-89所示。

图7-88 "新建FEM和仿真"对话框　　　　　图7-89 "解算方案"对话框

04 创建理想化模型。在"窗口"中选择"活塞_fem1_i"文件，切换到理想化模型环境。单击"几何体准备"组中的"理想化几何体"选项 ，弹出"理想化几何体"对话框。在工作区中选择要理想化的模型，选择"圆角"复选框，设置需要删除特征的尺寸范围，选择活塞端面的圆弧面，系统将自动删除在范围内的特征，如图7-91所示。

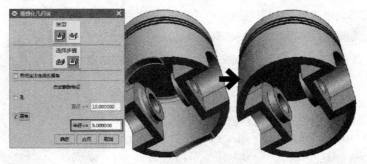

图7-91 创建理想化模型

05 添加材料。在"窗口"中选择"活塞_fem1"文件选项，切换到FEM文件。选择"主页"→"属性"→"更多"→"指派材料"选项 🗐，弹出"指派材料"对话框。在工作区中选择要指派材料的模型，并在"材料列表"选项组中选择"Aluminum_5086"材料选项，如图7-92所示。

图7-92 指派材料

06 划分网格。想"主页"→"网格"→"3D四面体" 🔺 选项，弹出"3D四面体网格"对话框。在工作区中选择要划分网格的模型。在"单元属性"选项组中选择"CTETRA(10)"类型，单击"网格参数"选项组中的"单元大小"按钮 🔳，系统将自动计算单元格的大小；然后选择"网格设置"选项组中的"最小两单元贯通厚度"复选框，如图7-93所示。

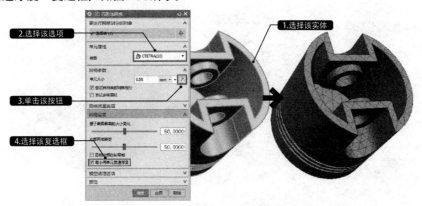

图7-93 划分网格

07 添加销住约束。在"窗口"中选择"活塞_sim1"文件，切换到SIM文件仿真环境。选择"主页"→"载荷和条件"→"约束类型"选项 📏，在弹出的下拉菜单中选择"销住约束"选项，弹出"销住约束"对话框。在工作区中选择各销钉的圆柱面，如图7-94所示。

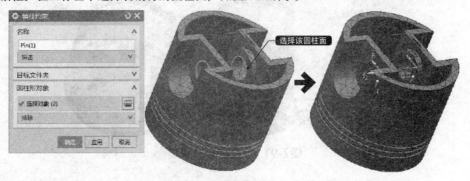

图7-94 创建销住约束

08 创建用户定义约束。选择"主页"→"载荷和条件"→"约束类型"选项 📏，在弹出的下拉菜单中选择"用户定义的约束"选项 🗗，弹出"用户定义约束"对话框。在工作区中选择活塞的柱面，此时分别设置X轴、Y轴方向的移动自由度以及Z轴旋转自由度的为固定，其他均设置为自由，如图7-95所示。

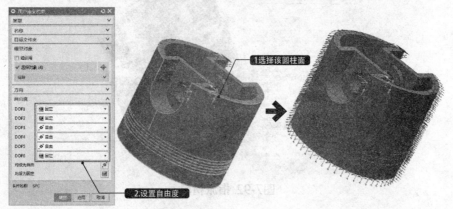

图7-95 创建用户定义约束

09 添加压力载荷。选择"主页"→"载荷和条件"→"载荷类型"选项 📏，在弹出的下拉菜单中选择"压力"选项，弹出"压力"对话框。在工作区中选择活塞的端面，并设置"压力"为18MPa，如图7-96所示。

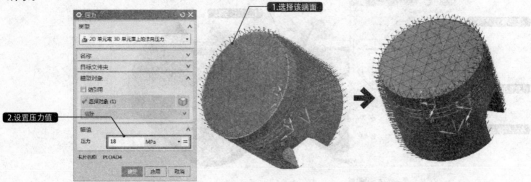

图7-96 创建压力载荷

10 求解。选择"主页"→"解算环境"→"求解"选项⚙，弹出"求解"对话框，如图7-97所示。单击"确定"按钮后，系统将对仿真方案进行求解，并会弹出"解算监视器""分析作业监视"和"信息"三个窗口。求解作业解算成功后，关闭这3个窗口即可，如图7-98所示。

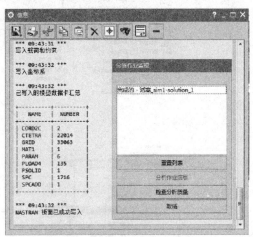

图7-97 "求解"对话框   图7-98 求解过程出现的窗口

11 显示未变形的模型。在求解完成后，右击"仿真导航器"中Structural图标🗝，在弹出的快捷菜单中选择"打开"选项，系统将切换到"后处理导航器"，双击"Solution 1"列表选项，将激活"后处理"工具栏中的选项。单击"后处理"工具栏中的"编辑后处理视图"图标🖿，弹出"后处理视图"对话框。选择"显示未变形的模型"复选框，如图7-99所示。

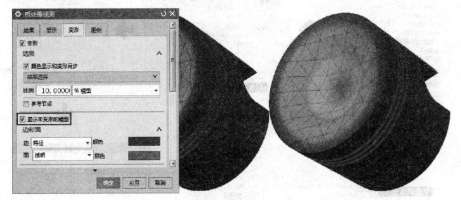

图7-99 显示未变形的模型

12 创建耐久性解算方案。右击"仿真导航器"中"活塞_sim1.sim"图标🗔，在弹出的快捷菜单中选择"新建解算方案过程"→"耐久性"选项，弹出"耐久性"对话框，单击"确定"按钮，右键单击"Durability 1"，在快捷菜单中选择"新建事件"→"静态"选项，创建静态耐久事件，如图7-100所示。

13 定义疲劳分析材料。在"仿真导航器"的"仿真文件视图"框中双击"活塞_fem1"文件选项，切换到FEM文件环境。右击"仿真导航器"中"Solid（1）"列表选项，在弹出的快捷菜单中选择"编辑"选项，弹出"网格捕集器"对话框。单击对话框中"打开管理器"按钮🗔，弹出"物理属性表管理器"对话框。单击对话框的"创建"按钮，弹出"PSOLID"对话框。在"PSOLID"对话框中单击"打开管理器"按钮🗔，系统弹出"材料列表"对话框。在对话框中选择"Aluminum_5086"选项，如图7-101所示。

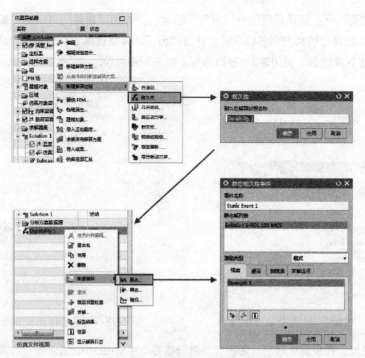

图7-100 创建耐久性解算方案

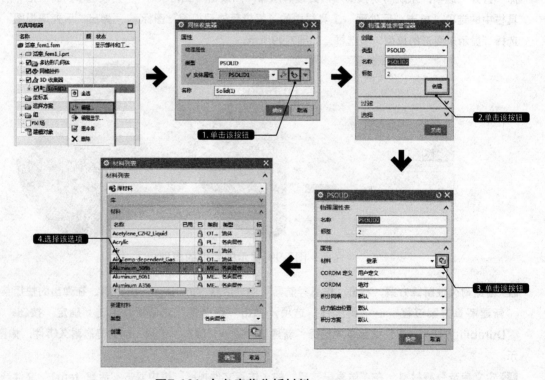

图7-101 定义疲劳分析材料

14 创建载荷模式。在"窗口"中选择"活塞_sim1"文件，切换到SIM文件仿真环境。右击"仿真导航器"中"Static Event 1"列表选项，在弹出的快捷菜单中选择"新建激励"选项，弹出"载荷模式"对话框。设置"比例"为1，"偏置"为0，如图7-102所示。

15 求解耐久性分析。右击"仿真导航器"中"Durability 1"列表选项，在弹出的快捷菜单中选择"求解"选项，弹出"耐久性求解器"对话框，单击"确定"按钮，系统将对耐久性分析求解，并弹出"信息"对话框，如图7-103所示。

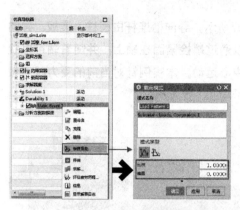
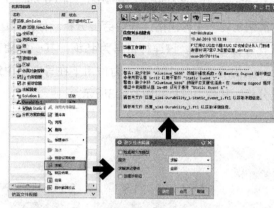

图7-102 创建载荷模式 　　　　　　　　　图7-103 求解耐久性分析

16 查看分析结果。单击软件界面左侧的"后处理导航器"图标，弹出"后处理导航器"界面。在该导航器中列出了Solution1和Durability 1各相关项的分析结果。单击表单中的"Durability 1"选项左边的⊞，即会在该选项下列出"疲劳安全系数-单元节点"和"强度安全系数-单元节点"分析数据表单，双击每个表单项目，即可在工作区中看到分析结果。"疲劳安全系数-单元节点"的分析结果如图7-104所示。图7-105所示为"强度安全系数-单元节点"的分析结果。

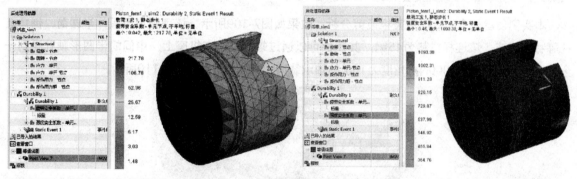

图7-104 "疲劳安全系数-单元节点"的分析结果　　图7-105 "强度安全系数-单元节点"的分析结果

17 输出动画GIF文件。选择"后处理"工具栏中的"动画"选项，将弹出"动画"对话框，单击"播放"按钮，系统将按照默认的设置播放分析动画。然后单击"捕捉动画GIF"按钮，将弹出"动画GIF文件"对话框，可在该对话框中命名GIF文件和设置保存的路径，如图7-106所示。

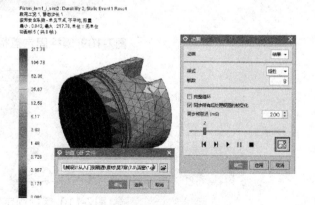

图7-106 输出动画GIF文件

7.3.4 扩展实例：导向槽连杆疲劳度分析

原始文件：素材\第7章\7.3\导向槽连杆\导向槽连杆_2.prt

最终文件：素材\第7章\7.3\导向槽连杆\导向槽连杆_2.prt\ 导向槽连杆_2_sim1.sim

本实例创建一个导向槽连杆疲劳度分析，效果如图7-107所示。导向槽连杆由圆柱、连扳、导向槽和螺孔等特征组成。该连杆材料为45钢，其一端轴孔可以通过螺栓紧固在轴上，并随着轴可以旋转；另一端的滑块在F=1000N的力作用下在导向槽中远离中心运动。本实例针对当前的受力状态做疲劳度分析，其受力分析如图7-108所示。

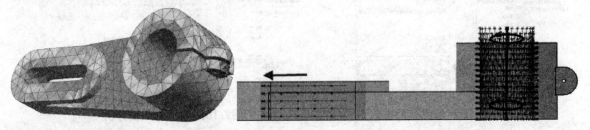

图7-107 导向槽连杆的疲劳度分析效果图　　　　图7-108 导向槽连杆的受力分析

7.3.5 扩展实例：螺栓固定盖板疲劳度分析

原始文件：素材\第7章\7.3\螺栓固定盖板\螺栓固定盖板.prt

最终文件：素材\第7章\7.3\螺栓固定盖板\螺栓固定盖板_sim1.sim

本实例创建一个螺栓固定盖板疲劳分析，效果如图7-109所示。该盖板由方板，半圆筒、倒角及孔等特征组成。该连杆材料为45钢，其盖板可以通过螺栓紧固在机座上，中间的半圆形轴孔受到一个方向向左，大小为1000N，角度为180°的轴承载荷，其受力分析如图7-110所示。

图7-109 螺栓固定盖板的疲劳度分析效果

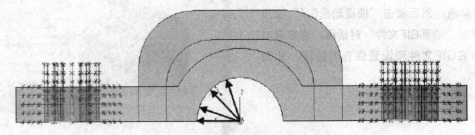

图7-110 螺栓固定盖板的受力分析

第8章

工程制图

UGNX提供了强大的工程图生成功能，使用户可以方便、快捷、准确地由三维模型直接生成二维工程图。借助建立适当的工程图，机械制造工艺师可以正确地阐述设计意图，加强与其他工程师之间的沟通。在UG NX 12.0中利用建模模块创建的三维实体模型，都可以利用工程图模块投影生成二维工程图，并且所生成的工程图与该实体模型是完全关联的。当实体模型改变时，工程图尺寸会同步自动更新，减少因三维模型的改变而引起的二维工程图更新所需的时间，从根本上避免了传统二维工程图设计尺寸之间的矛盾、丢线和漏线等常见错误，保证了二维工程图的正确性。

本章将通过6个典型的实例，介绍使用该软件进行工程图绘制的基本方法，内容包括添加基本视图、投影视图、半剖视图、全剖视图、局部剖视图、旋转剖视图、尺寸标注、几何公差标注、表面粗糙度、文本的标注和编辑等内容。

8.1 绘制夹具体工程图

原始文件：素材\第8章\8.1\夹具体.prt

最终文件：素材\第8章\8.1\夹具体-OK.prt

视频文件：视频\8.1绘制夹具体工程图.mp4

本实例绘制一个夹具体工程图，如图8-1所示。该夹具体由一个轴孔座、螺栓座、底扳和挡板组成。该工程图图纸大小为A3，绘图比例为1：2。在绘制该实例时，可以首先创建基本视图，再创建基本视图的剖视图以及纵向的全剖视图；然后添加水平、竖直、圆弧半径、孔直径、角度等的尺寸，再添加几何公差和表面粗糙度；最后添加注释文本和图纸标题栏，即可完成该夹具体工程图的绘制。

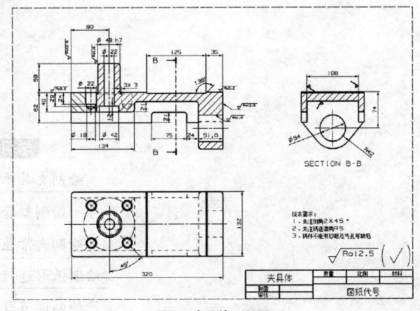

图8-1 夹具体工程图

8.1.1 相关知识点

1. 设置工程图首选项

在工程图环境中，为了更准确、有效地创建工程图，可以根据需要进行相关的基本参数预设置，如线宽、隐藏线的显示、视图边界线的显示和颜色的设置等。

在工程图环境中，选择"首选项"→"制图"选项，弹出"制图首选项"对话框。该对话框中包括11个选项卡，其中在"常规设置"选项卡中可以进行图纸的版次、图纸工作流以及图纸设置；在"视图"选项卡中，可以设计视图样式和注释样式；在"注释"选项卡中，可以设置模型改变时是否删除相关的注释，可以删除模型改变保留下来的相关对象。图8-2所示为显示边界的操作。

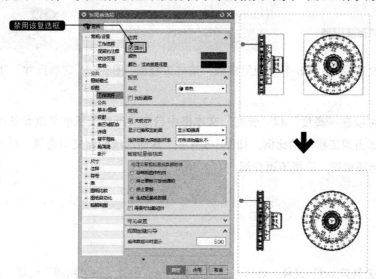

图8-2 禁用"显示"复选框效果

2. 创建工程图

创建工程图即是新建工作表，而新建工作表是进入工程图环境的第一步。在工程图环境中建立的任何图形都将在创建的工作表上完成。在进入工程图环境时，选择"插入"→"工作表"选项，或在"图纸布局"选项组中选择"新建工作表"选项 ，都可以打开"工作表"对话框。此外，在该对话框"大小"选项组中包括了3种类型的图纸建立方式，下面分别介绍。

》标准尺寸

选择该单选按钮，在该对话框的"大小"下拉列表中选择从A0~A4国标图纸中的任意一个作为当前工程图的图纸。还可以在"比例"下拉列表中直接选择工程图的比例。另外，"图纸中的图纸页"显示了工程图中所包含的所有图纸名称和数量。在"设置"选项组中，可以选择工程图的尺寸单位以及视图的投影视角，如图8-3所示。

》使用模块

选择该单选按钮，此时可以直接在对话框的"大小"选项组中直接选择系统默认的图纸选项，单击"确定"按钮，即可直接应用于当前的工程图中，如图8-4所示。

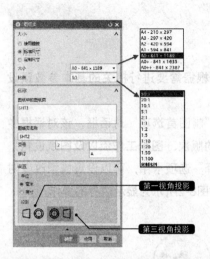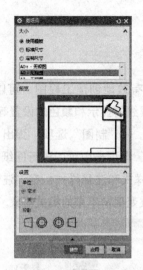

图8-3 "标准尺寸"建立工程图　图8-4 "使用模板"建立工程图　图8-5 "定制尺寸"建立工程图

》定制尺寸

选择该单选按钮，可以在"高度"和"长度"文本框中自定义新建图纸的高度和长度。还可以在"比例"文本框中选择当前工程图的比例，如图8-5所示。其他选项的含义与选择"标准尺寸"单选按钮时的对话框中的选项相同，这里不再介绍。

8.1.2 》绘制步骤

1. 新建工作表

01 打开本书素材中的"夹具体.prt"文件，选择"应用模块"→"设计"→"制图"选项，进入制图模块。

02 在"菜单"中选择"首选项"→"可视化"选项，弹出"可视化首选项"对话框，如图8-6所示。在对话框中选择"颜色/字体"选项卡，在"图纸部件设置"选项组中选择"单色显示"复选框。

03 选择"主页"→"新建工作表"选项 ，弹出"工作表"对话框，如图8-7所示。在"大小"选项组中的"大小"下拉列表中选择"A3-297×420"选项，其余保持默认设置。

图8-6 "可视化首选项"对话框　　　　　　图8-7 "工作表"对话框

04 在"菜单"选项中选择"首选项"→"制图"选项,弹出"制图首选项"对话框。在对话框中选择"视图"选项,在"边界"选项组中禁用"显示"复选框,如图8-8所示。

2. 添加视图

01 选择"主页"→"视图"→"基本视图"选项🖼,弹出"基本视图"对话框。在"模型视图"选项组中的"要使用的模型视图"下拉列表中选择"俯视图"选项,选择"比例"下拉列表中的"1:2"选项,在工作区中合适位置放置俯视图,如图8-9所示。

图8-8 "制图首选项"对话框

图8-9 创建俯视图

02 选择"主页"→"视图"→"剖视图"选项🔲,弹出"剖视图"对话框。在"定义"下拉列表中选择"动态",在"方法"下拉列表中选择"简单剖/阶梯剖"选项,在视图中按点选定剖切线位置,然后在合适位置放置剖视图即可,如图8-10所示。按同样的方法创建侧面的剖视图,如图8-11所示。

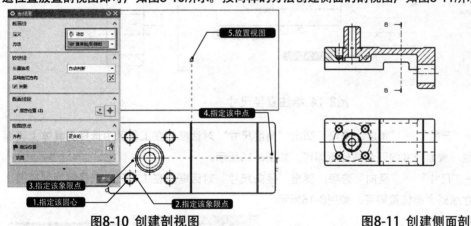

图8-10 创建剖视图

图8-11 创建侧面剖视图

> 📎 **提示**
>
> 若投影的剖视图和预想的方向相反,则需要重新创建一个剖视图。在"剖视图"对话框中单击"反转剖切方向"图标⬈,即可创建与预想方向一致的全剖视图。

03 选择图纸中的侧面剖视图,单击鼠标右键,在弹出的快捷菜单中选择"设置"选项,弹出"设置"对话框。选择"光顺边"选项卡,禁用"显示光顺边"复选框,如图8-12所示。

04 选择图纸中的俯视图,单击鼠标右键,在弹出的快捷菜单中选择"设置"选项,弹出"设置"对话框。选择"隐藏线"选项卡,设置隐藏线线型为虚线,如图8-13所示。

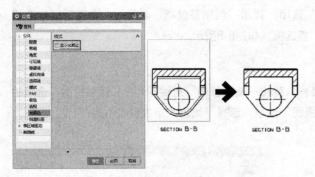

图8-12 隐藏光顺边

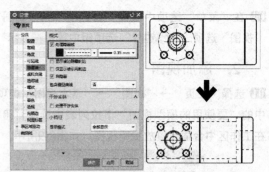

图8-13 显示隐藏线

3. 标注尺寸

01 选择"主页"→"尺寸"→"线性"选项，弹出"线性尺寸"对话框。在工作区中选择夹具体顶端圆柱体外表面，在"方法"下拉列表中选择"圆柱形"。放置尺寸后然后双击该尺寸，弹出"文本编辑器"对话框。在对话框尺寸后面的文本框中输入h7，单击"确定"按钮，然后放置尺寸线到合适位置，如图8-14所示。

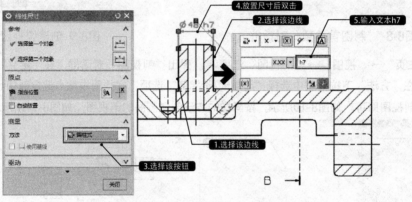

图8-14 标注直径尺寸

02 选择"主页"→"尺寸"→"角度"选项，弹出"角度尺寸"对话框。在工作区中选择夹具体上表面斜凹槽的两条边缘线，放置尺寸线到合适位置即可，如图8-15所示。

03 选择"主页"→"尺寸"→"径向"选项，弹出"径向尺寸"对话框。在工作区中选择侧面剖视图上的孔，放置直径尺寸线到合适位置即可，如图8-16所示。

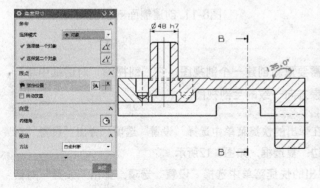

图8-15 标注角度尺寸

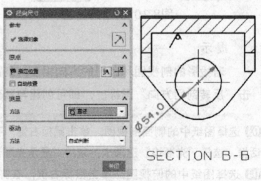

图8-16 标注直径尺寸

04 按照标注水平尺寸、角度尺寸和直径尺寸同样的方法，标注其他的竖直尺寸、半径尺寸，效果如图8-17所示。

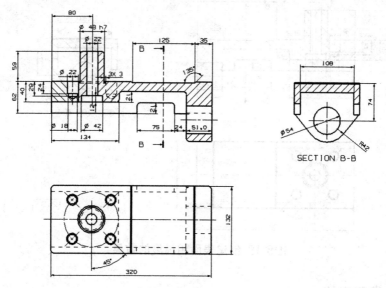

图8-17 标注尺寸效果

4. 标注表面粗糙度

01 选择"主页"→"注释"→"表面粗糙度符号"选项，弹出"表面粗糙度"对话框。在"除料"中选择"修饰符需要除料"，在"切除（f1）"文本框中输入Ra12.5，在"设置"选项组的"角度"文本框中输入270°，在工作区选择要创建表面粗糙度为12.5的表面，标注表面粗糙度如图8-18所示。

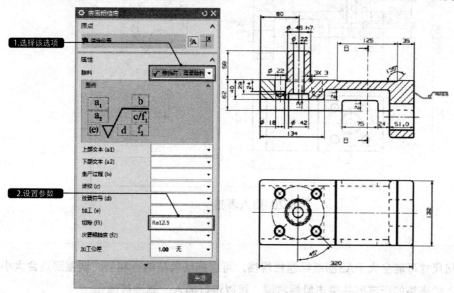

图8-18 标注表面粗糙度

02 按照同样的方法设置"表面粗糙度"对话框各参数，选择合适的放置类型和指引线类型，创建其他的表面粗糙度，效果如图8-19所示。

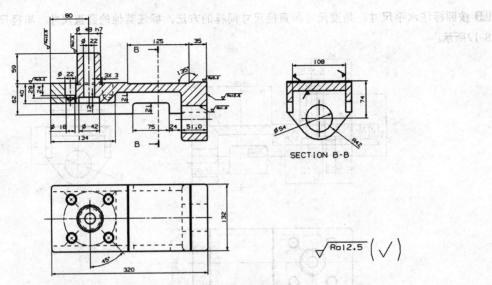

图8-19 创建表面粗糙度的效果

5. 插入并编辑表格

01 选择"主页"→"表"→"表格注释"选项，工作区中的光标即会显示为矩形框，选择工作区右下方放置表格即可，如图8-20所示。

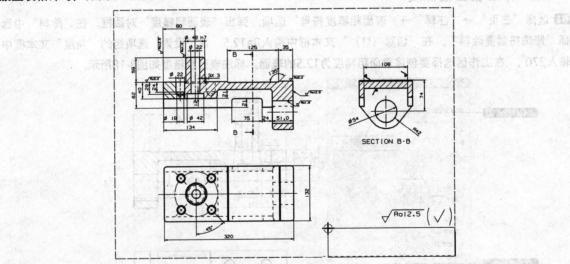

图8-20 插入表格

> **提示**
>
> 插入的表格尺寸可能会大于A3图纸标题栏规格，可以拖动表格的行和列，调整到适合大小。此外，选择插入的表格的行或列并单击鼠标右键，可以进行插入、删除等操作。

02 选择表格的第一个单元格，按住鼠标左键拖动到第二行第二列所在的单元格，选择的表格为桔红色高亮显示，单击鼠标右键，选择"合并单元格"选项，如图8-21所示。按同样的方法创建右下角的合并单元格。

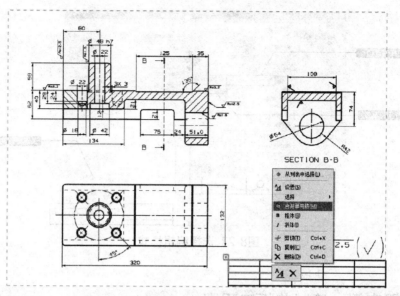

图8-21 合并单元格

6. 添加文本注释

01 选择"主页"→"注释"→"注释"选项，弹出"注释"对话框。在"文本输入"文本框中输入如图8-22所示的注释文字，添加工程图相关的技术要求。

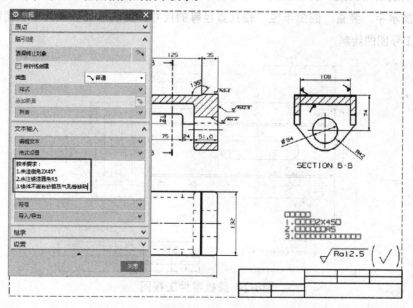

图8-22 添加注释

02 选择"主页"→"编辑设置"选项，弹出"类选择"对话框。选择步骤1添加的文本。单击"确定"按钮，在弹出的"设置"对话框中设置字符"高度"为5，选择文字字体下拉列表中的"chinesef"选项，单击"确定"按钮，即可将方框文字显示为汉字，如图8-23所示。

03 重复上述步骤，添加其他文本注释。在"设置"对话框中设置合适的字符大小，选择注释文本并移动到合适位置，效果如图8-1所示。

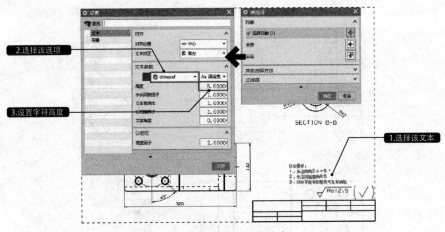

图8-23 选择编辑样式

8.1.3 扩展实例：绘制盖板工程图

原始文件：	素材\第8章\8.1\盖板.prt
最终文件：	素材\第8章\8.1\盖板-OK.prt

　　本实例绘制一个盖板零件工程图，如图8-24所示。该盖板由凸台、底槽、键槽和孔组成。结构相对简单，可以通过俯视图和全剖视图来表达其结构。在绘制该实例时，可以首先创建俯视图和全剖视图然后添加水平、竖直、圆弧半径、轴孔直径等的尺寸，最后添加注释文本和图纸标题栏，即可完成该盖板工程图的绘制。

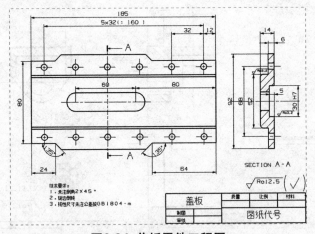

图8-24 盖板零件工程图

8.1.4 扩展实例：绘制管接头工程图

原始文件：	素材\第8章\8.1\管接头.prt
最终文件：	素材\第8章\8.1\管接头-OK.prt

　　本实例绘制一个管接头工程图，如图8-25所示。管接头常用于管道的连接，在天然气、自来水、石油管道中经常可以见到。在管接头两端均有螺纹，用于连接两端的管道。该工程图图纸大小

为A4，绘图比例为3：1。在创建本实例工程图时，首先可创建全剖视图和俯视图，剖视图即可表达内部孔的结构。然后添加竖直的直径和螺纹尺寸以及水平尺寸。最后，添加注释文本和图纸标题栏，即可完成该管接头工程图的绘制。

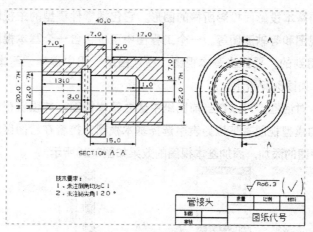

图8-25 管接头工程图效果

8.2 绘制缸套工程图

原始文件：素材\第8章\8.2\缸套.prt

最终文件：素材\第8章\8.2\缸套-OK.prt

视频文件：视频\8.2绘制缸套工程图.mp4

　　本实例将绘制一个如图8-26所示的缸套工程图。该工程图大小为A4，绘图比例为2：1。在创建本实例工程图时，首先可创建基本视图和纵向全剖视图，并用全剖视图表达阵列孔的结构；然后添加线性尺寸、圆弧尺寸、几何公差和表面粗糙度；最后添加注释文本和图纸标题栏，即可完成该缸套工程图的绘制。

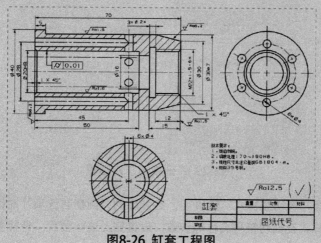

图8-26 缸套工程图

8.2.1 相关知识点

1. 添加基本视图

基本视图是零件向基本投影面投影所得的图形。它包括零件模型的主视图、后视图、俯视图、仰视图、左视图、右视图和等轴测图等。一个工程图中至少包含一个基本视图，其他视图在自此视图基础上投影剖切而得到的。要建立基本视图，在"图纸"组中选择"基本视图"选项 📷，弹出"基本视图"对话框，如图8-27所示。

利用"基本视图"对话框，可以在当前图纸中建立基本视图，并设置视图样式、基本视图比例等参数。在"要使用的模型视图"下拉列表中选择基本视图，接着在绘图区的适合的位置放置基本视图，即可完成基本视图的添加，添加基本视图的效果如图8-28所示。

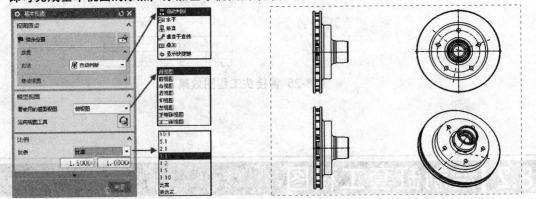

图8-27 "基本视图"对话框　　　　　图8-28 添加基本视图的效果

2. 添加全剖视图

当零件的内形比较复杂、外形比较简单，或外形已在其他视图上表达清楚时，需要利用全剖视图工具对零件进行剖切。要创建全剖视图，可选择"视图"→"剖视图"选项 📷，弹出"剖视图"对话框，如图8-29所示。

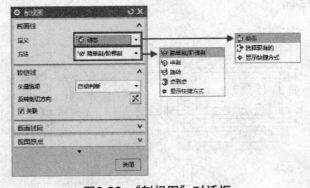

图8-29 "剖视图"对话框

在该对话框中选择"剖切线样式"选项 📷，在弹出的"剖切首选项"对话框中可以设置剖切线箭头的方向、大小、样式及剖切符号名称等参数。设置完上述参数后，选择要剖切的基本视图，然后拖动鼠标，放置在绘图区的适当位置即可，如图8-30所示。

8.2.2 ▶绘制步骤

1. 新建工作表

01 打开本书素材中的"缸套.prt"文件，选择"应用模块"→"设计"→"制图"选项，进入制图模块。

02 在"菜单"选项中选择"首选项"→"可视化"选项，弹出"可视化首选项"对话框，如图8-31所示。在对话框中选择"颜色/字体"选项卡，在"图纸部件设置"选项组中选择"单色显示"复选框。

03 选择"主页"→"新建工作表"选项 🔲，弹出"工作表"对话框，如图8-32所示。在"大小"选项组中的"大小"下拉列表中选择"A4-210×297"选项，其余保持默认设置。

04 在"菜单"选项中选择"首选项"→"制图"选项，弹出"制图首选项"对话框，如图8-33所示。在对话框中选择"视图"选项，在"边界"选项组中禁用"边界"复选框。

2. 添加视图

01 选择"主页"→"视图"→"基本视图"选项 🖼，弹出"基本视图"对话框。在"模型视图"选项组中的"要使用的模型视图"下拉列表中选择"左视图"选项，选择"比例"下拉列表中的"2:1"选项，在工作区中合适位置放置左视图，如图8-34所示。

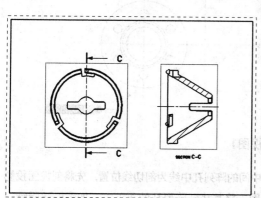

图8-30 创建全剖视图

图8-31 "可视化首选项"对话框

图8-32 "工作表"对话框

图8-33 "制图首选项"对话框

图8-34 创建基本视图

02 选择图纸中的基本视图，单击鼠标右键，在弹出的快捷菜单中选择"设置"选项，弹出"设置"对话框。在"角度"选项卡中设置旋转"角度"为90°，如图8-35所示。

03 选择"主页"→"视图"→"剖视图"选项 ■，弹出"剖视图"对话框。在"定义"下拉列表中选择"动态"，在"方法"下拉列表中选择"简单剖/阶梯剖"选项，在视图中选择剖切线位置，然后在合适位置放置剖视图即可创建如图8-36所示的剖视图1。

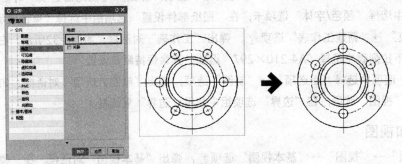

图8-35 旋转基本视图

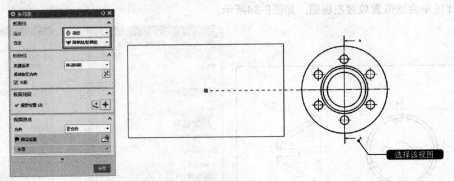

图8-36 创建剖视图1

04 利用"剖视图" ■ 工具，选择步骤3创建的剖视图，选择中间的阵列孔中线为剖切线位置，先将剖视图投影到左侧，创建剖视图2如图8-37所示。然后用鼠标选中剖视图，将其移到阵列孔的正下方，如图8-38所示。

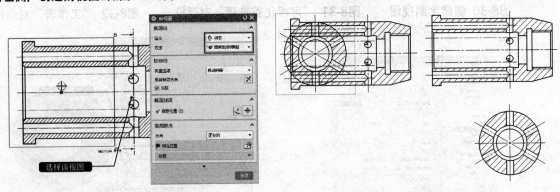

图8-37 创建剖视图2   图8-38 移动剖视图2

05 选择"主页"→"视图"→"视图相关编辑" ■ 选项，打开"视图相关编辑"对话框，在工作区中选择要编辑的视图，单击"擦除对象"按钮 ■，弹出"类选择"对话框。在视图中选择要擦除的曲线即可，如图8-39所示。图8-40所示为视图创建完成后的效果。

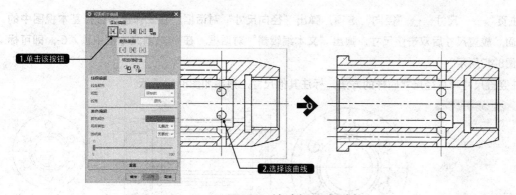

图8-39 擦除视图中对象

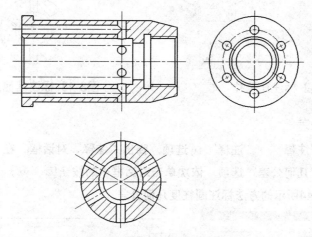

图8-40 视图创建完成效果

3. 标注线性尺寸

01 选择"主页"→"尺寸"→"线性"选项，弹出"线性尺寸"对话框。在工作区中选择套缸中间的螺纹符号线，放置尺寸后然后双击该尺寸，弹出"文本编辑器"对话框。在 x.xx 前文本框中输入M。单击"在后面"图标，在后文本框中输入×1.5-6H，单击"确定"选项按钮；然后单击"尺寸样式"按钮，弹出"尺寸样式"对话框。在"文字"选项卡中设置字符大小，最后放置尺寸线到合适位置，即可标注螺纹尺寸，如图8-41所示。

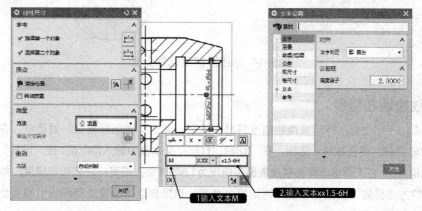

图8-41 标注螺纹尺寸

02 选择"主页"→"尺寸"→"径向"选项，弹出"径向尺寸"对话框。在工作区中选择基本视图中的阵列孔的圆面，放置尺寸后双击该尺寸，弹出"文本编辑器"对话框。在 ▣·ⅺ·▾ 前文本框中输入6-，即可标注孔尺寸如图8-42所示。

03 按照标注竖直尺寸和直径尺寸同样的方法，标注其他尺寸，效果如图8-43所示。

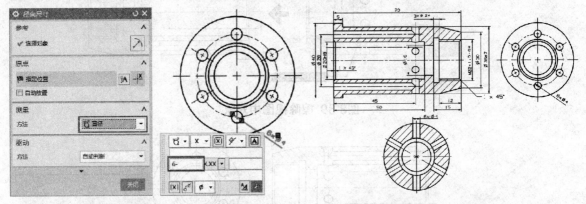

图8-42 标注孔尺寸　　　　　　　　　图8-43 标注其他尺寸效果

4. 标注形位公差

选择"主页"→"注释"→"注释" ▣ 选项，弹出"注释"对话框。在"符号"选项组的"类别"下拉列表中选择"几何公差"选项，依次单击对话框中的按钮 ▦、 ◿ ，在"文本输入"文本框中输入0.01，按照图8-44所示的方法标注圆柱度几何公差。

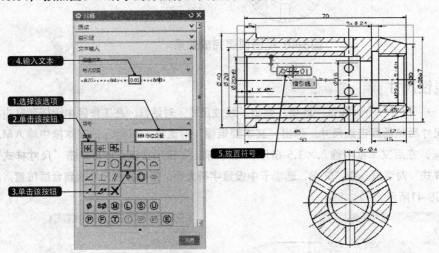

图8-44 标注圆柱度几何公差

5. 标注表面粗糙度

01 选择"主页"→"注释"→"表面粗糙度符号"选项，弹出"表面粗糙度"对话框。在"除料"下拉列表中选择"修饰符，需要除料"选项，在"切除（f1）"文本框中输入Ra1.6，在"设置"选项组的"角度"文本框中输入0，在工作区选择要创建表面粗糙度为1.6的表面，即可标注表面粗糙度，如图8-45所示。

02 按照同样的方法设置"表面粗糙度"对话框各参数，选择合适的放置类型和指引线类型，创建其他的表面粗糙度，如图8-46所示。

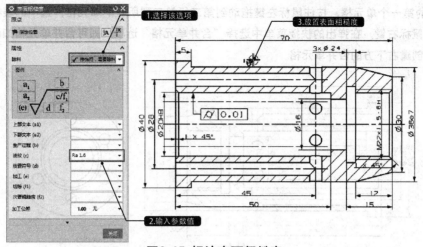

图8-45 标注表面粗糙度

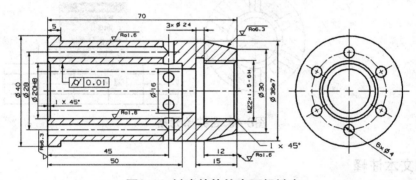

图8-46 创建其他的表面粗糙度

6. 插入并编辑表格

01 选择"主页"→"表"→"表格注释"选项，工作区中的光标即会显示为矩形框，选择工作区的右下方放置表格即可，如图8-47所示。

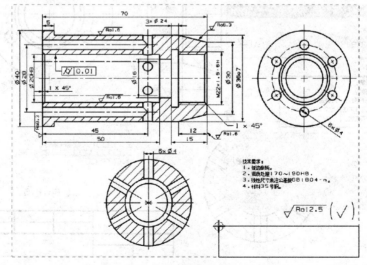

图8-47 插入表格

02 选中表格的第一个单元格，按住鼠标左键拖动到第二行第二列所在的单元格，选中的表格为桔红色高亮显示；单击鼠标右键，在弹出的快捷菜单中选择"合并单元格"选项，即可合并单元格如图8-48所示。按同样的方法创建右下方的合并单元格。

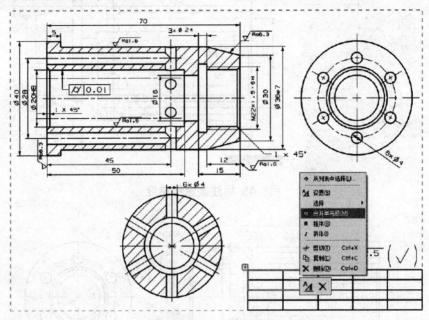

图8-48 合并单元格

7. 添加文本注释

01 选择"主页"→"注释"→"注释"选项，弹出"注释"对话框。在"文本输入"文本框中输入如图8-49所示的注释文字，添加工程图相关的技术要求。

02 选择"主页"→"编辑设置"选项 🛠，弹出"类选择"对话框。选择步骤1添加的文本。单击"确定"选项，在弹出的"设置"对话框中设置字符"高度"为3.5，选择文字字体下拉列表中的"chinesef"选项，单击"确定"按钮，即可将方框文字显示为汉字，如图8-50所示。

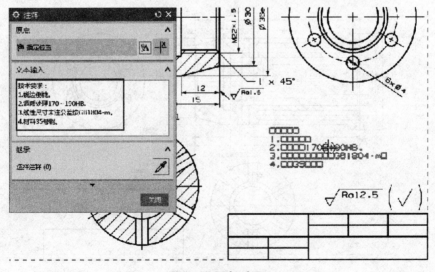

图8-49 添加注释

03 重复上述步骤，添加其他文本注释。在"设置"对话框中设置合适的字符大小，选择注释文本并移动到合适位置，如图8-26所示。

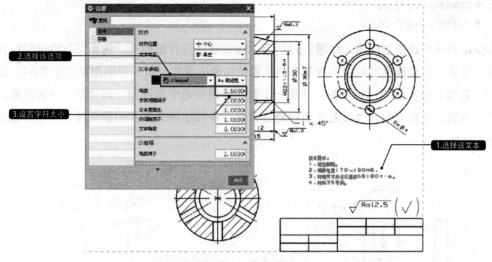

图8-50 选择编辑样式

8.2.3 ▷扩展实例：绘制连杆螺钉工程图

原始文件：素材\第8章\8.2\ 连杆螺钉.prt
最终文件：素材\第8章\8.2\ 连杆螺钉-OK.prt

本实例是绘制一个连接螺钉工程图，如图8-51所示。该工程图图纸大小为A4，绘图比例为1：1。在绘制本实例工程图时，首先可创建基本视图和投影视图，并用剖视图表达内部孔的结构。然后添加线性尺寸、圆弧尺寸、几何公差和表面粗糙度；最后添加注释文本和图纸标题栏，即可完成该连接螺钉工程图的绘制。

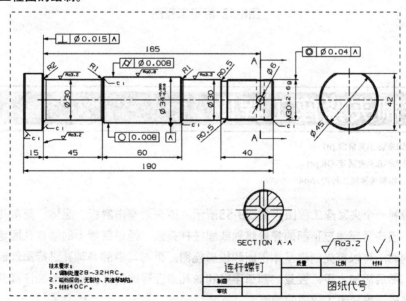

图8-51 连杆螺钉工程图

8.2.4 扩展实例：绘制旋钮工程图

原始文件：素材\第8章\8.2\旋钮.prt

最终文件：素材\第8章\8.2\旋钮-OK.prt

本实例绘制一个旋钮工程图，如图8-52所示。该旋钮中间有阶梯孔，侧面钻有定位螺栓孔。旋钮外形看似简单，需要两个全剖视图将其中的孔的结构表达清楚。该工程图图纸大小为A4，绘图比例为2：1。在绘制该实例时，可以先创建出一个基本视图和两个剖视图，再将基本视图隐藏；然后添加水平、竖直、角度等的尺寸以及表面粗糙度；最后添加注释文本和图纸标题栏，即可完成该旋钮工程图的绘制。

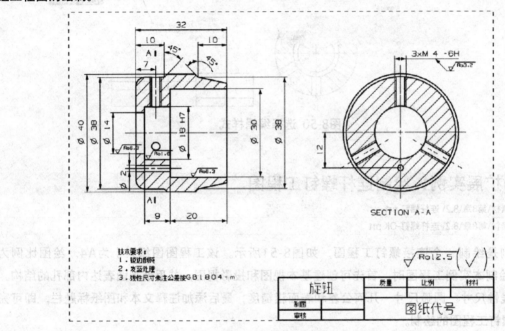

图8-52 旋钮工程图

8.3 绘制夹紧座工程图

原始文件：素材\第8章\8.3\夹紧座.prt

最终文件：素材\第8章\8.3\夹紧座-OK.prt

视频文件：视频\8.3绘制夹紧座工程图.mp4

本实例绘制一个夹紧座工程图，如图8-53所示。该夹紧座由底板、座体、简单孔、沉头孔和螺纹孔组成。该夹紧座通过顶部的螺栓将轴或圆柱杆夹紧，通过底板上的螺纹孔固定在基座上。在绘制该实例时，可以首先创建基本视图和投影视图，再对其中的各种孔进行局部剖切，以清晰表达其结构；然后添加水平、竖直、圆弧半径和轴孔直径等的尺寸；最后添加注释文本和图纸标题栏，即可完成该夹紧座工程图的绘制。

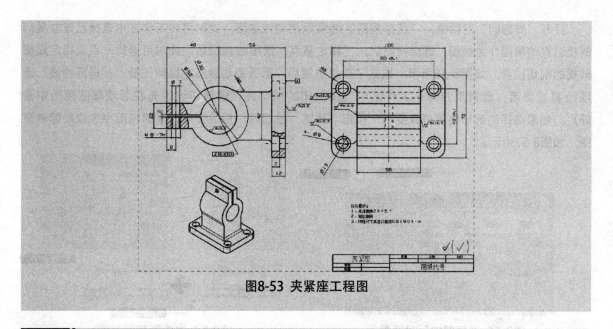

图8-53 夹紧座工程图

8.3.1 相关知识点

1. 添加投影视图

一般情况下，单一的基本视图是很难将一个复杂实体模型的形状表达清楚的，在添加完基本视图后，还需要添加相应的投影视图，才能够完整地将实体模型的形状和结构特征表达清楚。在建立基本视图时，当设置建立完一个基本视图后，此时继续拖动鼠标，可添加基本视图的其他投影视图；若已退出添加基本视图操作，可在"图纸"组选择"投影视图"选项 ⬚，弹出"投影视图"对话框，如图8-54所示。

2. 添加局部剖视图

局部剖视图是一种灵活的表达方法，用剖视图的部分表达零件的内部结构，不剖的部分表达机件的外部形状。在工程图中，剖切视图不宜过多，否则会使图形过于破碎，影响图形的整体性和清晰性。局部剖视图常用于轴、连杆、手柄等实心零件上有小孔、槽、凹坑等局部结构需要表达其类型的零件。

要创建局部剖视图，可在"图纸"组中选择"局部剖"选项 ⬚，弹出"局部剖"对话框1，如图8-55所示。

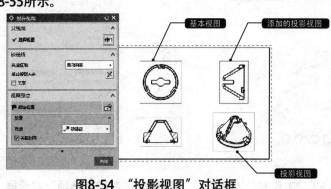

图8-54 "投影视图"对话框

图8-55 "局部剖"对话框1

打开"局部剖"对话框，"选择视图"选项自动被激活，此时可在工作区中选择已建立局部剖视边界的视图作为视图。选择视图后，"指定基点"选项被激活，此时可选择一点来指定局部剖视的剖切位置，如图8-56所示。指定了基点位置后，系统自动会指定拉伸矢量，"选择曲线"选项将被激活，此时用户可在工作区中选择封闭的剖切线（该剖切线需先在活动草图视图中画好）。如果选择的剖切边界符合要求，单击"确定"按钮后，系统会在选择的视图中生成局部剖视图，如图8-57所示。

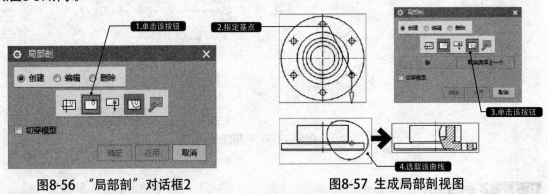

图8-56 "局部剖"对话框2　　　图8-57 生成局部剖视图

8.3.2 绘制步骤

1. 新建工作表

01 打开本书素材中的"夹紧座.prt"文件，选择"应用模块"→"设计"→"制图"选项，进入制图模块。

02 在"菜单"选项中选择"首选项"→"可视化"选项，弹出"可视化首选项"对话框，如图8-58所示。在对话框中选择"颜色/字体"选项卡，在"图纸部件设置"选项组中启用"单色显示"复选框。

03 选择"主页"→"新建工作表"选项，弹出"工作表"对话框，如图8-59所示。在"大小"选项组中的"大小"下拉列表中选择"A2-420×594"选项，其余保持默认设置。

04 在"菜单"选项中选择"首选项"→"制图"选项，弹出"制图首选项"对话框，如图8-60所示。在对话框中选择"视图"选项，在"边界"选项组中禁用"显示"复选框。

图8-58 "可视化首选项"对话框　　图8-59 "工作表"对话框　　图8-60 "制图首选项"对话框

2. 添加视图

01 选择"主页"→"视图"→"基本视图"选项 ，弹出"基本视图"对话框。在"模型视图"选项组中的"要使用的模型视图"下拉列表中选择"俯视图"选项，选择"比例"下拉列表中的"2:1"选项，在工作区中的合适位置放置俯视图，如图8-61所示。

02 基本视图创建完成后，系统自动弹出"投影视图"对话框，或在"图纸"组中选择"投影视图"选项 ，弹出"投影视图"对话框。将投影视图投影到基本视图左侧，如图8-62所示。

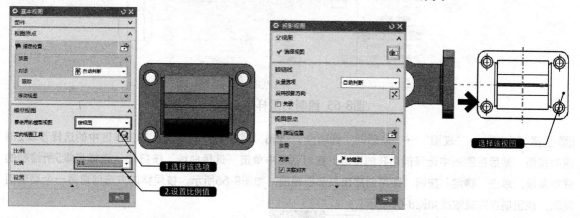

图8-61 创建俯视图 图8-62 创建投影视图

03 选择"主页"→"基本视图"选项 ，弹出"基本视图"对话框。在"模型视图"选项组中的"要使用的模型视图"下拉列表中选择"正等测图"选项，选择"比例"下拉列表中的"1:1"选项，在工作区中的合适位置放置正等测视图，如图8-63所示。

04 选择图纸中的基本视图，单击鼠标右键，在弹出的快捷菜单中选择"设置"选项，弹出"设置"对话框。选择"光顺边"选项卡，禁用"光顺边"复选框；然后选择"隐藏线"选项卡，设置隐藏线线型为虚线，如图8-64所示。

05 在图纸中选择基本视图，单击鼠标右键，在弹出的快捷菜单中选择"活动草图视图"选项，在所选的视图中绘制封闭的样条曲线，如图8-65所示。

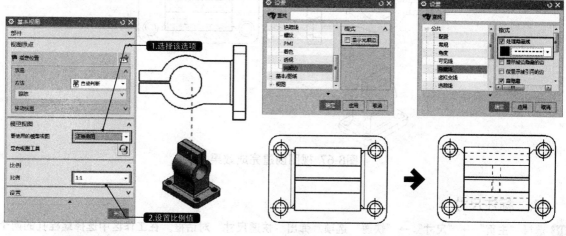

图8-63 创建正等测视图 图8-64 设置视图样式

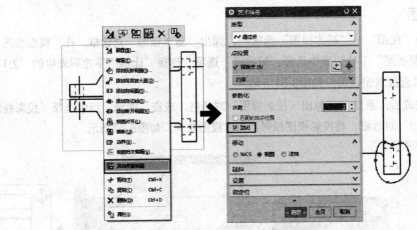

图8-65 绘制封闭样条曲线

06 选择"主页"→"视图"→"局部剖"选项，弹出"局部剖"对话框。在工作区中的选择步骤2创建的视图，然后在图纸中选择剖切孔的中心，在对话框中单击"选择曲线"按钮，选择步骤5所绘制的样条曲线，单击"确定"按钮，即可创建出局部剖视图，如图8-66所示。按同样的方法创建另一个局部剖视图，视图创建完成效果如图8-67所示。

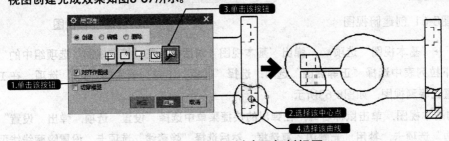

图8-66 创建局部剖视图

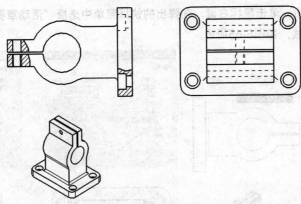

图8-67 视图创建完成效果

3. 标注尺寸

01 选择"主页"→"尺寸"→"快速"选项，弹出"快速尺寸"对话框。在工作区中选择螺栓孔的两个圆心，放置尺寸后双击该尺寸，在弹出的文本输入框中选择"等双向公差"选项，然后放置尺寸线到合适的位置即可，如图8-68所示。

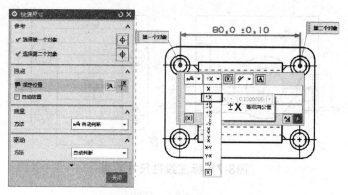

图8-68 标注水平尺寸

02 选择"主页"→"尺寸"→"径向"选项，弹出"径向尺寸"对话框。在工作区中选择底座上的圆角，放置半径尺寸线到合适的位置即可，如图8-69所示。

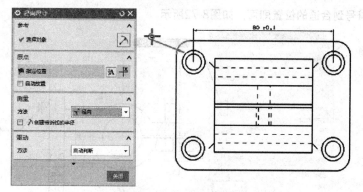

图8-69 标注半径尺寸

03 选择"主页"→"尺寸"→"径向"选项，弹出"径向尺寸"对话框。在工作区中选择基本视图中的沉头孔，放置尺寸后双击该尺寸，弹出"文本编辑器"对话框。在 前文本框中输入4-，即可标注直径尺寸图8-70所示。

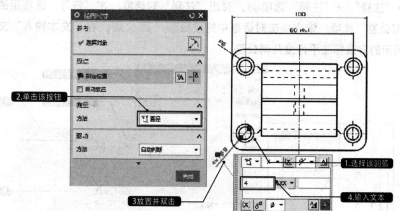

2.单击该按钮

3.放置并双击

1.选择该圆弧

4.输入文本

图8-70 标注直径尺寸

04 按照标水平尺寸、半径尺寸和直径尺寸同样的方法，标注其他的竖直尺寸、水平尺寸、半径尺寸和直径尺寸，效果如图8-71所示。

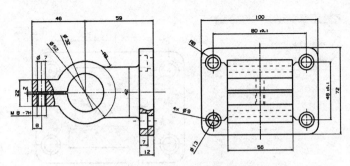

图8-71 标注线性尺寸效果

4. 标注几何公差

01 选择"主页"→"注释"→"基准特征符号"选项,弹出"基准特征符号"对话框。在"基准标识符"选项组中的"字母"文本框中输入A,单击"指引线"选项组中的按钮 ,选择工作区中座体的底部,放置基准特征符号到合适的位置即可,如图8-72所示。

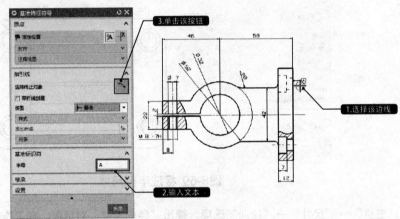

图8-72 标注基准特征符号

02 选择"主页"→"注释"→"注释"选项 ,弹出"注释"对话框。在"符号"选项组的"类别"下拉列表中选择"几何公差"选项,依次单击对话框中的按钮 、 、 ,在"文本输入"文本框中输入0.03,按照图8-73所示的方法标注平行度几何公差。

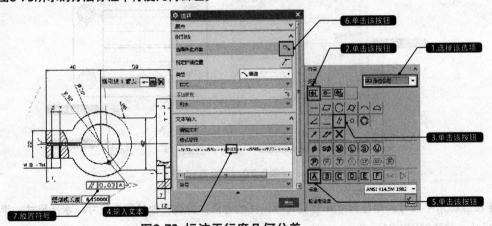

图8-73 标注平行度几何公差

5. 标注表面粗糙度

01 选择"主页"→"注释"→"表面粗糙度符号"选项，弹出"表面粗糙度"对话框。在"除料"下拉列表中选择"修饰符，需要除料"，在"切除（f1）"文本框中输入Ra3.2，在工作区选择要创建表面粗糙度为3.2的表面，如图8-74所示。

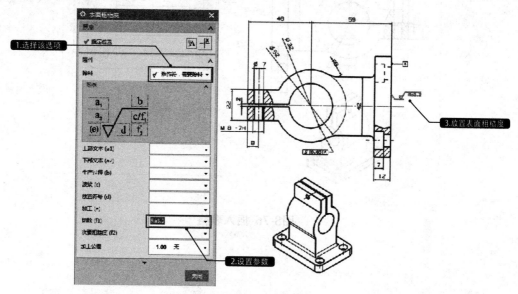

图8-74 标注表面粗糙度

02 按照同样的方法设置"表面粗糙度"对话框各参数，选择合适的放置类型和指引线类型，创建其他的表面粗糙度，如图8-75所示。

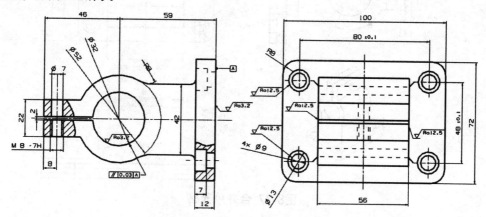

图8-75 创建其他的表面粗糙度

6. 插入并编辑表格

01 选择"主页"→"表"→"表格注释"选项，工作区中的光标即会显示为矩形框，选择工作区的右下方放置表格即可，如图8-76所示。

02 选择表格的第一个单元格，按住鼠标左键拖动到第二行第二列所在的单元格，选择的表格为桔红色高亮显示，单击鼠标右键，选择"合并单元格"选项，即可合并单元格如图8-77所示。

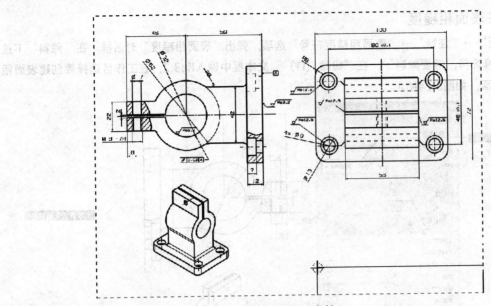

图8-76 插入表格

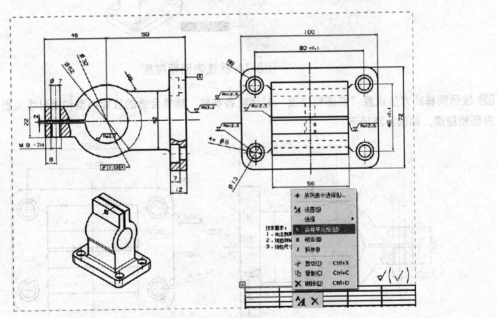

图8-77 合并单元格

7. 添加文本注释

01 选择"主页"→"注释"→"注释"选项，弹出"注释"对话框。在"文本输入"文本框中输入如图8-78所示的注释文字，添加工程图相关的技术要求。

02 选择"主页"→"编辑设置" 选项，弹出"类选择"对话框。选择步骤1添加的文本。单击"确定"按钮，在弹出的"设置"对话框中设置字符"高度"为6，选择文字字体下拉列表中的"chinesef"选项，单击"确定"按钮，即可将方框文字显示为汉字，如图8-79所示。

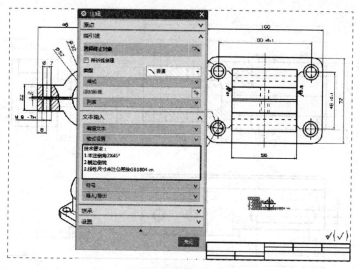

图8-78 添加注释

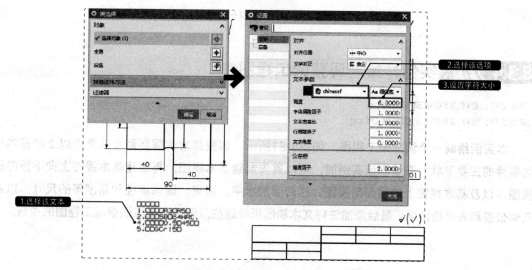

图8-79 选择编辑样式

03 重复上述步骤,添加其他文本注释。在"设置"对话框中设置合适的字符大小,选中注释并移动到合适位置,如图8-53所示。

8.3.3 扩展实例:绘制固定杆工程图

原始文件:素材\第8章\8.3\ 固定杆.prt

最终文件:素材\第8章\8.3\ 固定杆-OK.prt

本实例绘制一个固定杆工程图,如图8-80所示。该固定杆由滑槽板、螺栓板和底板组成。螺栓板固定在基座上,滑块或滑竿可以在滑槽板中滑动。该工程图图纸大小为A2,绘图比例为2:1。在绘制该实例时,可以首先创建基本视图,再创建基本视图的剖视图和投影视图;然后添加水平、竖直、圆弧半径及孔直径等的尺寸,再添加几何公差和表面粗糙度;最后添加注释文本和图纸标题栏,即可完成该固定杆工程图的绘制。

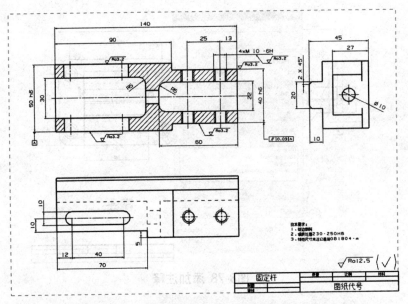

图8-80 固定杆工程图

8.3.4 ▷ 扩展实例：绘制调整架工程图

原始文件：素材\第8章\8.3\调整架.prt

最终文件：素材\第8章\8.3\调整架-OK.prt

本实例绘制一个调整架工程图，如图8-81所示。调整架常常需要两个或两个以上的基本视图表达零件的主要形状。在绘制该实例时，可以首先创建基本视图，再创建基本视图上向下投影的全剖视图，以及基本视图上的局部剖视图；然后添加水平、竖直、圆弧半径和角度等的尺寸，以及添加几何公差和表面粗糙度；最后添加注释文本和图纸标题栏，即可完成该调整架工程图的绘制。

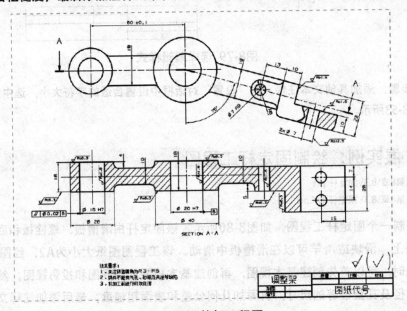

图8-81 调整架工程图

8.4 绘制弧形连杆工程图

原始文件：素材\第8章\8.4\ 弧形连杆.prt
最终文件：素材\第8章\8.4\ 弧形连杆-OK.prt
视频文件：视频\8.4绘制弧形连杆工程图.mp4

本实例绘制一个弧形连杆工程图，如图8-82所示。该连杆由弧形杆、轴孔座和夹紧座组成。夹紧座设有开口的轴孔和螺孔，可用螺栓将其中的轴或连接杆夹紧。轴孔座上有埋头螺孔，可用紧定螺钉将其中的轴或连杆压紧。在绘制该实例时，可以首先创建基本视图和向下投影的投影视图，再在基本视图和投影视图上创建孔的局部剖视图；然后添加水平、竖直、圆弧半径、直径等的尺寸，以及添加几何公差和表面粗糙度；最后添加注释文本和图纸标题栏，即可完成该弧形连杆工程图的绘制。

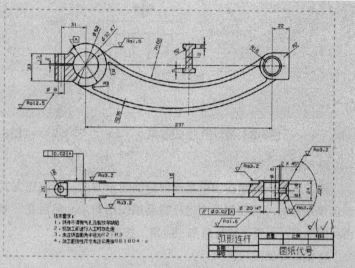

图8-82 弧形连杆工程图

8.4.1 相关知识点

1. 视图相关编辑

视图相关编辑是对视图中图形对象的显示进行编辑，同时不影响其他视图中同一对象的显示。在主页"菜单项中选择"视图相关编辑"选项，弹出"视图相关编辑"对话框。该对话框中主要选项组和选项的含义如下所述。该选项组用于选择要进行哪种类型的视图编辑操作，系统提供了5种视图编辑操作的方式。

» 擦除对象按钮

该方式用于擦除视图中选择的对象。选择视图对象时该选项才会被激活。可在视图中选择要擦除的对象，完成对象选择后，系统会擦除所选对象。擦除对象不同于删除操作，擦除操作仅仅是将所选取的对象隐藏起来不进行显示，但其不能对尺寸线和标注进行隐藏和显示，效果如图8-83所示。

» 编辑完全对象按钮

该方式用于编辑视图或工程图中所选整个对象的显示方式，编辑的内容包括颜色、线型和线宽。单击该按钮，可在"线框编辑"选项组中设置颜色、线型和线宽参数，然后在视图中选择需要编辑的对象，最后单击"确定"按钮，即可完成对图形对象的编辑，效果如图8-84所示。

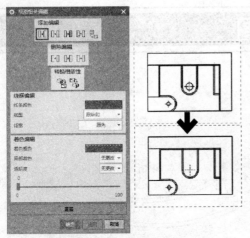

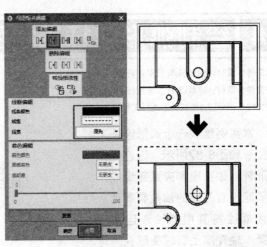

图8-83 擦除孔特征效果 　　　　　　　　　图8-84 将外轮廓线显示为点画线

» 编辑着色对象按钮 ⊡

该方式用于编辑视图中某一部分的显示方式。该编辑方式操作和"编辑完全对象"方式相似，单击该按钮后，可在视图中选择需要编辑的对象，然后在"着色编辑"选项组中设置颜色、局部着色和透明度，设置完成后单击"应用"按钮即可。

» 编辑对象段按钮 ⊡

该方式用于编辑视图中所选对象的某个片断的显示方式。该编辑方式操作和和上面两种方式相似，单击该按钮后，可先在"线框编辑"选项组中设置对象的颜色、线型和线宽选项，设置完成后根据系统提示单击"确定"按钮即可，如图8-85所示。

» 编辑剖视图的背景按钮 ⊡

该方式用于编辑剖视图的背景。单击该按钮后，在弹出的"类选择"对话框中选择要编辑的剖视图，然后再单击"确定"按钮，即可完成剖视图背景的编辑，如图8-86所示。

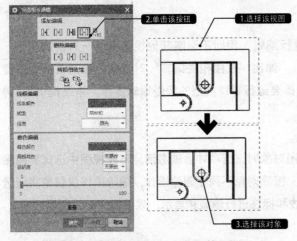

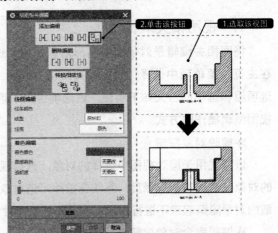

图8-85 编辑外轮廓线为点画线显示 　　　　　图8-86 断面图编辑为剖视图

2. 定义视图边界

在创建工程图的过程中，经常会遇到定义视图边界的情况，如在创建局部剖视图的局部剖切边界曲线时，需要将视图边界进行放大操作等。定义视图边界是将视图以所定义的矩形线框或封闭曲线为界限进行显示的操作。在"图示"组中选择"视图边界"选项，将弹出"视图边界"对话框，如图8-87所示。利用视图边界下拉列表可设置视图边界的类型，共有以下4种，分别介绍如下。

》断裂线/局部放大图

该选项指用断开线或局部视图边界线来设置任意形状的视图边界。选择该选项后，系统提示选择边界线，可用鼠标在视图中选择已定义的断开线或局部视图边界线。该选项仅仅显示被定义的边界曲线围绕的视图部分。

》手工生成矩形

该选项用于在定义矩形边界时，在选择的视图中按住鼠标左键并拖动鼠标即可生成矩形边界，鼠标拖动形成的矩形边界即为生成的视图边界，如图8-88所示。

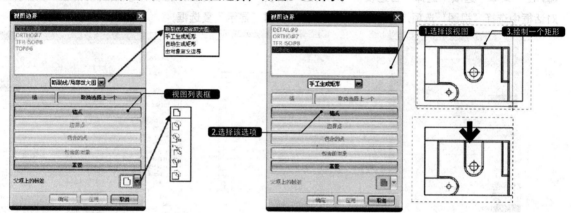

图8-87 "视图边界"对话框　　　　图8-88 手工生成矩形

》自动生成矩形

选择该选项，系统将根据模型大小自动生成一个矩形边界，该边界可随模型的更改而自动调整，如图8-89所示。

》由对象定义边界

选择该选项，可在视图中调整视图边界来包围所选择的对象。选择该选项后，系统提示选择要包围的对象，可利用"包含的点"或"包含的对象"选项在视图中选择要包围的点或线，如图8-90所示。

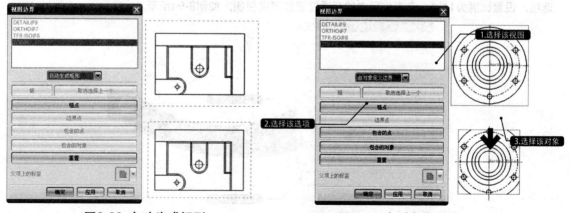

图8-89 自动生成矩形　　　　图8-90 由对象定义边界

8.4.2 绘制步骤

1. 新建工作表

01 打开本书素材中的"弧形连杆.prt"文件，选择"应用模块"→"设计"→"制图"选项，进入制图模块。

02 在"菜单"选项中选择"首选项"→"可视化"选项，弹出"可视化首选项"对话框，如图8-91所示。在对话框中选择"颜色/字体"选项卡，在"图纸部件设置"选项组中启用"单色显示"复选框。

03 选择"主页"→"新建工作表"选项，弹出"工作表"对话框，如图8-92所示。在"大小"选项组中的"大小"下拉列表中选择"A3-297×420"选项，其余保持默认设置。

04 在"菜单"选项中选择"首选项"→"制图"选项，弹出"制图首选项"对话框，如图8-93所示。在对话框中选择"视图"选项，在"边界"选项组中禁用"显示"复选框。

图8-91 "可视化首选项"对话框　　图8-92 "工作表"对话框　　图8-93 "制图首选项"对话框

2. 添加视图

01 选择"主页"→"视图"→"基本视图"选项，弹出"基本视图"对话框。在"模型视图"选项组中的"要使用的模型视图"下拉列表中选择"前视图"选项，选择"比例"选项组下拉列表中的"比例"选项，设置比例为1：1，在工作区中的合适位置放置前视图，如图8-94所示。

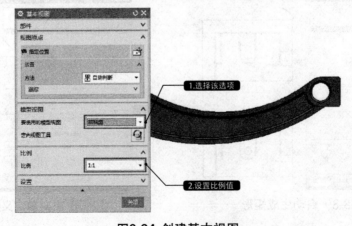

图8-94 创建基本视图

02 基本视图创建完成后，系统自动弹出"投影视图"对话框，或者选择"主页"→"视图"→"投影视图"选项 ，弹出"投影视图"对话框。将投影视图投影到基本视图下方，如图8-95所示。

03 选择图纸中的投影视图，单击鼠标右键，在弹出的快捷菜单中选择"设置"选项，弹出"设置"对话框。选择"光顺边"选项卡，禁用"光顺边"复选框，如图8-96所示。

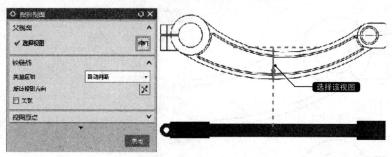

图8-95 创建投影视图

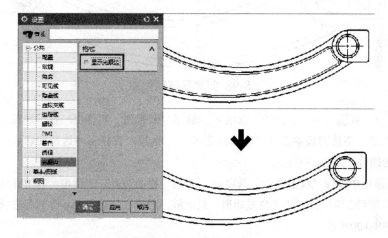

图8-96 隐藏光顺边

04 在图纸中选择投影视图，单击鼠标右键，在弹出的快捷菜单中选择"活动草图视图"选项，在视图中绘制封闭的样条曲线，如图8-97所示。

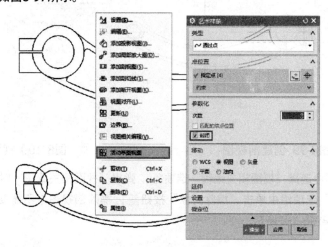

图8-97 绘制封闭样条曲线

05 选择"主页"→"视图"→"局部剖"选项 🖳，弹出"局部剖"对话框。在工作区中的选择步骤 **2** 创建的视图，然后在图纸中选择剖视图的基点，在对话框中单击"选择曲线"按钮 🖳，选择步骤4所绘制的样条曲线，单击"确定"按钮，即可创建出局部剖视图，如图8-98所示。按照同样的方法创建投影视图上的局部剖视图。

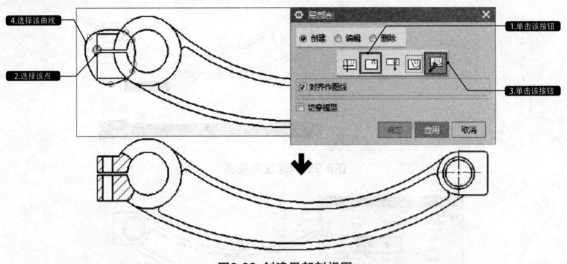

图8-98 创建局部剖视图

06 选择"主页"→"视图"→"剖视图"选项 🖳，弹出"剖视图"对话框。在"定义"下拉列表中选择"动态"，在"方法"下拉列表中选择"简单剖/阶梯剖"选项，在视图中选择剖切线位置，然后在合适的位置放置剖视图即可，如图8-99所示。

07 在"主页"菜单项中选择"视图边界"选项 🖳，弹出"视图边界"对话框。在工作区中选择上步骤创建的剖视图，在下拉列表中选择"手工生成矩形"对话框，然后在工作区中按住鼠标左键拖出矩形框，创建视图边界，如图8-100所示。

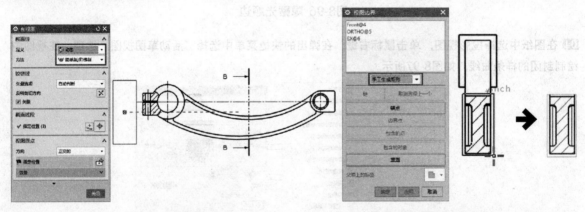

图8-99 创建剖视图　　　　　　　　　　图8-100 视图边界

08 在"主页"菜单项中选择"视图相关编辑"选项 🖳，弹出"视图相关编辑"对话框。激活对话框中的图标。在"添加编辑"选项组中单击"擦除对象"按钮 🖳，擦除剖视图中不需要的线条，如图8-101所示。视图创建完成效果图8-102所示。

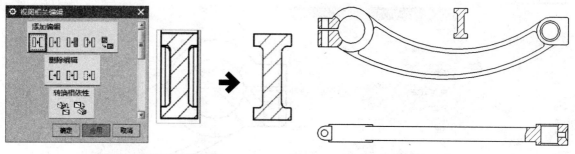

图8-101 视图相关编辑　　　　　　图8-102 视图创建完成效果

3. 标注线性尺寸

01 选择"主页"→"尺寸"→"线性"选项，弹出"线性尺寸"对话框。在基本视图中选择两个圆孔的中心，然后放置尺寸线到合适位置即可，如图8-103所示。

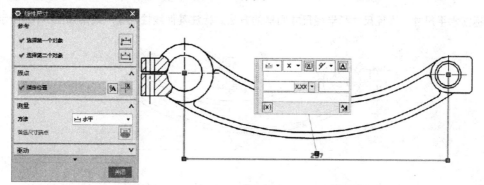

图8-103 标注水平尺寸

02 选择"主页"→"尺寸"→"径向"选项，弹出"径向尺寸"对话框。在工作区中选择基本视图中的左端孔的圆面，放置尺寸后双击该尺寸，弹出"文本编辑器"对话框。在 X.XX 后文本框中输入K7，如图8-104所示。

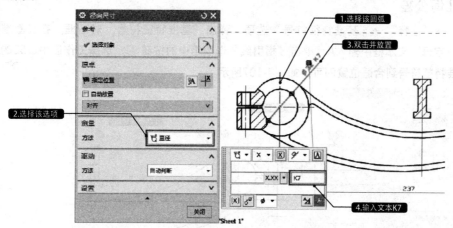

图8-104 标注直径尺寸

03 选择"主页"→"尺寸"→"径向"选项，弹出"径向尺寸"对话框。在工作区中选择连杆内侧凹槽上的圆角，放置半径尺寸线到合适位置即可，如图8-105所示。

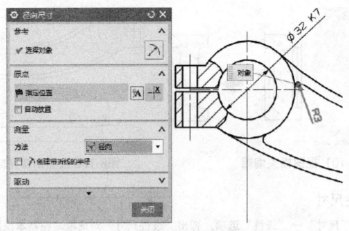

图8-105 标注半径尺寸

04 按照标注水平尺寸、直径尺寸和半径尺寸同样的方法，标注其他线性尺寸，效果如图8-106所示。

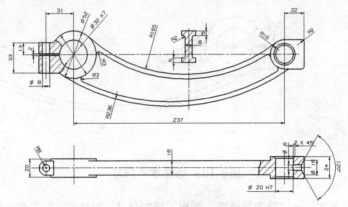

图8-106 标注线性尺寸效果

4. 标注几何公差

01 选择"主页"→"注释"→"基准特征符号"选项，弹出"基准特征符号"对话框。在"基准标识符"选项组中的"字母"文本框中输入A，单击"指引线"选项组中的按钮，选择工作区中$\varphi52$的直径尺寸线，放置基准特征符号到合适位置即可，如图8-107所示。

图8-107 标注基准特征符号

02 选择"主页"→"注释"→"注释"选项 Ⓐ，弹出"注释"对话框。在"符号"选项组的"类别"下拉列表中选择"几何公差"选项，依次单击对话框中的按钮 、 、 Ⓐ，在"文本输入"文本框中输入0.02，按照图8-108所示的方法标注垂直度几何公差。

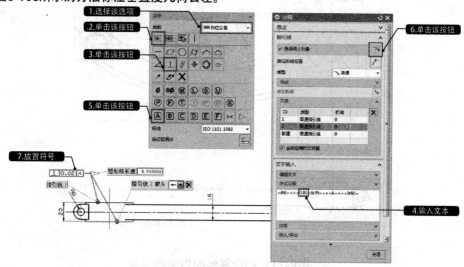

图8-108 标注垂直度几何公差

03 按照标注垂直度形位公差同样的方法，选择适当的引导线标注其他的平行度、垂直度形位公差，效果如图8-109所示。

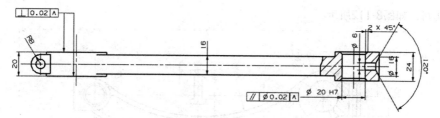

图8-109 标注几何公差效果

5. 标注表面粗糙度

01 选择"主页"→"注释"→"表面粗糙度符号"选项，弹出"表面粗糙度"对话框。在"除料"下拉列表中选择"修饰符，需要除料"，在"切除"文本框中输入Ra3.2，在"设置"选项组的"角度"文本框中输入0，在工作区选择要创建表面粗糙度为3.2的表面，如图8-110所示。

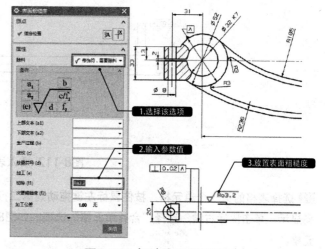

图8-110 标注表面粗糙度

02 按照同样的方法设置"表面粗糙度"对话框各参数，选择合适的放置类型和指引线类型,创建其他的表面粗糙度，如图8-111所示。

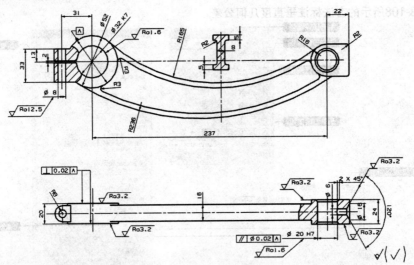

图8-111 创建其他的表面粗糙度

6. 插入并编辑表格

01 选择"主页"→"表"→"表格注释"选项，工作区中的光标即会显示为矩形框，选择工作区的右下方放置表格即可，如图8-112所示。

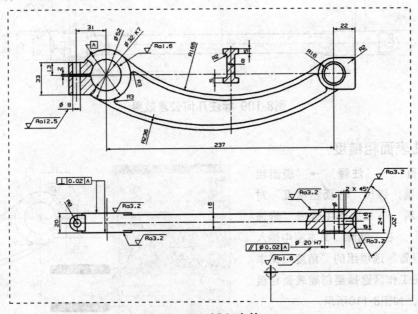

图8-112 插入表格

02 选择表格的第一个单元格，按住鼠标左键拖动到第二行第二列所在的单元格，选择的表格为桔红色高亮显示，单击鼠标右键，选择"合并单元格"选项，如图8-113所示。按同样的方法创建右下角的合并单元格。

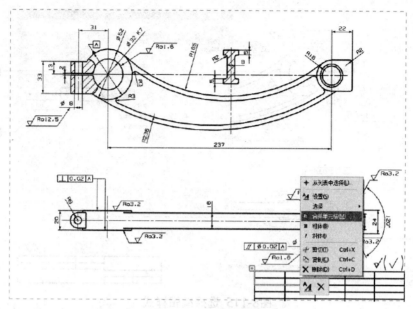

图8-113 合并单元格

7. 添加文本注释

01 选择"主页"→"注释"→"注释"选项，弹出"注释"对话框。在"文本输入"文本框中输入图
8-114所示的注释文字，添加工程图相关的技术要求。

02 选择"主页"→"编辑样式"选项 ，弹出"类选择"对话框。选择步骤1添加的文本。单击"确定"
按钮，在弹出的"设置"对话框中设置字符"高度"为5，选择文字字体下拉列表中的"chinesef"选
项，单击"确定"按钮，即可将方框文字显示为汉字，如图8-115所示。

03 重复上述步骤，添加其他文本注释。在"设置"对话框中设置合适的字符大小，选择注释并移动到合
适位置，如图8-82所示。

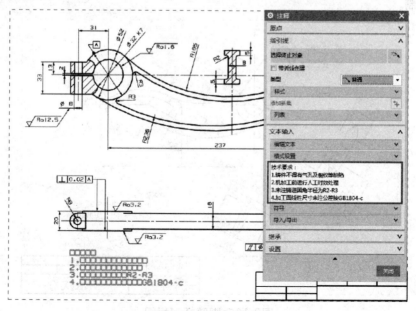

图8-114 添加注释

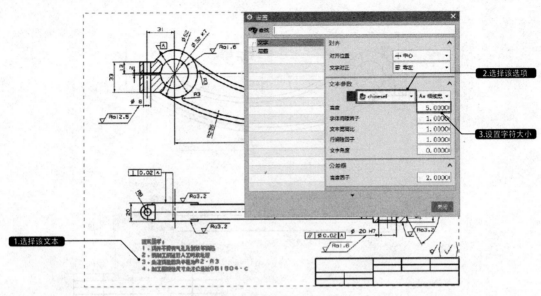

图8-115 选择编辑样式

8.4.3 扩展实例：绘制脚踏杆工程图

原始文件：素材\第8章\8.4\ 脚踏杆.prt

最终文件：素材\第8章\8.4\ 脚踏杆-OK.prt

本实例绘制一个脚踏杆工程图，如图8-116所示。该脚踏杆由踏板、轴孔套和连接板组成。脚踏杆在汽车的驾驶室中较为常见，通过脚踏板撬动另一端的部件圆弧运动。在绘制该实例时，可以首先创建基本视图，再创建基本视图的剖视图和投影视图；然后添加水平、竖直、垂直、圆弧半径、孔直径和角度等的尺寸，以及添加表面粗糙度；最后添加注释文本和图纸标题栏，即可完成该脚踏杆工程图的绘制。

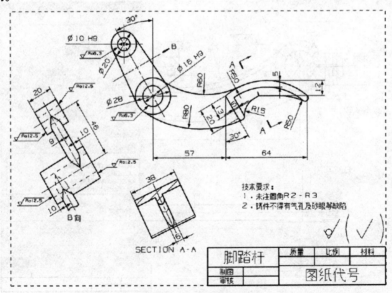

图8-116 脚踏杆工程图

8.4.4 扩展实例：绘制轴架工程图

原始文件：素材\第8章\8.4\ 轴架.prt

最终文件：素材\第8章\8.4\ 轴架-OK.prt

本实例绘制一个轴架工程图，如图8-117所示。该轴架由轴孔套、连接板、肋板和埋头螺孔等特征组成。轴架用于固定两根轴与中间轴平行，所以在它们之间有平行度公差要求。在绘制该实例时，可以首先创建一个基本视图，再对基本视图投影得半剖视图，对埋头螺孔以及斜孔可以通过局部剖视图来表达；然后添加水平、竖直、直径和角度等的尺寸，以及添加几何公差和表面粗糙度；最后添加注释文本和图纸标题栏，即可完成该轴架工程图的绘制。

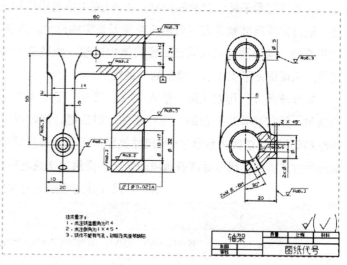

图8-117 轴架工程图

8.5 绘制调节盘工程图

原始文件：素材\第8章\8.5\ 调节盘.prt

最终文件：素材\第8章\8.5\ 调节盘-OK.prt

视频文件：视频\8.5绘制调节盘工程图.mp4

本实例将绘制一个如图8-118所示的调节盘工程图。工程图图纸大小为A4，绘图比例为3：5。在创建本实例工程图时，可以先创建基本视图，并用旋转剖视图表达调节盘剖面的结构；然后添加线性尺寸、圆弧尺寸、几何公差和粗糙度；最后添加注释文本和图纸标题栏，即可完成该调节盘工程图的绘制。

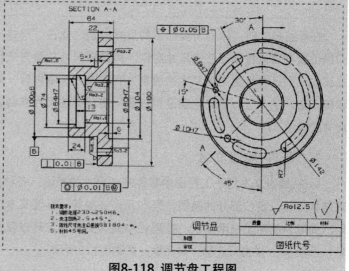

图8-118 调节盘工程图

8.5.1 相关知识点

1. 尺寸标注

尺寸标注用于标识对象的尺寸大小。UG工程图模块和三维实体造型模块是完全关联的，在工程图中进行标注尺寸就是直接引用三维模型真实的尺寸，具有实际的含义。UG的工程图中尺寸值是不能更改的，如果要改动需要在三维实体中修改。如果三维模型被修改，工程图中的相应尺寸会自动更新，从而保证了工程图与模型的一致性。

要标注尺寸，可以选择"插入"→"尺寸"子菜单下的相应选项，或在"尺寸"组中选择相应的选项，系统将弹出各自的"尺寸标注"对话框，都可以对工程图进行尺寸标注，其"尺寸"组如图8-119所示。该组中包含了9种尺寸类型，用于选择尺寸标注的样式和符号。在标注尺寸前，先要选择尺寸的类型。尺寸标注各选项的含义和使用方法见表8-1。

表8-1 尺寸标注各选项的含义和使用方法

选项	含义和使用方法
快速	该选项由系统自动推断出选用哪种尺寸标注类型进行尺寸标注
线性	该选项用于标注工程图中所选对象间的线性尺寸，可以用来标注水平、竖直、点到点等尺寸
径向	该选项用于标注工程图中所选圆或圆弧的径向尺寸，包括半径与直径
角度	该选项用于标注工程图中所选两直线之间的角度
倒斜角	用于标注倒角的尺寸，包含45°或其他非常规角度倒角的标注
厚度	用于标注两要素之间的厚度
弧长	用于创建一个圆弧长尺寸来测量圆弧周长
周长尺寸	用于创建周长约束以控制选定直线和圆弧的集体长度
坐标	用于测量从公共点沿一条坐标基线到某一对象上位置的距离

在标注尺寸时，根据所要标注的尺寸类型，先在"尺寸"组中选择对应的尺寸类型，接着用点和线位置选项设置要标注的尺寸对象，再选择尺寸放置方式和箭头、延长的显示类型。如果需要附加文本，则还要设置附加文本的放置方式和输入文本内容。如果需要标注公差，则要选择公差类型和输入上、下偏差。完成这些设置以后，拖动标注尺寸到合适的位置，系统即在指定位置创建一个尺寸的标注。

2. 标注/编辑文本

标注/编辑文本用于工程图中零件基本尺寸的表达、各种技术要求的有关说明，以及用于表达特殊结构尺寸，定位部分的制图符号和几何公差等。标注文本主要是对图纸上的相关内容做进一步说明，如零件的加工技术要求、标题栏中的有关文本注释以及技术要求等。在"注释"组中选择"注释"选项，弹出"注释"对话框，如图8-120所示。

图8-119 "尺寸"组

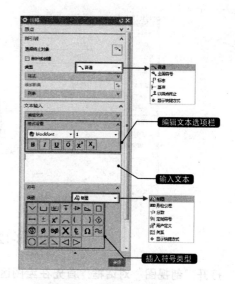

图8-120 "注释"对话框

当需要对文本做更为详细的编辑时，可在"制图编辑"组中选择"编辑文本"选项，弹出"文本"对话框，如图8-121所示。此时，若单击该对话框中的"编辑文本"按钮，将弹出如图8-122所示的对话框。"文本编辑器"对话框的"文本编辑"选项组中的各工具用于文本类型的选择、文本高度的编辑等操作。"编辑文本框"是一个标准的多行文本输入区，使用标准的系统位图字体，用于输入文本和系统规定的控制字符。"文本符号选项卡"中包含了5种类型的选项卡，用于编辑文本符号。

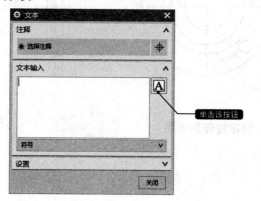

图8-121 "文本"对话框

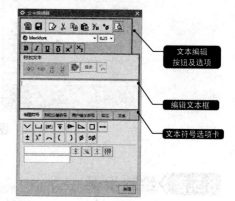

图8-122 "文本编辑器"对话框

3. 创建旋转剖视图

用两个成一定角度的剖切面（两平面的交线垂直于某一基本投影面）剖开零件，以表达具有旋转特征机件的内部形状的视图，称为旋转剖视图。旋转剖视图可以包含1~2个剖切面，它们相交于一个旋转中心点，剖切线都围绕同一个旋转中心旋转，而且所有的剖切面将展开在一个公共平面上。该功能常用于创建多个旋转截面上的零件剖切结构。

要创建旋转剖视图，可以在"图纸"组中选择"剖视图"选项，打开"剖视图"对话框，如图8-123所示。在"方法"下拉列表中选择"旋转"选项，再选择要剖切的视图，然后指定剖切线即可。

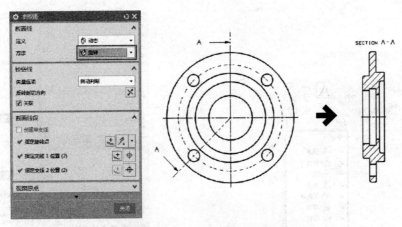

图8-123 创建旋转剖视图

打开"剖视图"对话框，首先在绘图区中选择要剖切的视图和旋转点，并在旋转点的一侧指定剖切的位置和剖切线的位置，再用矢量功能指定铰链线；然后在旋转点的另一侧设置剖切位置，完成剖切位置的指定后，拖动鼠标将剖视图放置在适当的位置即可，如图8-124所示。

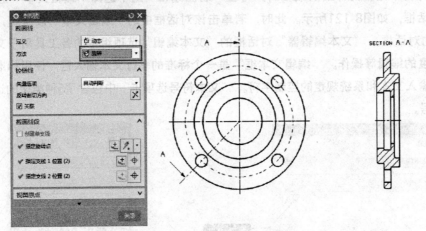

图8-124 创建旋转剖视图

8.5.2 绘制步骤

1. 新建工作表

01 打开本书素材中的"调节盘.prt"文件，选择"应用模块"→"设计"→"制图"选项，进入制图模块。

02 在"菜单"选项中选择"首选项"→"可视化"选项，弹出"可视化首选项"对话框，如图8-125所示。在对话框中选择"颜色/字体"选项卡，在"图纸部件设置"选项组中选择"单色显示"复选框。

03 选择"主页"→"新建工作表" 选项，弹出"工作表"对话框，如图8-126所示。在"大小"选项组中的"大小"下拉列表中选择"A4-210×297"选项，其余保持默认设置。

04 在"菜单"选项中选择"首选项"→"制图"选项，弹出"制图首选项"对话框，如图8-127所示。在对话框中选择"视图"选项，在"边界"选项组中禁用"显示"复选框。

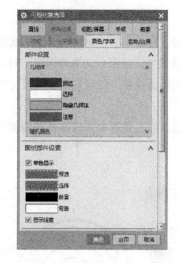  

图8-125 "可视化首选项"对话框　　图8-126 "工作表"对话框　　图8-127 "制图首选项"对话框

2. 添加视图

01 选择"主页"→"视图"→"基本视图"选项，弹出"基本视图"对话框。在"模型视图"选项组中的"要使用的模型视图"下拉列表中选择"右视图"选项，选择"比例"下拉列表中的"比率"选项，设置比例为3:5，在工作区中的合适位置放置右视图，如图8-128所示。

02 选择"主页"→"视图"→"剖视图"选项，弹出"剖视图"对话框。在"定义"下拉列表中选择"动态"，在"方法"下拉列表中选择"旋转"选项，在视图中指定点确定剖切线位置，然后在合适位置放置剖视图即可，如图8-129所示。视图创建完成后效果如图8-130所示。

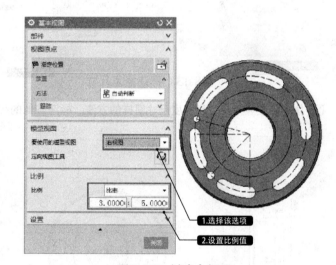

图8-128 创建右视图

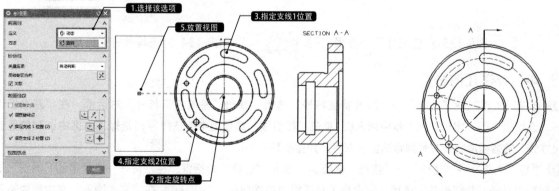

图8-129 创建剖视图　　　　　　图8-130 视图创建完成后效果

3. 标注线性尺寸

01 选择"主页"→"尺寸"→"线性"选项，弹出"线性尺寸"对话框。在工作区中选择调节盘顶端圆柱体外表面，在"尺寸"下拉列表中选择"圆柱式"。放置尺寸后双击该尺寸，弹出"文本编辑器"对话框。在 X.XX▼ 后文本框中输入g6，单击"确定"按钮，然后放置尺寸线到合适位置，即可完成竖直尺寸标注，如图8-131所示。

02 选择"主页"→"尺寸"→"角度"选项，弹出"角度尺寸"对话框。在工作区中选择要标注两相交直线的端点，放置尺寸线到合适位置即可，如图8-132所示。

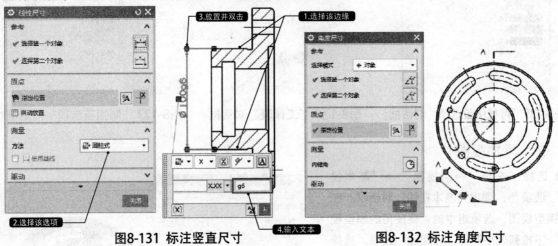

图8-131 标注竖直尺寸　　　　　　　图8-132 标注角度尺寸

03 按照标注竖直尺寸和角度尺寸同样的方法，标注其他的线性尺寸，效果如图8-133所示。

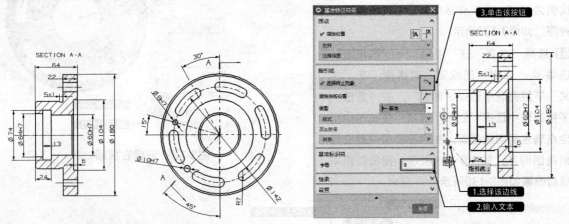

图8-133 标注线性尺寸效果　　　　　　图8-134 标注基准特征符号

4. 标注几何公差

01 选择"主页"→"注释"→"基准特征符号"选项，弹出"基准特征符号"对话框。在"基准标识符"选项组中的"字母"文本框中输入B，单击"指引线"选项组中的按钮，选择工作区中φ74的竖直尺寸线，放置基准特征符号到合适位置即可，如图8-134所示。

02 选择"主页"→"注释"→"注释"选项，弹出"注释"对话框。在"符号"选项组的"类别"下拉列表中选择"几何公差"选项，依次单击对话框中的按钮、、，在"文本输入"文本框中输入0.01，按照图8-135所示的方法标注垂直度几何公差。

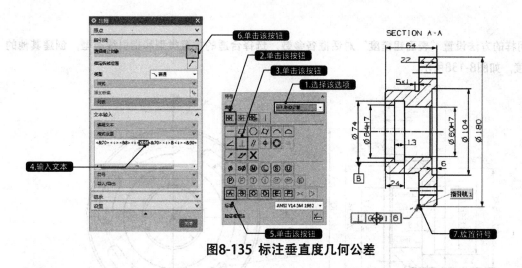

图8-135 标注垂直度几何公差

03 按照标注垂直度几何公差同样的方法，选择适当的引导线标注其他的中心度、圆柱度几何公差，效果如图8-136所示。

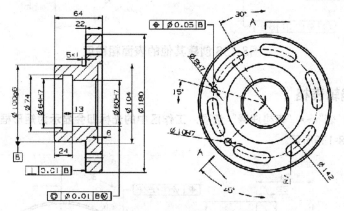

图8-136 标注几何公差效果

5. 标注表面粗糙度

01 选择"主页"→"注释"→"表面粗糙度符号"选项，弹出"表面粗糙度"对话框。在"除料"下拉列表中选择"修饰符，需要除料"，在"切除（f1）"文本框中输入Ra1.6，在"设置"选项组的"角度"文本框中输入0，在工作区选择要创建表面粗糙度为1.6的表面，即可标注表面粗糙度，如图8-137所示。

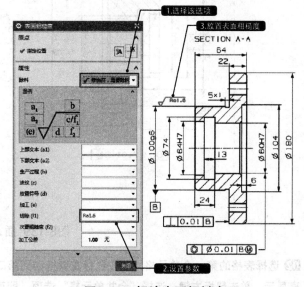

图8-137 标注表面粗糙度

02 按照同样的方法设置"表面粗糙度"对话框各参数，选择合适的放置类型和指引线类型，创建其他的表面粗糙度，如图8-138所示。

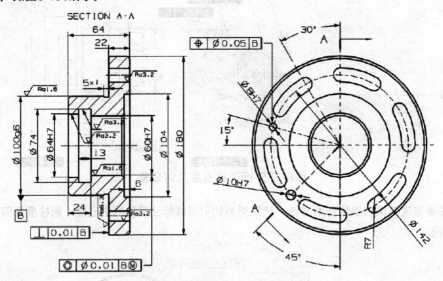

图8-138 创建其他的表面粗糙度

6. 插入并编辑表格

01 选择"主页"→"表"→"表格注释"选项，工作区中的光标即会显示为矩形框，选择工作区右下方放置表格即可，如图8-139所示。

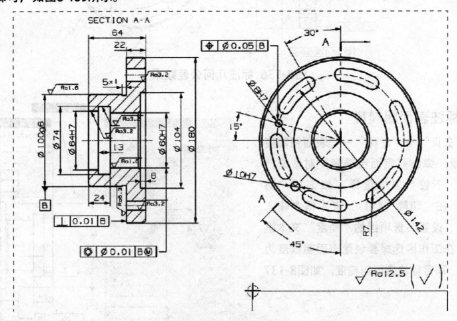

图8-139 插入表格

02 选择表格的第一个单元格，按住鼠标左键拖动到第二行第二列所在的单元格，选择的表格为桔红色高亮显示，单击鼠标右键，选择"合并单元格"选项，即可合并单元格，如图8-140所示。

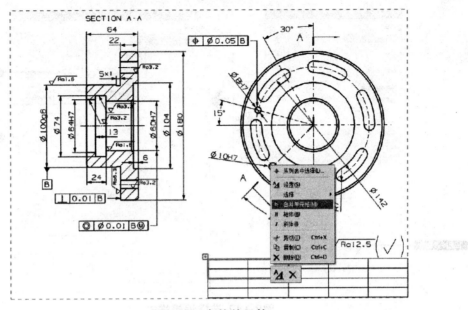

图8-140 合并单元格

7. 添加文本注释

01 选择"主页"→"注释"→"注释"选项，弹出"注释"对话框。在"文本输入"文本框中输入图8-141所示的注释文字，添加工程图相关的技术要求。

02 选择"主页"→"编辑设置"选项 ⚙，弹出"类选择"对话框。选择步骤1添加的文本。单击"确定"选项，在弹出的"设置"对话框中设置字符大小为3.5，选择文字字体下拉列表中的"chinesef"选项，单击"确定"按钮，即可将方框文字显示为汉字，如图8-142所示。

03 重复上述步骤，添加其他文本注释。在"设置"对话框中设置合适的字符大小，选择注释并移动到合适位置，如图8-118所示。

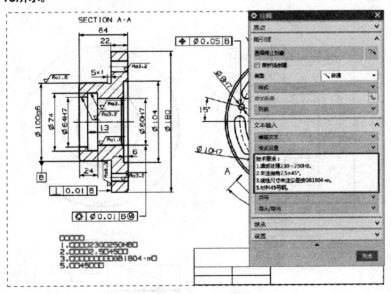

图8-141 添加注释

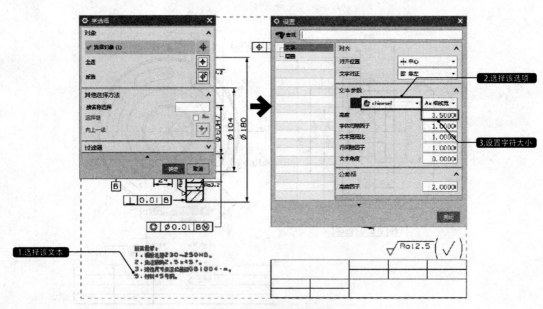

图8-142 选择编辑样式

原始文件：素材\第8章\8.5\ 法兰盘.prt

最终文件：素材\第8章\8.5\ 法兰盘-OK.prt

8.5.3 扩展实例：绘制法兰盘工程图

本实例绘制一个法兰盘工程图，如图8-143所示。法兰盘通常用于管件连接处的固定并密封，在各种管道连接处常常见到。在绘制该实例时，可以首先创建右边的基本视图，再创建基本视图的旋转剖视图；然后添加水平、竖直、圆弧半径和直径等的尺寸，以及添加几何公差和表面粗糙度；最后添加注释文本和图纸标题栏，即可完成该法兰盘工程图的绘制。

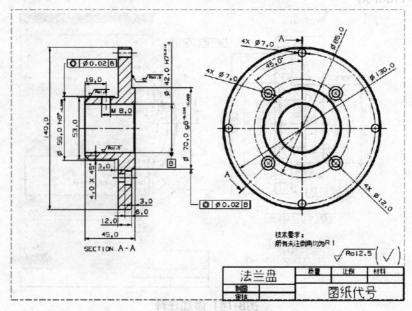

图8-143 法兰盘工程图

8.5.4 ▶ 扩展实例：绘制密封件定位套工程图

原始文件：素材\第8章\8.5\ 定位套.prt

最终文件：素材\第8章\8.5\ 定位套-OK.prt

本实例是创建一个密封件定位套工程图，如图8-144所示。该工程图图纸大小为A4，绘图比例为2：5。在创建本实例工程图时，首先可创建基本视图，并用全剖视图表达定位套内部的结构；然后添加线性尺寸、圆弧尺寸、几何公差和表面粗糙度；最后添加注释文本和图纸标题栏，即可完成该密封件定位套工程图的绘制。

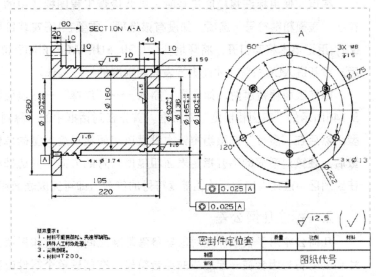

图8-144 密封件定位套工程图

8.6 绘制导向支架工程图

原始文件：素材\第8章\8.6\导向支架.prt

最终文件：素材\第8章\8.6\导向支架-OK.prt

视频文件：视频\8.6绘制导向支架工程图.mp4

本实例绘制一个导向支架工程图，如图8-145所示。该导向支架由导向座、左导向块、右导向块和轴孔等组成，该支架可以保证通过的两个轴的平行度在公差之内。在绘制该实例时，可以首先创建基本视图，再创建基本视图的全剖视图、投影视图以及各个孔的局部剖视图；然后添加水平、竖直、圆弧半径和孔直径等的尺寸，以及添加几何公差和表面粗糙度；最后添加注释文本和图纸标题栏，即可完成该导向支架工程图的绘制。

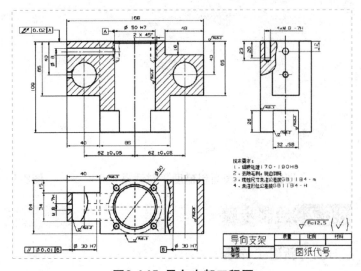

图8-145 导向支架工程图

8.6.1 相关知识点

1. 表面粗糙度

在首次使用标注粗糙度符号时，需要检查工程图模块中的"插入"→"符号"的子菜单中是否存在"表面粗糙符号"选项。如没有该选项，需要在UG安装目录的UGII目录中找到ugii_env_ug.dat文件，用记事本将其打开，将环境变量UGII_SURFACE_FINISH的默认设置为ON状态。保存环境变量后，重新进入UG系统，才能进行表面粗糙度的标注操作。

标注表面粗糙度时，如选择"插入"→"注释"→"表面粗糙度符号"选项时，将会弹出如图8-146所示的"表面粗糙度"对话框。首先在对话框中的"除料"下拉列表中选择表面粗糙度符号类型，然后在"属性"选项组中依次设置该表面粗糙度类型的单位、文本尺寸和相关参数。指定各参数后，在该对话框的下方指定表面粗糙度符号的方向，并选择与粗糙度符号关联的对象类型；然后在绘图区中选择指定要标注粗糙度符号的位置，即可完成表面粗糙度的标注。

2. 标注几何公差

几何公差用于表示标注对象与参考基准之间的位置和形状关系，在工程图中表示为将几何、尺寸和公差符号组合在一起形成的组合符号。在创建单个零件或装配体等实体的工程图时，一般都需要对基准、加工表面进行有关基准或几何公差的标注。

要创建几何公差，可以在"文本编辑器"对话框（见图8-122）中选择"几何公差符号"选项卡，如图8-147所示。当要在视图中标注几何公差时，首先要在"几何公差符号"选项卡中选择公差框架格式；然后选择几何公差符号，并输入公差值和选择公差的标准。如果标注的是位置公差，还应选择隔离线和基准符号。设置后的公差框会在预览窗口中显示出来，若不符合要求，可在编辑窗口中进行修改。

图8-146 "表面粗糙度"对话框

图8-147 "几何公差符号"选项卡

8.6.2 绘制步骤

1. 新建工作表

01 打开本书素材中的"导向支架.prt"文件，选择"应用模块"→"设计"→"制图"选项，进入制图模块。

02 在"菜单"选项中选择"首选项"→"可视化"选项,弹出"可视化首选项"对话框,如图8-148所示。在对话框中选择"颜色/字体"选项卡,在"图纸部件设置"选项组中选择"单色显示"复选框。

03 选择"主页"→"新建工作表"选项 ,弹出"工作表"对话框,如图8-149所示。在"大小"选项组中的"大小"下拉列表中选择"A3-297×420"选项,其余保持默认设置。

04 在"菜单"选项中选择"首选项"→"制图"选项,弹出"制图首选项"对话框,如图8-150所示。在"边界"选项组中禁用"显示边界"复选框。

图8-148 "可视化首选项"对话框　　　图8-149 "工作表"对话框　　　图8-150 "制图首选项"对话框

2. 添加视图

01 选择"主页"→"视图"→"基本视图" 选项,弹出"基本视图"对话框。在"模型视图"选项组中的"要使用的模型视图"下拉列表中选择"俯视图"选项,选择"比例"下拉列表中的"1:1"选项,在工作区中的合适位置放置俯视图,如图8-151所示。

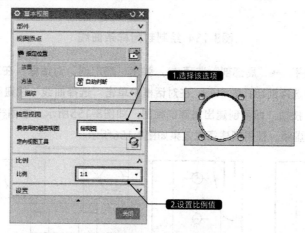

图8-151 创建俯视图

02 选择"主页"→"视图"→"剖视图"选项,弹出"剖视图"对话框。在"定义"下拉列表中选择"动态",在"方法"下拉列表中选择"简单剖/阶梯剖"选项,在视图中选择剖切线位置,然后在合适的位置放置剖视图即可,如图8-152所示。

03 在工作区中先选择上步骤创建的视图,然后选择"主页"→"视图"→"投影视图" 选项,弹出"投影视图"对话框。将投影视图投影到剖视图的右侧,如图8-153所示。

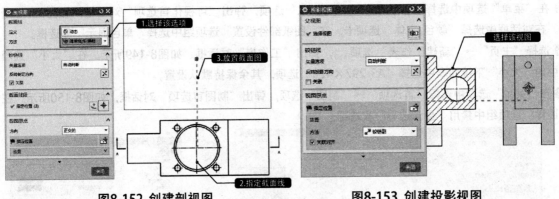

图8-152 创建剖视图　　　　　　图8-153 创建投影视图

04 在图纸中选择基本视图，单击鼠标右键，在弹出的快捷菜单中选择"活动草图视图"选项，在所选的
视图中绘制封闭的样条曲线，如图8-154所示。

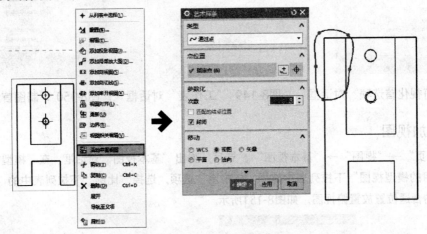

图8-154 绘制封闭样条曲线

05 选择"主页"→"视图"→"局部剖"选项，弹出"局部剖"对话框。在工作区中的选择步骤3创
建的视图，然后在图纸中选择剖切孔的中心，在对话框中单击"选择曲线"按钮，选择步骤4所绘制的
样条曲线，单击"确定"按钮，即可创建出局部剖视图，如图8-155所示。按同样的方法创建其他的局部
剖视图，并设置隐藏线为虚线。视图创建完成效果如图8-156所示。

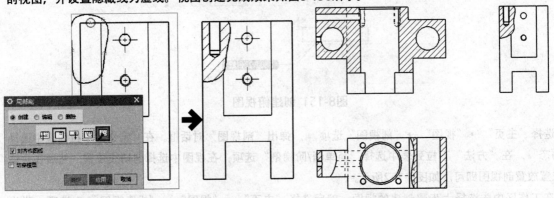

图8-155 创建局部剖视图　　　　　图8-156 视图创建完成效果

3. 标注线性尺寸

01 选择"主页"→"尺寸"→"线性"选项，弹出"线性尺寸"对话框。在工作区中选择导向支架轴孔中心和中心线，放置尺寸后双击该尺寸，弹出"文本编辑器"对话框。在对话框中选择"公差值" 下拉列表中的"等双向公差"选项，在 `0.0500` 对话框中设置公差的值，即可完成水平尺寸的标注，如图8-157所示。

02 选择"主页"→"尺寸"→"径向"选项，弹出"径向尺寸"对话框。在工作区中选择俯视图中的内圆，将尺寸线放置到合适位置，即可完成直径尺寸的标注，如图8-158所示。

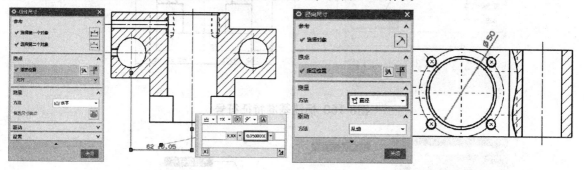

图8-157 标注水平尺寸　　　　　　　　图8-158 标注直径尺寸

03 按照标注水平尺寸和直径尺寸同样的方法，标注其他的线性尺寸，效果如图8-159所示。

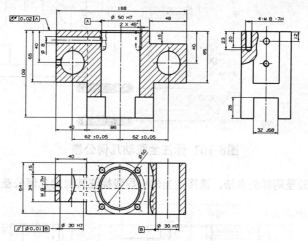

图8-159 标注线性尺寸效果

4. 标注几何公差

01 选择"主页"→"注解"→"基准特征符号"选项，弹出"基准特征符号"对话框。在"基准标识符"选项组中的"字母"文本框中输入A，单击"指引线"选项组中的按钮，选择工作区中φ50的水平尺寸线，放置基准特征符号到合适位置即可，如图8-160所示。

02 选择"主页"→"注释"→"注释" 选项，弹出"注释"对话框。在"符号"选项组的"类别"下拉列表中选择"几何公差"选项，依次单击对话框中的按钮、、，在"文本输入"文本框中输入0.02，按照图8-161所示的方法标注全跳动几何公差。

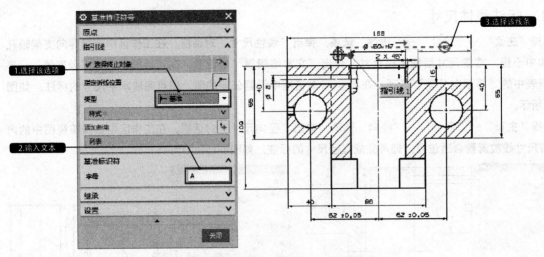

图8-160 标注基准特征符号

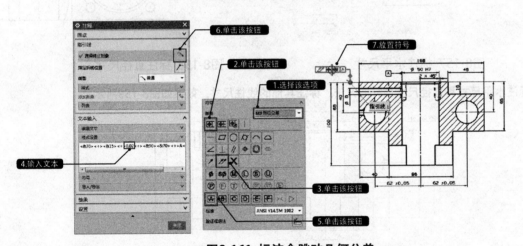

图8-161 标注全跳动几何公差

03 按照标注全跳动几何公差同样的方法，选择适当的引导线标注其他的几何公差，效果如图8-162所示。

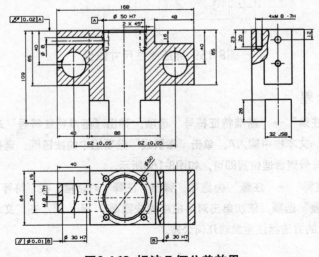

图8-162 标注几何公差效果

5. 标注表面粗糙度

01 选择"主页"→"注释"→"表面粗糙度符号"选项，弹出"表面粗糙度"对话框。在"除料"下拉列表中选择"修饰符，需要除料"，在"切除（f1）"文本框中输入Ra1.6，在"设置"选项组的"角度"文本框中输入90°，在工作区选择要创建表面粗糙度为1.6的表面，即可标注表面粗糙度，如图8-163所示。

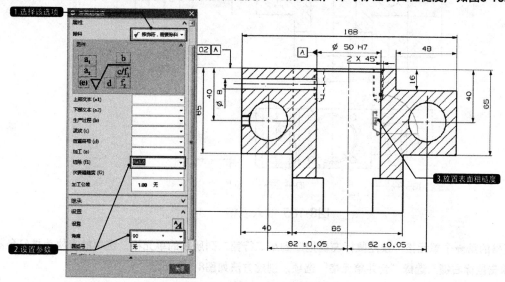

图8-163 标注表面粗糙度

02 按照同样的方法设置"表面粗糙度"对话框各参数，选择合适的放置类型和指引线类型，创建其他的表面粗糙度，如图8-164所示。

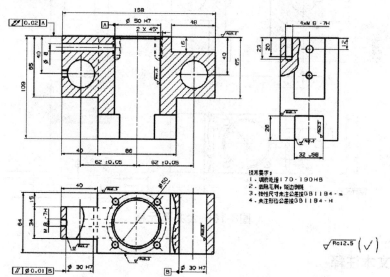

图8-164 创建其他的表面粗糙度

6. 插入并编辑表格

01 选择"主页"→"表"→"表格注释"选项，工作区中的光标即会显示为矩形框，选择工作区右下方放置表格即可，如图8-165所示。

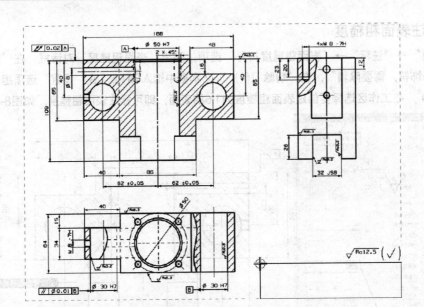

图8-165 插入表格

02 选中表格的第一个单元格，按住鼠标左键拖动到第二行第二列所在的单元格，选中的表格为桔红色高亮显示，单击鼠标右键，选择"合并单元格"选项，创建方法如图8-166所示。

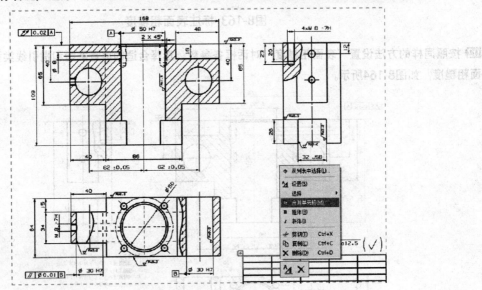

图8-166 合并单元格

7. 添加文本注释

01 选择"主页"→"注释"→"注释"选项，弹出"注释"对话框。在"文本输入"文本框中输入如图8-167所示的注释文字，添加工程图相关的技术要求。

02 选择"主页"→"编辑设置"选项 📝，弹出"类选择"对话框。选择步骤1添加的文本。单击"确定"按钮，在弹出的"设置"对话框中设置字符"高度"为5，选择文字字体下拉列表中的"chinesef"选项，单击"确定"按钮，即可将方框文字显示为汉字，如图8-168所示。

03 重复上述步骤，添加其他文本注释。在"设置"对话框中设置合适的字符大小，选中注释移动到合适位置，效果如图8-145所示。

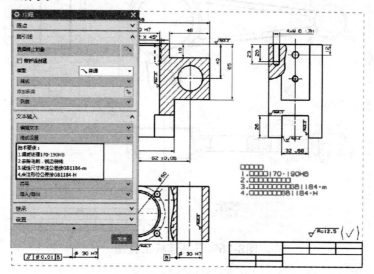

图8-167 添加注释

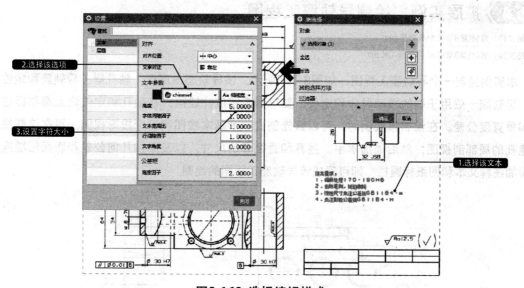

图8-168 选择编辑样式

8.6.3 ▶ 扩展实例：绘制三孔连杆工程图

原始文件：素材\第8章\8.6\三孔连杆.prt

最终文件：素材\第8章\8.6\三孔连杆-OK.prt

本实例是创建一个三孔连杆工程图，如图8-169所示。该工程图图纸大小为A0，绘图比例为2∶1。在创建本实例工程图时，首先可创建基本视图、投影视图和全剖视图，并用局部剖视图表达两端孔的结构；然后添加线性尺寸、圆弧尺寸、几何公差和粗糙度；最后添加注释文本和图纸标题栏，即可完成该三孔连杆工程图的绘制。

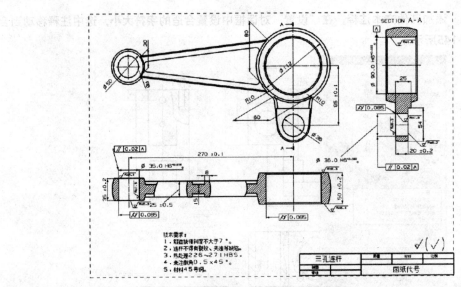

图8-169 三孔连杆工程图

8.6.4 扩展实例：绘制导轨座工程图

原始文件：素材\第8章\8.6\导轨座.prt

最终文件：素材\第8章\8.6\导轨座-OK.prt

本实例绘制一个导轨座工程图，如图8-170所示。该导轨座由底板、轴孔座、导轨座和定位块组成。导轨座一般用于轴的精确导向和定位，要求加工精度比较高，在轴孔和定位块上都要标注平行度和垂直度公差。在绘制该实例时，可以首先创建一个基本视图和三个投影视图，再在这些视图上创建孔的局部剖视图；然后添加水平、竖直和直径等的尺寸，以及添加几何公差和表面粗糙度；最后添加注释文本和图纸标题栏，即可完成该导轨座工程图的绘制。

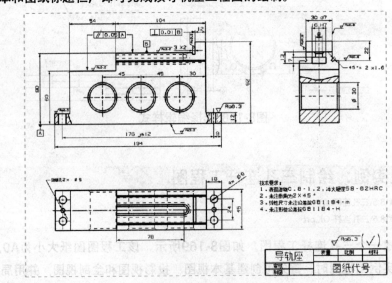

图8-170 导轨座工程图